KB272849

최소한의 뇌과학

최소한의 뇌과학

복잡한
세상이
단숨에
읽히는
필수지식
27

양은우 지음

뇌과학은 우리 일상
곳곳에 숨어 있다

미국이나 유럽, 일본 등 선진국들이 뇌과학을 미래 유망 산업 혹은 미래 전략산업으로 선정하고 본격적인 투자를 늘려 나가기 시작한 이래 뇌과학은 가파른 발전을 이어 오고 있다. 경제, 경영, 마케팅, 과학, 예술 등 사회 전 분야에 걸쳐 뇌과학 혹은 조금 더 넓은 의미로 신경과학을 응용한 새로운 시도들이 이미 오래전부터 이루어지고 있다. 경제와 신경과학을 결합한 신경경제학, 심리학과 신경과학을 결합한 신경심리학, 마케팅과 신경과학을 결합한 뉴로마케팅, 리더십과 신경과학을 결합한 뉴로리더십, 건축 등 공학과 신경과학을 결합한 뉴로엔지니어링 등 모든 산업과 학문 분야에서 뇌과학은 기존 이론의 정체를 해소해 줄 수 있는 대안으로 떠오르고 있다. 스포츠나 교육, 자기 계발 분야는 물론 정치나 법조계에 이르기까지 사회 구석구석에서 뇌를 우리 삶에 응용하기 위한 새로운 시도들이 활발하게 진행 중이다.

뇌과학이 발전함에 따라 일반인들의 관심도 이전에 비해 크게 증가했다. 이미 오래전에 '뇌섹남'이나 '뇌섹녀'와 같은 신조어가 등장했는가 하면, 관련된 서적의 출판이나 연구 결과 보도도 꾸준히 늘어나고 있다. 뇌과학과 관련된 서적의 출간은 최근 10년 사이에 몇 배로 증가하였고, 새롭게 출간되는 책들 중 상당수는 뇌과학 이론들을 자연스럽게 인용하기도 한다.

뇌과학은 더 이상 낯설지 않다. 그럼에도 '뇌'라는 들여다볼 수 없는 특수한 부위를 기반으로 하다 보니, 여전히 전문적인 지식이 없이는 쉽게 이해하기 어렵고 아직까지도 이런 인식이 보편적이다.

이러한 상황에서 나는 독자들에게 뇌라는 것이 생각처럼 그리 어려운 것이 아님을 알리고 싶었다. 일반인들은 쉽게 받아들이기 어려운 과학적 사실을 우리가 매일 접하는 일상 속의 현상과 접목해 일반 대중이 전문 과학 영역에 공감할 수 있는 기회를 제공하고 싶었다. 그리고 더 나아가 우리 몸에서 가장 중요한 부위인 뇌를 더욱 잘 활용해 삶의 질을 한 단계 끌어올리도록 돕고자 했다. 그래서 뇌과학을 공부했고, 그 내용을 바탕으로 책을 집필했다.

2014년에 처음으로 뇌과학을 공부하기 시작한 이래로 10년이 넘는 시간이 지났다. 그동안 많은 수업을 듣고 뇌과학 책을 읽으며 공부를 했다. 지제근 신경해부학 교실에서 의대생들과 함께 세미나를 듣기도 하고 직접 뇌를 해부해 보기도 했다. 뇌과학을 공부하며 알게 된 가장 흥미로운 사실은 그동안 무의식적으로, 혹은 이유를 알지 못한 채 자연스럽게 했던 일들이 뇌의 작용에 의해 이루어졌다는 것이었다. 10년쯤 전에 인터넷을 뜨겁게 달구었던 드레스 색깔 논란이나 귀신의 소행으로 여겨지던 가위 눌림 같은 것들이 모두 뇌와 관련되어 있다는 사실을 알게 되었다. 사람들에게 이러한 이야기를 들려준다면 뇌과학을 조금 더 쉽고 가깝게 여길 수 있겠다는 생각이 들었다. 그렇게 된다면 그것을 디딤돌 삼아 과학의 발전에도 미약하나마 기여할 수 있지 않을까 하는 욕심마저 생겼다. 아직도 얕기만 한 지식이지만, 그러한 결심이 뇌과학 분야의 교양서를 집필하도록 만든 계기가 되었다. 큰 강이 가로막고 있어 건너갈 엄두조차 내지 못했던 뇌과학이라는 고립된 섬에 작은 다리 하나를 놓아두면 그것이 사람들의 관심을 끌어들이는 기폭제가 될 수 있지 않을까 하는 생각을 하면서 말이다.

따라서 이 책은 일상에서 누구나 한 번쯤은 겪을 수 있는 상황을 바탕으로 구성했다. 독자들은 본문에 있는 예시를 읽으며 '맞아, 나도 그래.' 하고 동의하면서 '그런데 왜 그런 거지?'라는 궁금증을 갖게 될 것이다. 이렇게 평소 이유도 모른 채 했던 행동들을 뇌과학 측면에서 설명하고 있기 때문에 뇌과학에 대한 공감과 함께 깨달음의 즐거움도 얻을 수 있을 것이다. 또한 이 책은 전문적인 내용을 나열하기보다, 복잡한 세상을 이해하는 데 꼭 필요한 핵심적인 내용을 담는 데 집중했다. 현상을 이해할 수 있는 수준에서 과학적 설명을 덧붙이되, 지나치게 전문적이거나 어려운 내용은 꼭 필요한 경우가 아니라면 생략하고 독자들의 흥미를 북돋을 수 있도록 쉽게 풀어 썼다. 책을 다 읽고 난 후에는 누구를 만나도 뇌과학과 관련된 지적인 대화가 가능하도록, 뇌과학에 관련된 최소한의 밑그림을 그리게 해 주는 이야기만을 담았다.

　최근 10년간 뇌과학은 많은 발전을 이루었다. 동시에 과거에 정설처럼 알려졌던 것들이 뒤집히기도 했다. 이제는 대부분 '뇌의 3층설'을 받아들이지 않고, 한때 세상을 떠들썩하게 했던 거울 뉴런도 더 이상 인간의 공감 능력과의 연관성을 설명하지 못한다. 뇌과학은 여전히 발전 중이고, 우리는 아직 진실을 모른다. 지금은 진실이라고 여겨지는 것들이 10년 후에는 거짓으로 판명날 수도 있다. 진실에 접근하려는 노력이 계속되는 한 진실은 계속 변할 수 있다. 아무튼 뇌과학은 아직도 먼 길을 가야 하는 것만은 틀림없는 사실이다.

　이 책은 크게 4부로 구성되어 있다. 1부에서는 사람의 내면 세계에서 일어나는 현상들을 주로 다루었다. 2부에서는 뇌가 만들어 내는 각종 감정이나 현상을 통해 뇌가 인간의 감정과 행동에 어떤 영향을 미치는지 살펴본다. 3부는 몸과 뇌의 관계에 관한 부분으로, 읽다 보면 건강한 삶을 살기 위한 요령들을 터득할 수 있을 것이다. 마지막으로 4부에서는 스마트폰부터 인공지능까지, 시대의 변화가 뇌에 미치는 영향을 다룬다.

　뇌에 대한 기초적 이해가 필요한 분들을 위해 본문 마지막에는 간단하게 이러한 이해를 도울 수 있는 부록을 삽입하였다. 이 부분은 독자의 수준에 따라 선택적으로 읽을 수 있을 것이다.

　이 한 권의 책으로 뇌과학 분야의 전문가가 될 수는 없겠지만, 어렵고 복잡한 세상을 이해하는 데 필요한 최소한의 뇌과학 지식은 쌓을 수 있지 않을까 싶다. 이 책을 읽은 독자들이 뇌과학의 눈으로 세상을 바라보게 된다면 그것으로도 나는 보람을 느낄 것이다.

차례

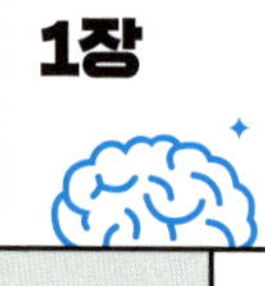

1장 — 나는 왜 이렇게 생각하고 행동할까?

1장

나는 왜 이렇게 생각하고 행동할까?

분명 같은 것을 봤는데
왜 다르게 기억할까?

사람들은 왜 거짓말을 할까?

서로 기억하는 것이 달라 사람들 사이에 화제가 되는 경우가 종종 발생하곤 한다. 약 20년 전에, NBC의 뉴스 앵커였던 브라이언 윌리엄스Brian Williams는 이라크 전쟁 당시 자신이 타고 있던 헬리콥터가 로켓 추진 수류탄에 피격되어 비상착륙을 해야만 했다고 여러 차례에 걸쳐 이야기했다. 하지만 당시에 그는 해당 헬리콥터에 탑승하지 않았으며, 그가 그곳에 도착한 것은 다른 헬리콥터가 공격을 받아 비상착륙한 이후로 밝혀졌다. 훗날 그는 일부 기억이 혼합되었고, 시간이 지나면서 직접 겪은 일과 듣거나 본 이야기를 혼동하는 '기억의 안개fog of memory' 현상이 발생했다

고 해명했다. 미국의 심리학자 엘리자베스 로프터스Elizabeth Loftus
는 이러한 기억의 왜곡이 무의식적으로 발생할 수 있으며, 기억
은 "직접 경험한 사건의 일부를 토대로 상상을 덧붙여 하나의 건
축물을 완성하는 것"이라고 말했다.

이 사건으로 브라이언은 신뢰성에 큰 타격을 입었는데, 살다
보면 사소한 기억의 왜곡 때문에 실수를 하는 일이 이렇듯 종종
발생하곤 한다. 우리나라 사람들에게는 다소 낯선 이름이지만,
론 디샌티스Ron DeSantis는 미국의 정치인으로 2024년 미국 대통령
선거에서 공화당 경선에 출마해 도널드 트럼프와 경쟁했다. 하지
만 낮은 지지율로 중도에 경선을 포기했다. 경선 포기를 선언하
는 자리에서 디샌티스는 '성공은 끝이 아니고 실패는 치명적이지
않다. 중요한 것은 계속할 용기이다'라는 격언을 인용하며 윈스턴
처칠이 남긴 말이라고 했다. 하지만 이는 처칠의 명언이 아니라
는 반박이 제기되었다. 많은 단체가 처칠의 공식 저서나 연설, 편
지 등 모든 문헌을 다 헤아려도 디샌티스가 인용한 구절은 찾을
수 없다고 목소리를 높였다. 〈워싱턴포스트〉는 기억이 틀렸다며
디샌티스의 잘못을 꼬집기도 했다. 이러한 사례들은 모두 기억이
쉽게 왜곡되고 재구성될 수 있음을 나타낸다.

크리스토퍼 차브리스Christopher Chabris와 대니얼 사이먼스Daniel
Simons가 쓴 《보이지 않는 고릴라》의 기억과 관련된 챕터에는 흥
미로운 사례가 많이 등장한다. 이들은 사람들이 같은 사건을 서

로 다르게 기억하는 이유를 '기억의 착각' 때문이라고 이야기한다. 기억은 속성상 쉽게 변질, 소멸되거나 자신에게 유리한 방향으로 편향될 수 있다. 따라서 누구도 자신의 기억이 완벽하다고 주장할 수 없다. 그럼에도 현실 세계에는 자신의 기억이 무조건 맞다며 핏대를 올리는 사람들이 많으니 그들에게 이 꼭지를 꼭 읽어 보라고 권해 주기 바란다.

기억은 어떻게 만들어지는가?

그렇다면 기억은 뇌에서 어떻게 만들어지고 저장되며 인출되는 걸까? 먼저 기억은 크게 단기 기억과 장기 기억으로 나눌 수 있다. 단기 기억이란 말 그대로 몇 분 혹은 몇 시간, 며칠 정도 짧게 저장되었다가 사라지는 기억을 말한다. 예를 들어, 저녁에 퇴근하면서 아이가 부탁한 아이스크림을 사 가는 것을 잊지 않고 기억해 두는 일이나 누군가에게 전화를 걸기 위해 전화번호를 잠깐 외우는 것 등이 단기 기억이다. 단기 기억은 일회용품과 같이 한 번 쓰고 버리는 것이기 때문에 사용 목적이 소멸되면 함께 사라진다.

반면에 사라지지 않고 오래도록 저장되는 기억이 있는데, 이를 장기 기억이라고 한다. 장기 기억은 서술 기억과 비서술 기억으로 나눌 수 있다. 서술 기억은 일상에서 벌어진 일이나 경험, 의도적으로 학습한 내용 등을 기억하는 것으로 '대상을 아는 것knowing what'이라고 할 수 있다. 반면 비서술 기억은 어떤 것을 행하는 '방식을 아는 것knowing how'이다. 비서술 기억을 절차 기억procedural memory이라고도 하는데, 운전하기나 자전거 타기, 수영하기, 공 던지기 등을 하는 것처럼 언어로 분명하게 서술할 수는 없지만 자연스럽게 그 행위를 수행하게 만드는 기억을 말한다.

서술 기억은 다시 일화 기억episodic memory과 의미 기억semantic memory 두 가지로 나뉜다. 일화 기억은 사건 기억, 의미 기억은 사실 기억이라고도 한다. 일화 기억은 개인이 겪은 경험이나 사건, 감정과 같은 일들이 언제, 어떻게 벌어졌는지에 대한 기억이다. 의미 기억은 이 세상에 존재하는 단어와 그 개념에 대한 기억으로, 예를 들어 '대한민국의 수도는 서울'이고 '소금은 짜다', '참새는 조류이다'와 같이 변할 수 없는 사실에 관한 것이다. 작업 기억working memory이라는 것도 있는데, 이는 인지적 작업에 필요한 정보를 일시적으로 처리하는 기능을 말한다. 특정 작업이 끝나면 사라진다는 측면에서 단기 기억과 유사하지만, 인지적 조작이 강조되며 기억보다는 기능에 가깝다.

그런데 왜 사람마다 기억이 다르고 때로는 잘못 기억하는 걸까? 기억이 형성되는 과정에서부터 왜곡이 일어나기 때문이다. 즉, 첫 단추부터 잘못 끼워지는 셈이다. 기억의 형성과 저장에 가장 밀접한 관련이 있는 뇌 부위는 측두엽 안쪽에 있는 해마이다. 바닷속 생물인 해마와 닮았다고 해서 이름 붙여진 이 영역은 단기 기억을 장기 기억으로 전환하는 데 결정적인 역할을 한다.

해마가 손상된 사람들은 과거의 기억은 회상할 수 있지만, 새로운 정보는 기억하지 못한다. 뇌 질환으로 인해 해마를 제거하는 수술을 받은 H. M.이라는 환자는 수술 이후에 새로운 정보를 접할 때마다 그 기억이 불과 10분밖에 유지되지 않았다고 한다.

외부에서 받아들인 정보는 해마에서 1차적인 처리를 거치게 된다. 해마는 전두엽과 협의하여 정보를 분류하고 연계하며 과거의 사건과 연관 짓는 정교화 과정 등을 거친 후 잠을 자는 동안 대뇌피질에 새겨 넣는다. 뇌에 특별한 저장 공간이 있어서 그곳에 정보를 보관하는 것이 아니라, 해마가 정보를 가공하여 대뇌피질에 새기는 과정에서 발화된 시냅스 간 연결로 기억을 형성한다. 수많은 시냅스가 동시에 발화되면서 연결을 이루고 이것이 기억으로 저장되는 것이다.

기분 따라 달라지는 기억?

이 과정에서 뇌는 외부의 정보를 사진이나 동영상처럼 있는 그대로 정교하게 저장하지는 않는다. 그렇게 하려면 너무 많은 에너지와 노력이 필요하기 때문이다. 자칫하다가는 과부하가 걸릴 수도 있다. 뇌는 항상 에너지를 최소로 소모하는 가장 효율적인 방식으로 작동하려는 경향이 있는데, 기억을 저장할 때도 마찬가지이다. 외부에서 받아들인 정보 중 의미 있다고 판단되는 부분만 선택적으로 추출하여 대략적인 내용만 기억에 남긴다. 누군가와 대화를 나누면 모든 내용을 빠짐없이 기억하는 것이 아니라 대강의 맥락만 기억하는 식이다. 그러다 보니 나는 기억하는 말을 상대방은 기억하지 못할 수도 있다.

여기에 정보를 받아들이는 사람의 주관적인 판단이나 추론 등이 개입된다. 예를 들어, '사탕', '맵다', '설탕', '시다', '초콜릿', '쓰다' 등 일련의 단어들을 들려주고 시간이 지난 후에 '달다'라는 단어가 있었느냐고 물어보면 많은 사람이 '그렇다'라고 대답한다. 사탕이나 설탕, 초콜릿 등 단맛과 관련된 단어가 있었던 탓에 '달다'라는 단어를 듣지 못했는데도 그 단어가 있었다고 착각하는 것이다.

과거 경험이나 가치관, 이해 수준, 판단 능력 등에 따라 동일한 정보를 다르게 해석하거나 자신에게 유리한 쪽으로 편향된 해석을 하기도 한다. 하버드 대학교의 대니얼 샥터Daniel Schacter 교수에 따르면 우리는 무언가를 기억할 때마다 경험을 해석하고 색칠해 의미를 부여하는데, 여기에 왜곡된 정보가 포함되거나 실제 사건과 혼합될 수 있다고 한다. 샥터 교수는 기억의 7가지 원죄The Seven Sins of Memory가 있다고 하며 이를 망각의 죄sin of omission, 왜

곡의 죄sin of distortion, 집착의 죄persistence 등 세 가지 범주로 구분했다. 망각의 죄는 기억이 약해지거나 사라지는 것을 일컫는데, 시간의 흐름에 따라 기억이 자연스럽게 희미해지는 소멸transience, 주의 집중 부족으로 정보를 기억하지 못하거나 잊는 부주의absent-mindedness, 알고 있는 정보가 순간적으로 떠오르지 않는 차단blocking 등이 있다. 왜곡의 죄는 기억이 변형되거나 잘못되는 것을 말하며, 기억의 출처를 혼동하는 잘못된 귀인misattribution, 외부의 질문이나 암시에 의해 기억이 바뀌는 암시성suggestibility, 신념이나 감정, 지식이 기억을 바꾸는 편향bias 등이 있다. 집착의 죄는 기억이 원치 않게 지속되는 것을 말한다. '죄'라는 말이 다소 강한 느낌이 있어 '오류'로 표기하기도 한다. 앞서 예를 든 브라이언 윌리엄스의 경우에도 이러한 요소들이 혼합되어 나타났을 가능성이 있다. 동일한 시간에 동일한 장소에서 동일한 경험을 해도 사람마다 기억 속에 저장되는 내용이 달라지는 이유가 여기에 있다.

기억의 저장 과정에 감정이 관여하는 점도 기억의 왜곡에 영향을 미친다. 새로운 정보는 해마에 일시 보관되었다가 강한 자극이나 반복되는 정보 등 인상적이거나 필요하다고 여겨지는 것들만 걸러져 대뇌피질에 새겨지는데, 이 과정에 편도체가 관여한다. 편도체는 인간의 정서 상태와 밀접한 관련이 있는 부위이다. 해마에서 정리된 정보에 편도체에서 받아들인 긍정적이거나 부정적인 감정을 덧붙여 대뇌피질로 전달하는 것이다. 그런데 사람마다 정보를 받아들일 때의 정서 상태가 다르다 보니 동일한 사실을 다르게 해석하게 되고, 그 해석에 따라 기억의 내용이 달라진다. 때로 떠올리기 싫은 나쁜 기억들은 의도적으로 망각되거나 왜곡되기도 한다.

거짓 증언하는 사람들

거짓 기억에 관한 연구는 무척이나 많다. 영국의 심리학자인 가브리엘레 마초니Gabriele Mazzoni 교수와 어빙 커시Irving Kirsch 교수는 경험에 관한 기억 실험을 진행했다. 실험자는 피험자들에게 "어린 시절 놀이공원에서 에펠탑 모형을 봤던 적이 있나요?"와 같은 질문을 던졌다. 이 질문들에는 실제로 겪은 사건과 연구자가 조작한 사건이 섞여 있었다. 실제로는 경험이 없더라도 다른 기억과 혼합되어 떠오르게 유도한 것이다. 그런 다음 피험자들에게 "이런 장면을 상상해 보세요"라고 요구하거나 사진 혹은 친구의 이야기를 보여 주었다. 그 과정에서 피험자들은 상상한 내용을 마치 자신이 직접 경험한 것처럼 인식하기 시작했다. 이후 피험자들에게 질문을 하자, 실제로 경험하지 않았음에도 자신의 경험이라고 얘기하는 경우가 많았다.

기억력이 남다르다고 자부하는 사람들도 예외는 아니다. 기억력이 아주 뛰어난 사람들에게 존재하지 않는 사건 정보를 제공하고 그것을 경험했느냐고 물으면 그중 일부는 허위로 만들어진 사건을 실제로 경험한 것처럼 대답하였다. 이러한 결과는 아무리 기억력이 좋은 사람도 기억을 재구성하는 과정에서 외부 정보에 의해 기억이 왜곡될 수밖에 없음을 보여 준다.

이와는 조금 다르지만, 외부의 영향 역시 기억을 왜곡할 수 있다. 범죄를 수사하는 과정에서 수사관이 "확실해요?"라고 물으면 증인이 자신의 기억을 확신하지 못하게 되거나 "혹시 이렇게 된 것 아닙니까?" 하면서 시나리오를 들려주면 마치 그게 사실인 것처럼 기억이 바뀌는 경우가 있다. 일상에서도 누군가 "그럴 리가 있나요. 이렇게 된 거 아닙니까?" 하면서 논리적인 증거를 동원하여 설명하거나 힘으로 억누르면 기억이 변형되기도 한다. 법정에 나온 목격자의 증언을 모두 믿을 수는 없다는 말이 되는데, 이처럼 기억은 너무나도 쉽게 바뀔 수 있다.

태국 출신 과학자인 파타라누타폰Pat Pataranutaporn 등은 200명의 피험자에게 편집되지 않은 이미지, 인공지능이 편집한 이미지, 인공지능이 생성한 비디오, 인공지능이 편집한 이미지의 인공지능 생성 비디오를 보여 준 후, 인공지능으로 편집된 이미지와 비디오가 인간의 기억에 미치는 영향을 분석하였다. 그 결과 인공지능이 편집한 이미지와 비디오를 본 참가자들에게서 실제로 경험하지 않은 사건을 기억하는 경향이 두드러졌다. 특히 인공지능이 생성한 비디오를 본 피험자들은 그렇지 않은 피험자들보다 잘못된 기억을 형성할 확률이 2.05배 높았으며, 그 기억에 대한 확신도 1.19배 강했다. 인공지능이 보편화된 요즘 같은 시대에는 왜곡된 기억이 더욱 쉽게 형성되고 저장될 수 있다.

기억은 고정되어 있지 않다

기억의 생성뿐 아니라 인출 과정에서도 오류가 발생한다. 기억을 떠올리는 것은 서로 연결되어 정보를 저장한 시냅스들이 다시 결합하는 과정이다. 하지만 기억의 인출 과정이 반드시 저장 과정과 일치한다고 할 수 없다. 물리적인 공간에 저장되는 것이 아니기 때문에, 특정 영역을 뒤진다고 어떤 기억이 떠오르지도 않는다. 정보를 기억할 당시에 발화되었던 시냅스들을 다시 연결하는 과정에서 오류가 발생할 수 있다. 즉, 인출 과정에서 저장 과정과 다른 시냅스가 결합하면 기억은 달라진다. 혹은 저장 과정에 관여했던 시냅스 중 일부가 누락되면 기억이 변형되거나 소실될 수밖에 없다.

반복적인 학습이 기억을 악화시킨다는 이론도 있다. 〈학습과 기억Learning&Memory〉이라는 학술 잡지에 발표된 논문은 동일한 이미지를 반복적으로 볼 경우 아주 기본적인 사항은 달라지지 않지만, 그때의 주의 상태나 감정 등에 따라 기억하는 내용에 차이가 생길 수 있다고 주장한다. 그래서 시간이 지난 후에 그 이미지를 떠올리려고 하면 서로 다른 기억들이 겹쳐지면서 중복되는 부분은 강화되지만, 그렇지 못한 부분은 기억에서 사라진다.

기억의 재구성 이론Reconstructive Memory Theory에 따르면 기억은 고정된 것이 아니라 회상할 때마다 새로운 정보와 결합해 재구성된다고 한다. 따라서 동일한 정보에 반복적으로 노출되다 보면 그때의 감정이나 주의력, 상상력 등이 더해져 조금씩 다른 기억이 형성된다. 반복된 노출은 기억의 강화consolidation를 촉진할 수 있지만, 동시에 주의가 분산되거나 감정적 반응이 약해지면 일부 기억이 소멸되거나 왜곡될 수 있다.

이처럼 기억은 저장에서부터 인출에 이르기까지 모든 과정에 걸쳐 완전하지 못하다. 마치 단단한 나무 틀 속에 들어 있는 연두부와도 같다. 작은 힘에도 쉽게 부스러지는 연두부를 계속 넣고 꺼내기를 반복하면 점점 처음과 다른 모습이 될 수밖에 없다.

자신의 기억이 절대적으로 옳다고 주장하는 사람들은 뇌가 컴퓨터처럼 빈틈없이 움직인다고 착각한다. 하지만 효율을 추구하는 뇌에는 허술한 면이 있다는 것을 되새길 필요가 있다. 자신하는 기억도 틀릴 수 있음을 이해하고 기억에 대해서는 늘 겸손한 편이 실수를 줄이는 방법일지도 모른다.

내가 뇌의 주인일까,
뇌가 나의 주인일까?

자유의지는 존재하는가?

세계적인 초현실주의 화가 프리다 칼로Frida Kahlo는 유난히 자화상을 많이 그린 것으로 유명하다. 화가들이 자화상을 그리는 것이 낯선 일은 아니나, 칼로는 자화상이 전체 작품의 3분의 1에 달해 다른 화가들에 비해 유독 많은 편이다. 여기에는 다른 이들에 비해 힘든 삶을 살았지만, 그 모든 과정을 이겨 낸 자신을 대견스럽게 여기는 마음이 담겨 있는지도 모른다. 그녀는 여섯 살에 소아마비를 앓았으며, 18세 때 버스와 전차가 충돌하는 사고로 척추, 골반, 갈비뼈, 다리, 발 등에 심한 손상을 입었다. 이로 인해 무려 30여 회가 넘는 수술을 해야 했으며 사고 후유증과 만성 통

중, 척추염, 괴사 등으로 평생 고통 속에 살았다. 죽기 얼마 전에는 오른쪽 다리를 절단하기도 했다. 남편의 끝없는 외도로 인해 결혼 생활은 불행했고 몇 차례나 유산을 겪기도 했다.

이쯤 되면 신이 버린 삶이라고 여길 수도 있다. 보통 사람들 같으면 그 자리에 주저앉아 자신의 신세를 한탄하며 지냈을지도 모른다. 하지만 이런 불행 속에서도 프리다 칼로는 강한 의지로 모든 역경과 고통을 이겨 냈다. 자신에게 닥친 정신적, 육체적 고통을 오히려 작품의 소재로 삼았다. 자화상이 유난히 많은 이유도 그 때문이다. 사고를 당해 몸을 움직일 수 없게 되었을 때는 천장에 거울을 설치해 자신을 관찰하며 자화상을 그렸다고도 알려져 있다. 이 모든 일화는 삶에 대한 그녀의 의지가 얼마나 강한지 잘 보여 준다.

《죽음의 수용소에서》를 쓴 빅터 프랭클Viktor Frankl 역시 강인한 의지를 가진 사람이 아닐 수 없다. 오스트리아 출신 정신과 의사였던 그는 1942년 어느 날 아우슈비츠 수용소로 호송되었다. 그곳에서 가족을 모두 잃고 하루하루 지옥과 같은 삶을 살았다. 언제 죽음이 찾아올지 알 수 없는 절망적인 상황에서도 그는 자신이 겪은 모든 일을 세상에 알리겠다는 일념으로 삶을 포기하지 않았다. 너무나 고통스럽고 괴로운 상황에서 동료 수감자 중 한 명이 스스로 목숨을 끊으려 하자 프랭클은 이렇게 말했다. "당신은 아직 이 세상에서 할 일이 남아 있다. 당신의 고통조차 의미가 생길 수 있다.” 결국 그는 끝까지 살아남아 독일이 유대인들에게 했던 만행을 세상에 알리게 된다. 그는 “자유의지는 고통 속에서도 의미를 선택할 수 있는 능력”이라 말했다.

일반적으로 사람들은 자신의 행동이 자유로운 의지에 따른 것이라고 생각한다. 그래서 마땅히 해야 할 일을 하지 못하는 사람들을 ‘의지박약’이라고 비난하기도 한다. 예를 들어 담배를 끊지 못하거나, 잠자리에서 단번에 일어나지 못하고 아침마다 전쟁을 치르거나, 식욕을 참지 못하는 것을 모두 의지가 부족한 탓이라고 여긴다. 의지가 부족한 사람은 큰일을 할 수 없다는 관념도 있다. 그만큼 의지는 인간의 행동을 좌우하는 가장 강력한 수단으로 인식된다.

그런데 의지는 무엇일까? 만물의 영장인 인간에게는 자신의 사고와 행동을 온전히 조절할 수 있는 자유로운 의지가 있다는 것은 과연 맞는 이야기일까? 그리고 인간은 그 자유의지대로 행동하는 것일까?

자유의지란 사고와 행동을 자신이 자유롭게 선택하는 것이지만, 인간이 집단을 이루어 살아간다는 것을 고려하면 그 정의가 다소 달라진다. 현대의 인간에게 있어 자유의지란 사고와 행동이 내면의 욕망을 따라 흘러가도록 방치하지 않고, 다양한 사람들과 관계를 이루며 살아가는 사회의 일원이자 합리적이고 이성적으로 판단하는 주체로서, 사회 규범과 규율에 맞추어 생각하고 행동하는 것이다. 그러한 측면에서는 철학이나 정신분석학에서 말하는 자아와도 일맥상통한다고 볼 수 있다.

철학에서 자아는 끝없는 사색의 실마리를 제공하는 아주 중요한 화두이다. 고대에서 현대에 이르기까지 철학은 늘 자아에 관해 고찰해 왔다. 물론 철학에서도 모든 사건은 이미 예정되어 있기에 자유의지는 착각일 뿐이라는 결정론과 우주 질서가 무작위하게 형성되어 있기 때문에 세상은 미리 정해진 대로 흘러가지만은 않으며 우연과 자유의지가 개입될 여지가 있다는 비결정론, 그리고 자유의지론과 양립가능론 등 상반된 의견들이 존재해 왔다. 정신분석학에서도 자아는 인간을 인간답게 만드는 가장 강력한 힘이라고 생각하여 인간의 마음을 원초아id와 자아ego, 초자아superego로 구분하는 구조 이론을 만들어 냈다. 만일 철학과 정신분석학에서 자아 개념이 사라진다면 학문적 바탕이 송두리째 흔들리는 엄청난 결과를 가져올 것이다.

그런데 신경과학이 발달하면서 최근 들어 철학자들과 정신분석학자들, 그리고 신경과학자들 사이에 논쟁이 뜨겁다. 인간이 자아, 즉 자유의지를 가지고 있느냐 하는 문제가 그 중심에 있다. 신경과학자들은 자유의지는 허상이라고 주장한다. 브레멘 출신의 뇌과학자 게르하르트 로트Gerhard Roth는 의식적인 자아를 '정부 대변인'이라고 명명하기도 했다. 의사 결정 과정에 참여하지 못해 그 이유와 배경에 대해 잘 알지도 못하면서 정부의 결정을 설명하고 정당화해야 하는 역할이 인간의 뇌와 비슷하다는 것이다. 더 나아가 신경철학자 토마스 메칭거**Thomas Metzinger**는 자아는 착각에 불과하고 뇌가 만들어 낸 허구라며 자아 자체를 의심한다. 반면에 철학자들이나 정신분석학자들은 자유의지가 분명 존재한다고 주장한다. 어느 쪽의 말이 맞는 걸까?

의지는 의식적 사고가 만들어 낸 허상

자유의지 논란에 처음 불을 지핀 것은 1980년대 생리학자 벤저민 리벳**Benjamin Libet**이었다. 그는 핀으로 손을 찌르면 그것을 뇌가 인지하는 데 얼마나 걸리는지 밝혀내고자 했다. 뇌는 통각을 느끼지 못하기 때문에 뇌 수술은 마취를 하지 않은 각성 상태에서 하는 경우가 많다. 따라서 그는 뇌 수술을 받는 환자들을 대상으로 실험을 진행했다. 그가 핀으로 환자의 손을 찌르자 그 신호는 불과 0.02초 만에 뇌에 도달했다. 그런데 환자가 뭔가를 느꼈다고 대답할 때까지는 거의 0.5초가 걸렸다. 이는 뇌가 외부의 감각기관을 통해 들어오는 정보를 무의식적으로 처리할 수는 있지만, 그것을 인지하는 데는 더 긴 시간이 필요하다는 것을 의미한다. 0.5초라고 하면 거의 동시라고 생각하겠지만, 뇌에서 0.5초는 상당히 긴 시간이다. 이는 의식과 행동이 나타나는 시점이 다를 수 있다는 것을 시사한다.

이후 생리학자인 패트릭 해거드Patrick Haggard가 벤저민 리벳의 실험을 재현하기 위해 다시 실험을 진행했다. 피험자들의 두개골에 뇌파측정장치를 부착하고 언제든 누르고 싶을 때 버튼을 누르라고 지시했다. 컴퓨터 모니터 화면에는 시계가 있었고, 피험자들은 원하면 버튼을 누르면 되는 간단한 실험이었다. 이 실험 결과에 대한 일반적인 예상은 이러할 테다. 뇌에서 버튼을 누르고 싶다는 욕구가 발현되면 그것을 운동피질에 전달하여 운동피질이 근육을 움직이도록 명령을 내리고 그 명령에 따라 손가락이 움직여 버튼을 누르게 된다. 즉 의식적인 욕구가 먼저 생기고 그 후에 운동이 따른다는 것이다.

결과는 놀랍게도 정반대였다. 운동피질이 활성화되고 거의 1초가 지나서야 비로소 의식이 버튼을 누르라는 명령을 내렸다. 다시 말해, 운동 명령이 먼저 내려지고 나서 의식이 그것을 깨달은 것이다. 의식적인 결정에 앞서 뇌가 이미 행동을 준비하고 있었던 셈이다. 이때 나타난 뇌파를 분석해 보면 다음 그림과 같다. 의식적으로 버튼을 누르기 전에 이미 운동피질에 움직임을 위한 자극이 축적되어 있고, 이것이 역치를 넘어선 다음에야 손가락을 움직여 버튼을 누르는 것을 알 수 있다.

최근의 다른 실험에서도 동일한 결과를 확인할 수 있다. 이번에는 뇌파측정장치 대신 기능성 자기공명영상장치fMRI를 이용하

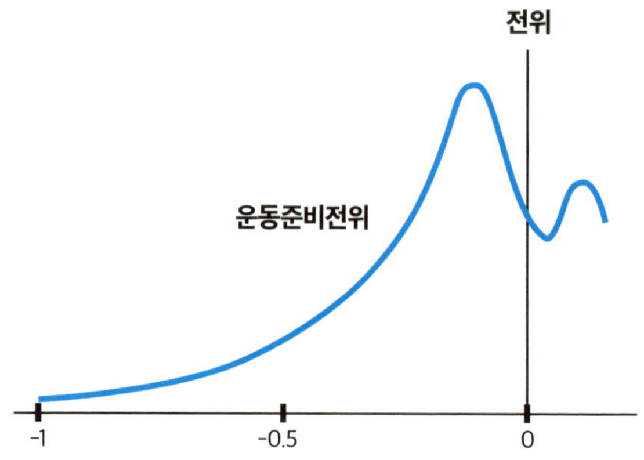

뇌 안에서 움직임을 위한 자극이 최고조에 이르고 난 후에야 비로소
버튼을 누르도록 손가락을 움직이라는 명령이 내려진다.

여 리벳의 실험을 재현했다. 존딜런 헤인스John-Dylan Haynes 박사는
피험자가 fMRI 장비 안에 누워 있는 동안 스크린에 임의로 알파
벳을 띄운 후, 원할 때 왼손 혹은 오른손 검지로 버튼을 누르도록
했다. 다만 버튼을 누를 때 떠오른 알파벳을 기억하라는 지침을
내렸다. 이 실험에서도 결론은 동일했다. 피험자가 버튼을 누르
기 1초 전에 이미 운동피질이 움직이기 시작했으며, 심지어는 10
초 전에 운동피질이 활성화되는 경우도 있었다.

이러한 실험 결과가 의미하는 바는 무엇일까? 우리는 자신의
삶이 완전히 고유 의지에 의해 움직인다고, 우리의 모든 생각과
행동이 의지의 산물이라고 여긴다. 아침에 원하는 시간에 일어나

세수를 하고, 밥을 먹고, 버스나 지하철 중 편리한 것을 이용하여 회사나 학교에 가고, 저녁에는 친구들을 만나 수다를 떨고 먹고 싶은 음식을 먹으며, 피곤하면 자고 싶은 시간에 잠자리에 든다. 조종 장치를 손에 쥔 채 모든 행위를 스스로 컨트롤하고 있다고 믿는다. 그래서 우리는 스스로를 이성적이고 의식적으로 행동하는 인간으로 규정한다. 철학이나 정신분석학에서 말하는 자아 역시 이러한 바탕 위에서 형성된 것이다.

그런데 패트릭 해거드나 존딜런의 실험은 그동안 한 번도 의심해 본 적 없는 전통적인 자아 또는 자유의지의 개념에 커다란 의문을 제기한다. 내가 의식하기 전에 뇌가 먼저 나를 움직였다. 잠자리에서 일어나 학교나 회사에 가고, 친구들을 만나고, 무언가 새로운 것을 배우려는 행동이 모두 나의 의지에서 비롯된 줄 알았는데, 알고 보니 모두 뇌가 시켜서 하는 일이고 나는 그저 조종당하고 있다고 말하는 것이나 다를 바 없다.

이는 우리의 일상적인 행위가 자유의지가 아니라 잠재의식에 의해 이루어진다는 것을 의미한다. 내 몸의 진짜 지배자는 저 수면 아래 깊숙이 숨어 있는 잠재의식인데도 인간은 의식적인 자아가 사고와 행동을 지배한다고 믿는다. 따라서 신경과학자들은 이 모든 믿음이 허상에 불과하다고 주장한다. 결국 우리가 생각하는 '의지'는 사실 무의식적 사고의 산물이라는 것이다.

잠재의식이 나의 미래를 바꾼다

그런데 이게 왜 문제가 되는 걸까? 나의 의지로 버튼을 눌렀든 뇌가 시켜서 눌렀든 그게 무슨 상관이냐고 되물을 수도 있다. 그러나 인간에게 자유의지가 없다고 인정하면 많은 문제가 발생할 수 있다. 공부를 열심히 하지 않는 것도, 게으르게 매일을 허비하는 것도 의지의 문제가 아니라 뇌가 그렇게 조종한 탓이라고 둘러댈 수 있기 때문이다. 술이나 담배를 끊지 못하는 것 역시 나의 의지와는 상관없는 일이 되어 버린다. 내가 아닌 뇌를 선택의 주체로 만들면서 결과에 대한 책임에서 벗어나는 것이다.

현실적으로는 범죄와 관련된 문제가 발생할 수도 있다. 최근에는 뇌과학의 연구 결과를 범죄 예방에 활용하는 신경범죄학이 대두되고 있는데, 만일 살인과 같이 심각한 범죄를 저지른 사람이 자신의 의지와는 무관한 범행이라고 주장한다면 어떻게 할 것인가? 자신은 사람을 죽일 의도가 없었는데 뇌가 명령을 내려서 따랐을 뿐이라고 한다면 그는 무죄일까, 유죄일까? 이러한 논쟁은 실제로 자유의지를 둘러싼 딜레마 중 하나이기도 하다.

자유의지에 관한 논쟁은 지금까지도 계속되고 있다. 신경과학이 발달하면서 과거에는 당연하게 여겨졌던 개념이 새로운 패러다임으로 전환되고 있다. 뇌에 관한 연구가 그리 활발하지 못했던 1990년대 중반까지만 해도 인간의 뇌는 이성의 본거지이며,

대뇌피질이 감정을 완전히 장악하고 조율할 수 있다고 믿었다. 그래서 인간은 의식적이고 자율적인 상태에서 이성적인 사고와 판단을 할 수 있다고 보았다.

그러나 1990년대 후반에 들어서면서 안토니오 다마지오Antonio Damasio와 조지프 르두Joseph LeDoux 등 신경과학자들을 중심으로 인간의 의사 결정에 감정이 미치는 중요한 영향에 대한 연구가 활발하게 이루어지기 시작했다. 이들은 의사 결정 과정에 이성보다 감정이 더 많은 영향을 미친다고 주장했다. 실험용 쥐의 뇌에서 편도체를 제거하자, 두려움이 사라진 쥐가 겁 없이 독사 앞을 서성대거나 심지어 독사를 물기도 했는데, 이처럼 감정이 제거되면 제대로 된 판단을 하지 못한다.

최근에는 이러한 이론이 더욱 적극적인 지지를 받고 있다. 샘 해리스Sam Harris를 비롯한 거의 대부분의 신경과학자들은 감정이 뇌의 주도권을 쥐고 있다고 생각한다. 관계는 감정을 통해 인식되어야 비로소 의미가 생긴다는 것이다. 감정이 결정에 미치는 영향은 70~80퍼센트나 되지만, 이는 거의 무의식적으로 이루어진다. 고작 20~30퍼센트의 의사 결정만이 의식적인 과정을 거친다. 따라서 앞서 살펴본 것처럼 자유의지에 따른 것은 거의 없다는 이론이 설득력을 얻고 있다.

자유의지가 있느냐 없느냐 하는 문제는 여전히 뜨거운 감자이고, 앞으로도 그럴 테다. 그래서 이 문제를 깊게 파고드는 것은 쉽지 않다. 다만 좀 더 시간을 두고 그 결과가 어떻게 달라지는지 지켜볼 필요가 있다. 최근에 등장하는 이론들은 다시 자유의지의 중요성을 강조하는 듯하다. 앞서 살펴본 것처럼, 뇌가 특정한 행위를 준비하는 것과 의식이 그 결정을 자각하는 것 사이에는 일정한 시간의 지연이 존재한다. 의식은 뇌가 명령한 그대로 실행하는 것이 아니라, 좋지 않은 일이라면 지연된 시간 동안 알아채고 정지 버튼을 누를 수 있으며, 그렇게 해서 의지와는 다른 잘못된 행동을 하지 않고 자신의 주체성을 회복한다는 것이다.

자유의지가 실제로 존재하는지 여부를 떠나서, 만일 인간의 사고와 행동이 잠재된 의식을 통해 발현되는 것이라면 그 잠재의식을 바꿀 수 있지 않을까? 그러면 뇌가 나도 모르는 사이에 내리는 판단이 나를 보다 바람직한 방향으로 이끌 수도 있지 않을까? 어차피 우리가 그 뇌의 주인이니까 말이다. 좋은 습관, 바른 습관을 형성해 그것이 자연스럽게 무의식 속에 쌓이도록 하면 필요한 순간에 힘을 발휘할 수 있지 않을까? 뇌가 더욱 바람직하고 좋은 방향으로 우리를 이끌어 가도록 말이다.

나는 왜 자꾸
최악을 상상할까?

부정적인 생각이 꼬리에 꼬리를 물 때

직장에서 상사에게 야단을 맞았다며 밤새 잠 못 이루며 고민하는 사람이 있다. 생각이 꼬리에 꼬리를 물고 이어지다 보면 사소한 걱정이 점점 더 큰 걱정으로 번지고 급기야 잠들지 못할 지경에 이른다. 처음에는 '왜 나를 야단친 거지?'에서 출발한 생각이 조금 시간이 지나면 '나를 미워하는 건가?'로 이어진다. 지금까지 나를 대했던 상사의 태도도 나를 미워해서 그랬던 것 같다. 인사를 했는데 모른 척 지나치거나, 어쩐지 못마땅한 눈길로 바라보거나, 내가 해야 할 일도 아닌데 굳이 나에게 시키는 등 평소에는 미처 생각하지 못했던 일들이 모두 다 아귀가 맞아떨어지는 것처럼 느껴진다. 나중에는 의심이 확신으로 굳어지고 상사의 눈 밖에 났다는 걱정이 앞서며 '날 해고할 거야'라는 불안감으로 번진다. 이어서 '회사에서 잘리면 생계는 어떻게 하지?'와 같은 초조한 마음이 엄습한다. 그러다 결국 뜬눈으로 밤을 새우고 만다.

사람의 성격에 따라 다르긴 하겠지만 살다 보면 이와 비슷한 일들이 종종 일어나곤 한다. 어느 날, 친한 친구가 무심코 한 행동을 혼자 곱씹다가 온갖 상상을 덧붙여 친구의 마음이 변했다고 결론을 내리고는 쌀쌀맞게 대한 적은 없는가? 휴대폰을 바꿔서, 혹은 실수로 카톡 방에서 나간 친구가 감정이 상한 건 아닌가 고민하다가 오히려 그 친구가 잘못한 일을 들추며 괘씸한 감정을 품어 본 경험은 없는가? 애인이 던진 사소한 한마디에 혹시라도 날 싫어해서 그런 건 아닐까 고민하며 헤어질 걱정 때문에 잠 못 이룬 적은 없는가? 아마도 이러한 걱정을 한 번도 안 해 본 사람은 없을 것이다.

우리는 늘 걱정을 달고 산다. 베스트셀러 작가인 어니 젤린스키Ernie Zelinski에 따르면, 우리가 하는 걱정의 40퍼센트는 결코 일어나지 않을 일이며, 30퍼센트는 이미 지나간 일이고, 12퍼센트는 우리와 상관없고, 10퍼센트는 사실이 아니며, 4퍼센트는 우리가 바꿀 수 없는 일이다. 정말 걱정할 만한 일은 4퍼센트에 불과하다. 그런데도 우리는 크고 작은 걱정에서 자유롭지 못하다. 일어나지도 않은 미래의 일을 걱정하며 스트레스를 받는 경우가 상당히 많다. 걱정 때문에 잠을 설치고 우울감에 빠지기도 한다.

부정적인 생각은 꼬리에 꼬리를 물고 이어지며 점점 더 커지는 경향이 있다. 처음에는 어린 꼬마였던 걱정이 생각하면 할수록 더욱 커져 거인만 해지고 주변 친구들까지 불러 모아 나중에는 머릿속에 발 디딜 틈도 없이 들어차게 된다. 긍정적인 생각과는 달리 부정적인 생각은 유독 생각을 거듭할수록 증폭되는데, 이것이 바로 이른바 부정적인 생각의 '눈덩이 효과snowball effect'이다. 걱정, 두려움, 의심과 같은 생각을 품고 잠자리에 들면 처음에는 조그맣던 것들이 서로 끌어당기고 엮이며 잊고 있었던 안 좋은 일을 되새기게 만드는 등 밤새 눈덩이처럼 불어나 감당할 수 없을 만큼 커진다.

이러한 부정적인 생각은 지난 일에 대한 후회로 이어지고 심하면 자책감이 되기도 한다. '내가 왜 그랬을까?' 혹은 '그때 그런 짓을 하지 말았어야 하는데'와 같은 생각이 계속되며 나를 점점 더 힘들게 만든다. 그래서 잠을 이룰 수 없게 되고, 신경은 더욱 날카로워지며, 심한 경우 우울증으로까지 발전될 수 있다.

왜 그럴까? 긍정적인 생각은 대체로 단편적으로 끝나고 마는데 왜 부정적인 생각은 서로 물고 물리며 계속 이어지는 것일까? 뫼비우스의 띠처럼 탈출구 없이 무한히 반복되는 부정적인 사고의 악순환에서 빠져나올 방법은 없을까? 부정적인 사고도 알고 보면 뇌의 작동과 관련되어 있다.

감정을 요동치게 만드는 내 머릿속 악순환

미국의 신경학자인 제임스 파페즈James Papez는 우리가 경험하는 감정이 대뇌피질과 더불어 대상피질에서 유발되는 신경 활동에 의해 결정된다는 이론을 제시하였다. 뇌의 가장 바깥 부분에 위치한 대뇌피질은 주로 이성적이고 합리적인 판단에 관여하고, 변연계는 감정과 정서를 처리하는 역할을 한다. 이 두 영역은 서로 연결되어 있는데, 이들을 연결해 주는 도로를 '파페즈 회로Papez Circuit'라고 한다. 이 파페즈 회로에 부정적인 사고 증폭 작용의 비밀이 숨어 있다.

파페즈 회로를 도식화하면 다음 그림과 같다. 정서적인 경험이나 감정이 시상에 도착하면 시상은 그 정보를 대뇌피질과 시상하부로 전달한다. 시상하부로 전달된 정보는 전시상핵을 거쳐 대상피질로 전해지고, 그것은 다시 대뇌피질에서 보내는 정보와 결합되어 해마로 전달된다. 이후 뇌궁을 통해 시상하부로 전해진다. 이 회로에서 각 부위의 역할을 보면 대상피질은 감정 경험을 담당하고 시상하부는 감정 표현을 담당하며, 대뇌피질은 그 감정에 채색을 하는 일을 맡는다. 즉 어떠한 감정을 경험하게 되면 대상피질을 통해 받아들이고, 시상하부에서 호르몬 분비를 통해 표현하며, 대뇌피질에서 좋은 것인지 나쁜 것인지, 혹은 끔찍한 것인지 결정짓는다.

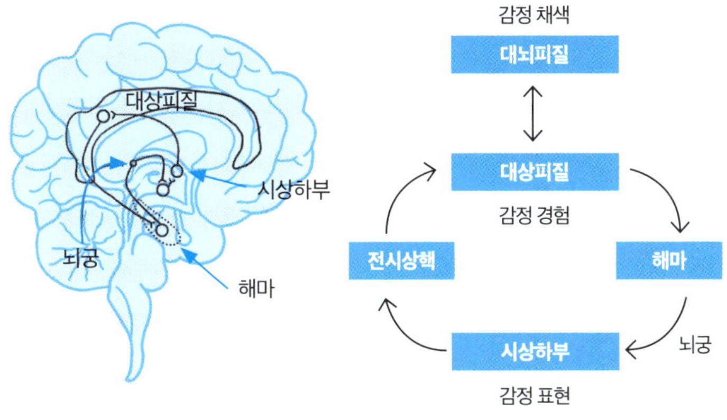

파페즈 회로

파페즈 회로는 그림에서 보이는 것처럼 폐쇄적인 연속 흐름을 가지고 있다. 폐쇄적이라는 것은 뫼비우스의 띠처럼 한번 발을 들여놓으면 빠져나오기 힘들다는 의미이다. 그래서 한번 부정적인 감정이 생기면 그 흐름에서 벗어나기가 쉽지 않다. 문제는 시상하부와 대뇌피질을 오가는 이 순환 회로를 반복하면서 감정이 점점 더 두껍게 덧칠될 수 있다는 것이다.

우리가 경험한 사건들은 해마에서 정보 분류와 의미 부여 작업을 거쳐 변연계에 자리한 편도체에서 감정을 입힌 다음 대뇌피질에 저장된다. 파페즈 회로에서 감정의 흐름이 반복되는 동안 대뇌피질을 거치면서 과거의 부정적인 기억들이 되살아나 함께 딸려 올 수 있다. 이 기억들은 다시 시상하부를 거치면서 감정의 증폭 과정을 겪게 되고, 대뇌피질에서 과거의 부정적인 기억을 새로이 끌어오는 악순환을 만들어 낼 수도 있다. 부정적인 생각이 위험한 이유도 생각을 거듭할수록 다른 생각으로 번지며 감정이 더욱 악화될 가능성이 있기 때문이다. 마치 물감을 자꾸 덧칠하면 할수록 그림을 망치는 것처럼 말이다. 물론 여기에는 개인의 성향이 크게 작용한다. 무엇이든 쿨하게 잊어버리는 사람은 상관이 없지만, 사소한 일도 쉽게 떨쳐 내지 못하는 사람은 부정적인 감정에 계속 시달릴 위험이 높다.

어떻게 감정의 소용돌이에서 빠져나올까?

하지만 부정적인 감정의 증폭은 결국 자신에게 해가 될 뿐이다. 따라서 생각이 더욱 나쁜 방향으로 흐르기 전에 빠져나오는 것이 중요하다. 이 무한 굴레에서 탈출하려면 어떻게 해야 할까? 가장 좋은 방법은 폐쇄 회로를 차단하는 것이다. 의도적으로 다른 생각을 떠올림으로써 감정 채색과 경험, 표현으로 이어지는 회로에서 벗어나야 한다. 화가 나거나 부정적인 생각이 들 때 그 생각을 붙잡고 있으면 그 닫힌 사고에서 빠져나오기 힘들어지므로 서둘러 다른 생각을 해야 한다. 가장 먼저 나 스스로 어떠한 상태에 있는지를 알아차려야 한다. '내가 쓸데없는 생각을 하고 있구나', '내가 감정적으로 격앙되어 있구나' 하는 사실을 인지하는 것이 우선이다.

화가 날 때도 마찬가지이다. 사람들은 화가 났을 때 순간적으로 그것을 제어하지 못하고 폭발시켜 버리는 경향이 있는데, 그 시간은 길어야 몇 초 혹은 2~3분 내외에 불과하다. 그 순간이 지나고 나면 화를 낸 것을 후회하는 마음이 들게 마련이다. 그래서 화가 날 때 그 사실을 인지하는 것만으로도 감정을 억제하는 데 큰 도움이 될 수 있다.

이렇게 나의 부정적인 감정을 인지할 수 있는 능력을 '메타 인지meta cognition'라고 한다. '인지하는 것을 인지하는 초월적 인지'라는 의미로, 자신의 감정을 잘 다스리고 이성적으로 행동하는 사람일수록 이러한 메타 인지 능력이 발달되어 있다. 그래서 이 메타 인지야말로 사람을 사람답게 만들어 주고, 사람을 다른 동물과 구분하는 인간만의 뛰어난 특성 중 하나이다. 메타 인지가 발달한 사람들의 뇌를 MRI 기기로 촬영해 보면 내측 전전두엽이 발달해 있음을 알 수 있다.

쓸데없이 부정적인 생각을 하고 있거나 화가 났다는 것을 깨달으면 순간적으로 그런 생각을 멈추고 다른 곳으로 주의를 돌릴 수 있다. 내 머릿속 생각은 모두 쓸모가 없고 나에게 해롭다고 믿으며 즉시 벗어나려고 애써야 한다. 의도적으로 다른 것들을 떠올리려고 노력하면 정말로 조금 전까지만 해도 나를 괴롭혔던 부정적인 생각과 분노가 눈 녹듯이 스르르 사라지는 경험을 할 수 있다. 부정적인 감정과 분노에 빠져들면 쉽게 헤어나기 힘들지만, 한번 벗어나면 잊는 것도 금방이다.

부정적인 감정에 사로잡힐 때 그것을 잊기 위해서 술을 마시는 사람들이 많다. 하지만 떠올리기 싫은 기억에 붙잡힌 채로 술을 마시면 그 기억은 더 강화된다. 쥐에게 전기 충격을 받은 상자처럼 나쁜 기억을 상기시킨 후 알코올을 투여하면 다음 날 그 기억이 선명해진다는 실험 결과도 있다. 사람도 좋지 않은 사건을 겪은 후에 그 기억을 떨쳐 버리기 위해 술을 마시면 잊고 싶은 기억이 오히려 뚜렷이 남을 수도 있다. 게다가 술은 감정을 격앙되게 만들기 때문에, 자칫 감정이 훨씬 부정적인 방향으로 증폭될 수도 있다.

인간에게는 메타 인지라고 하는, 다른 동물들과 뚜렷하게 구분되는 능력이 있다. 인간을 이성적인 존재라고 부르는 이유가 여기에 있다. 그리고 이는 전두엽을 얼마나 잘 활용하느냐에 달려 있다. 전두엽은 우리 안에서 일어나는 부정적 사고나 격한 감정을 이성적으로 제어할 수 있는 능력을 갖추고 있다.

물론 쉽지는 않다. 하지만 무언가 나쁜 생각이 찾아왔을 때 스스로 자각하고 주의를 다른 곳으로 돌리려고 노력하는 것만으로도 훨씬 더 좋은 결과를 얻을 수 있다.

감정의 지배를 받는 순간 전두엽의 힘을 빌려 보라. 그러면 삶이 좀 더 여유롭고 낙천적으로 변할지도 모른다.

뇌는 경험한 만큼
똑똑해진다

뇌 안에 새겨진 체감각 지도

세계적인 신경과학자 중 한 명인 라마찬드란Vilayanur Ramachandran 박사가 쓴 《라마찬드란 박사의 두뇌 실험실》이라는 책에는 뇌의 이상과 관련된 많은 사례들이 담겨 있는데, 그중 아주 특이한 예가 있다. 사고로 인해 다리를 잃은 사람들이 파트너와 성행위를 하는 동안 마치 다리가 붙어 있는 것 같은 생생한 자극을 받았다고 한다. 분명히 다리가 없음에도 불구하고 마치 다리가 존재하는 것처럼 느낀다는 것이다. 이게 가능한 이야기일까? 어떻게 존재하지 않는 신체 부위에 감각을 느낄 수 있을까?

인간의 대뇌피질은 크게 전두엽과 두정엽, 측두엽, 그리고 후두엽의 4개 영역으로 나뉘어 있다. 정수리 부근에서 뒤통수에 이르는 두정엽의 가장 앞쪽에는 신체감각을 담당하는 영역이 가느다란 헤어밴드 같은 형태로 포진해 있다. 이를 체감각피질이라고 한다. 캐나다의 신경외과 의사였던 와일더 펜필드**Wilder Penfield**는 인간의 두개골을 절개한 후 체감각피질에 자극을 가하면서 어떤 신체 부위가 반응하는지 면밀히 관찰하였다. 그 결과 대뇌피질의 체감각 영역에 인체의 각 부위에 해당하는 부분이 분포한다는 것을 알게 되었다. 그는 이것을 지도처럼 그려 놓았는데, 이를 '감각피질의 신체 지도'라고 한다. 그리고 그 영역의 크기에 따라 재구

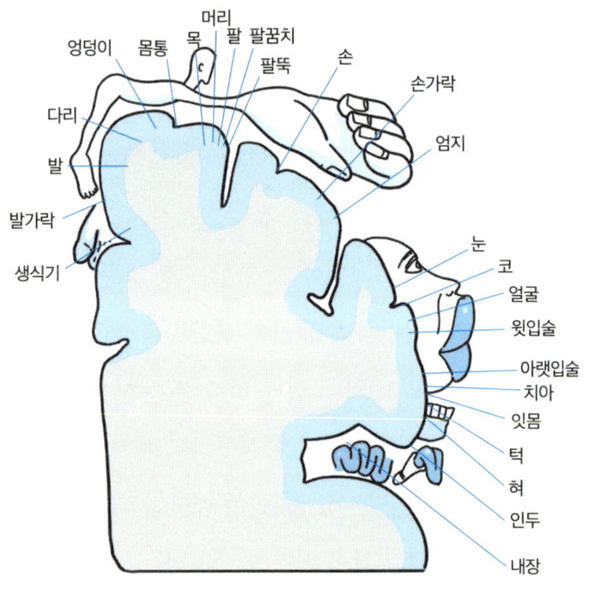

펜필드가 밝힌 감각피질의 신체 지도

성해 놓은 인간의 모습을 호문쿨루스Homunculus라고 한다.

감각피질의 신체 지도를 자세히 들여다보면 다리와 생식기, 그리고 발가락과 생식기가 인접해 있는 것을 알 수 있다. 가끔 영화에서 연인들끼리 성행위를 하면서 발가락을 자극

체감각피질의 분포에 따라 신체를 재구성해 놓은 모습. 체감각피질에서 손이 차지하는 영역이 가장 크다는 것을 알 수 있다.

하는 장면이 등장할 때도 있는데, 이는 발가락과 생식기가 가까이 있어 발가락을 자극하면 생식기에도 자극이 느껴지기 때문이다. 가까운 감각 영역끼리 약한 상호작용이 가능한 것이다. 그런데 만일 특정 신체 부위가 손상을 입거나 상실되면 그곳을 담당하던 감각피질은 더 이상 할 일이 없어진다. 예를 들어 다리를 맡고 있던 감각피질은 다리가 사라지면 더 이상 감각을 받아들일 수 없으므로 기능을 수행할 수 없게 된다.

그렇다면 다리 감각을 맡은 피질 부위는 더 이상 아무 일도 하지 않는 것일까? 그렇지 않다. 만약 그렇게 된다면 그 피질은 점점 퇴화되며, 신경세포 역시 사멸할지도 모른다. 이런 일을 방지하기 위해 뇌는 재배선remapping을 실시한다. 즉, 사라진 신체 부위의 감각을 담당했던 피질이 가까운 곳에 있는 다른 신체 부위의 감각을 처리하도록 재배치하는 것이다. 라마찬드란 박사의 사

례에서는 다리의 감각을 받아들이던 피질이 다리가 손상되자 가까이 있는 생식기의 감각을 처리하도록 기능이 재배치된 것일 수 있다. 이렇듯 뇌는 필요에 따라 기능이 변화하고, 이렇게 변화된 기능이 쭉 지속되기도 하는데 이를 가소성plasticity이라고 한다.

경험과 훈련으로 뇌를 바꿀 수 있을까?

신경과학에서 가장 많이 쓰이는 용어 중 하나인 가소성은 물리학에서 유래한 개념으로, 어떤 물체에 외부적인 힘을 가했을 때 일어난 변형이 힘을 제거해도 그대로 남아 있는 것을 말한다. 뇌 가소성은 뇌를 자극하여 특정한 방향으로 훈련하면 그것이 쭉 이어지는 것을 뜻한다. 즉 경험과 훈련을 통해 뇌의 구조를 바꿀 수 있다는 이야기이다.

현악기를 연주하는 연주자와 일반인의 뇌를 비교해 보자. 현악기 연주자는 주로 왼손으로 현을 누르고 오른손으로 활을 마찰시켜 소리를 낸다. 악기를 연주하기 위해서는 오랜 기간에 걸쳐 피나는 연습을 해야 하는데, 그 과정에서 연주자는 손가락으로 현을 수없이 눌러야 한다. 그렇다면 현악기 연주자의 왼손 손가락에 해당하는 체감각피질은 일반인과 다르지 않을까? 실제로 그렇다. 체감각피질의 크기를 조사해 보면 현악기 연주자의 왼쪽 손가락을 담당하는 영역이 일반인에 비해 훨씬 크고 두꺼운 것을 확인할 수 있다. 자주, 그리고 많이 사용하는 부위의 감각을 받아들이는 체감각피질이 그만큼 발달해 있는 것이다.

시각장애인은 청각이 상대적으로 발달한 경우가 많은데, 이는 가소성, 특히 교차 감각 가소성cross-modal plasticity과 관련이 있다. 시각 입력이 결여되면 시각피질이 더 이상 자극을 받을 수 없게 되고, 이 영역은 청각이나 촉각 정보를 처리하는 데 재배선된다. 그 결과 소리의 위치나 미세한 차이를 구분하는 감각이 훨씬 예민하게 발달하게 된다. 같은 맥락에서 '환상지'라는 것이 있다. 팔이 절단된 사람들이 손가락이 가렵다고 하거나 잘린 팔에 통증을 느끼는 증상을 말한다. 팔이 없는데 어떻게 간지럽고 아픈 것을 느낄 수 있을까? 이 역시 가소성에 비밀이 숨어 있다. 팔의 감각을 느끼는 감각피질 부위가 재배선된 다른 신체 부위에 무언가 자극이 가해지면 팔의 자극으로 느끼는 것이다.

이는 인간의 뇌가 참으로 신비한 존재라는 것을 깨닫게 한다. 활용하기에 따라 얼마든지 바꿔 나갈 수 있기 때문이다. 신체의 어느 한 부분이 없어져도 뇌에서 해당 부위를 담당하는 영역이 사라지지 않고 새로운 기능을 맡는다는 것은 마음 먹기에 따라 뇌를 다방면으로 발달시킬 수 있다는 말과 같다. 그래서 뻔한 결론 같지만 긍정적인 사고가 중요하다.

흔히들 '머리는 쓰면 쓸수록 좋아진다'라고 한다. 실제로 두뇌는 어떻게 사용하느냐에 따라 성능이 완전히 달라질 수 있다. 스마트폰을 단순히 통화만 하는 전화기로 사용할 수도 있지만, 최고의 멀티미디어 기기로 사용할 수도 있는 것처럼 뇌도 그렇게 바꿀 수 있다.

1995년에 시행된 한 실험에서 뇌가 상상만으로도 물리적인 변화를 경험할 수 있다는 사실이 입증되었다. 하버드 대학교의 알바로 파스쿠알레오네Alvaro Pascual-Leone 교수는 피험자들에게 닷새 동안 하루 두 시간씩 피아노 연습을 하도록 한 후 뇌자기자극술Transcranial Magnetic Stimulation, TMS을 사용해 운동피질의 변화를 측정했다. 한 그룹은 직접 피아노를 연습하도록 하고, 다른 한 그룹은 마음속으로만 피아노 치는 연습을 하도록 했다. 결과는 놀라웠다. 두 그룹 모두 손가락 운동을 담당하는 운동피질 영역이 확장되었다. 물론 변화한 크기에는 차이가 있었다. 직접 피아노를 친 그룹의 변화가 더 컸지만, 상상으로만 피아노 치는 훈련을 한 그룹도 매우 유사한 피질의 변화가 나타난 것이다. 상상만으로도 뇌를 활성화시킬 수 있음이 이렇게 증명되었다.

이렇게 뇌가 활성화되면 그 영역에 시냅스가 형성되어 서로 정보를 주고받는 길이 조성된다. 그리고 이러한 상상을 자주 하면 시냅스가 강화되어 돌다리가 콘크리트 다리가 되는 것처럼 길이 단단해진다. 영화 〈올드보이〉에서 최민식 배우가 연기한 주인공 오대수는 만일의 경우를 대비하여 매일 상상으로 싸우는 훈련을 한다. 상대의 움직임을 가상으로 그려 보고, 그에 맞서 어떻게 대응할 것인가를 떠올리면서 동작을 몸에 익힌다. 훗날 갇혀 있던 컨테이너를 벗어나 수십 명의 폭력배와 맞닥뜨렸을 때, 오대수는 상상 속에서 연마한 기술을 바탕으로 불리한 상황을 이겨 낸다. 이런 일화가 영화에서만 가능한 터무니없는 이야기는 아니라는 것이다.

많은 자기 계발 전문가들이 상상하는 대로 이루어진다고 주장하는 것도 바로 이러한 이론에 근거를 두고 있다. 상상과 현실을 구분 못 하는 뇌에 지속적으로 좋은 생각을 심어 주면 뇌는 그에 화답하여 좋은 방향으로 변화하고, 그 뇌가 다시 우리를 더 나은 삶으로 이끈다는 이야기이다.

어떤 환경이 뇌를 발달시킬까?

그런데 여기에 중요한 영향을 미치는 요소가 '환경'이다. 환경은 부모에게 물려받은 유전자 못지않게 한 사람의 성향에 큰 영향을 미친다. 특히 뇌의 관점에서 보면 더 그렇다. 대부분의 신경과학자들은 유전과 환경이 뇌에 미치는 영향이 50 대 50이라고 주장한다. 50퍼센트는 유전자의 영향을 받고, 나머지 50퍼센트는 환경에 의해 만들어진다는 것이다. 하지만 이는 이론일 뿐, 사람에 따라서는 그 비율이 40 대 60이 될 수도 있고 30 대 70이 될 수도 있다. 그만큼 환경에 따라 뇌가 다르게 발달할 수 있다.

교육학에서는 이미 환경의 중요성을 인식하고 이를 실제 교육에 반영하려는 움직임이 활발하다. 메리언 다이아몬드Marian Diamond 교수는 어린 쥐를 두 그룹으로 나누어 한 그룹은 쳇바퀴를 비롯한 장난감이 많은 환경에서 어미와 형제들과 함께 자라게 하고, 다른 한 그룹에게는 그 모든 것을 제한했다. 그렇게 1주일이 지나자 풍요로운 환경에서 자란 쥐는 그렇지 못한 쥐에 비해 대뇌피질이 약 6퍼센트 정도 더 두꺼워졌다. 시냅스와 수상돌기의 개수가 증가했으며, 시냅스의 밀도가 증가하고 수상돌기의 길이는 더 길어졌다. 이는 신경 회로의 연결이 더 많아지고 단단해졌다는 것을 나타낸다. 나아가 풍요로운 환경에서 자란 쥐들은 별아교세포라고 하는 신경교세포의 수가 증가하고 해마의 가소성도 더욱 좋아졌다. 별아교세포는 신경세포에 영양을 공급하고, 시냅스를 만들고 유지하고 때로는 제거하면서 가소성을 촉진하는 등 중요한 역할을 담당한다. 적절한 환경이 새로운 회로를 생성하고 수상돌기를 결합하며 신경 회로를 강화한 것이다.

샤론 레이미Sharon Ramey와 크레이그 레이미Craig Ramey는 일정 기간 동안 피험자들의 행적을 추적하는 종단 연구를 시행하였다. 그들은 도시의 빈곤층 아이들을 대상으로, 한 그룹에는 집약적인 교육 프로그램을 제공하고 언어적 자극이나 돌봄, 충분한 영양 공급과 놀이 등 사회적 상호작용을 할 수 있는 환경을 조성했다. 반면에 한 그룹은 대조군으로, 다른 그룹에 제공하는 혜택을 일체 제공하지 않았다. 이 연구는 아이들이 출생 직후부터 만 5세에 이르기까지 5년 이상 이루어졌으며, 이후 아동기와 청소년기를 거쳐 성인기에 이르기까지 추적 연구가 진행되었다. 그 결과 체계적이고 집중적인 조기교육 프로그램을 제공받은 그룹은 대조군에 비해 IQ가 평균 4~10점 정도 높았는데, 만 3~4세 초기에는 15점에서 20점까지 차이가 나기도 했다.

이러한 연구 결과들을 볼 때 환경은 뇌 발달과 지능에 대단히 큰 영향을 미치는 것으로 보인다. 부모 및 형제와의 상호작용, 다양하고 풍부한 놀이 재료, 균형 잡힌 영양, 또래 집단과의 어울림, 신체 활동 등이 아이들의 발달에 도움이 되는 좋은 환경이라는 것도 알 수 있다.

뇌는 가소성이라는 훌륭한 특성을 지니고 있다. 따라서 어떻게 활용하느냐에 따라 성능이 크게 달라질 수 있다. 그리고 그에 영향을 미치는 가장 큰 요인 중 하나는 환경이다. 아이들이 올바르게 성장하길 원한다면 공부하라고 다그치는 것으로는 부족하다. 아이들이 스스로 자신의 앞날을 고민하며 계획을 실천해 나갈 수 있는 환경을 마련하는 것이 필요하다. 물론 이는 성인에게도 해당되는 말이다. 우리는 마음만 먹으면 뇌를 유리한 방향으로 발달시킬 수 있다.

사춘기에는 왜 갑자기 감정이 폭발할까?

질풍노도의 시기도 뇌를 알면 이해된다

흔히들 사춘기를 '질풍노도의 시기'라고 부른다. 질풍노도란 몹시 빠르게 부는 바람과 무섭게 소용돌이치는 물결을 일컫는다. 반항이 극에 달하는 사춘기 아이들이 거센 바람이나 성난 물살처럼 거침없고 무서워 보인다는 의미이다. 실제로 사춘기 아이들은 매일 좌충우돌한다. 잠잘 시간을 넘겨 새벽까지 깨어 있다가 아침에는 제시간에 일어나지 못해 엄마와 한바탕 전쟁을 한다. 부모님과 사사건건 의견 충돌을 일으키며 대들지만, 또래 친구들과는 말이 잘 통한다. 가족들과 어울리며 대화를 나누기보다는 자기 방에 혼자 틀어박혀 있는 것을 더 좋아한다. 때로는 시간 가는 줄 모르며 게임에 몰두하기도 하고, 호기심을 주체하지 못해 술이나 담배와 같은 나쁜 유혹에 빠지기도 한다. 또, 행실이 좋지 않은 친구들과 어울리며 또래 친구를 이유 없이 괴롭히기도 한다. 이성에 대한 관심도 폭발적으로 늘어나 외모에 신경을 쓴다. 그러다 보니 사춘기 아이를 둔 집은 매일이 살얼음 위를 걷는 것처럼 조심스럽기만 하다.

부모 입장에서는 사춘기 아이의 모든 것이 성에 차지 않는다. 어른의 입장에서만 아이들을 바라보고 인생을 먼저 산 사람의 조언이라며 잔소리를 퍼붓는다. 반면 아이들 입장에서는 자기 스스로 모든 것을 해결할 수 있다고 생각하건만 사사건건 간섭하는 부모가 짜증스럽게 느껴진다. 그래서 온몸으로 반항하고 싶은 충동을 느낀다.

과연 누가 옳을까? 결론부터 말하자면 그 누구도 옳지도, 틀리지도 않다. 사춘기에는 뇌의 발달 특성상 반항하고 좌충우돌하는 것이 정상이다. 부모가 보기에는 사춘기 아이들이 철없이 행동하는 것이 안타깝겠지만, 아이들은 그 나름대로 감정에 충실하게 사고하고 행동하는 것이다. 다만 뇌가 완전히 발달하지 못했을 뿐이다.

사춘기 아이들의 행동을 이해하기 위해서는 이 시기 뇌의 변화를 살펴볼 필요가 있다. 인간의 뇌는 뇌간과 변연계, 그리고 대뇌 피질로 이루어져 있다. 이 영역들은 가장 안쪽에 자리 잡은 뇌간부터 변연계, 가장 바깥쪽에 있는 대뇌피질에 이르기까지 순차적으로 발달한다.

뇌의 발달은 연령에 따라 순차적으로 진행된다. 뇌간은 호흡, 심장박동, 체온 조절 등 생존에 필수적인 기능을 담당하기에 태아 시절부터 발달된다. 감정과 본능을 주관하는 변연계는 유아기에 활발히 발달하여 사춘기 무렵이면 거의 완전한 성숙에 이르지만, 성인 초기 단계에 이르기까지 계속 변화한다. 반면 대뇌피질, 특히 전전두피질은 어린 시절부터 발달을 시작해 청소년기와 성인 초기까지 오랜 시간에 걸쳐 성숙이 이어진다. 이처럼 감정과 충동을 담당하는 변연계와 이를 조절하는 대뇌피질의 발달 시

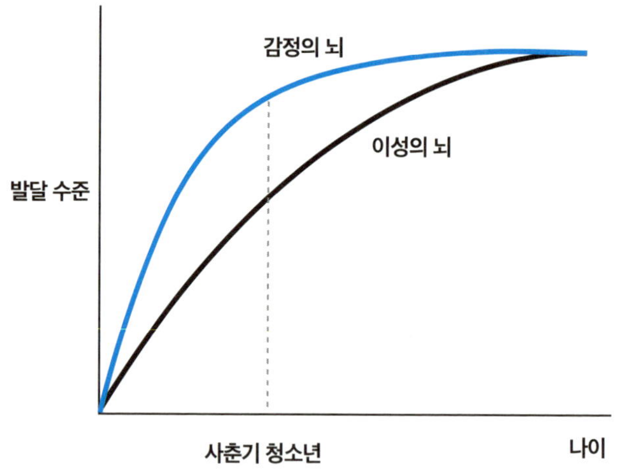

사춘기 청소년들의 경우 감정의 뇌가 이성의 뇌보다 훨씬 빨리 발달한다.
이로 인해 이성적으로 사고하기보다는 감정적으로 행동하는 경우가 많다.

기가 어긋나면서, 청소년기에는 이성보다 감정의 영향이 더 크게 작용하는 경향이 나타난다.

지휘자 없는 오케스트라

뇌는 태어난 직후부터 성인이 되기까지 계속 발달하지만, 0세부터 3세 사이의 영아기에 폭발적으로 성장한 후 사춘기가 되면

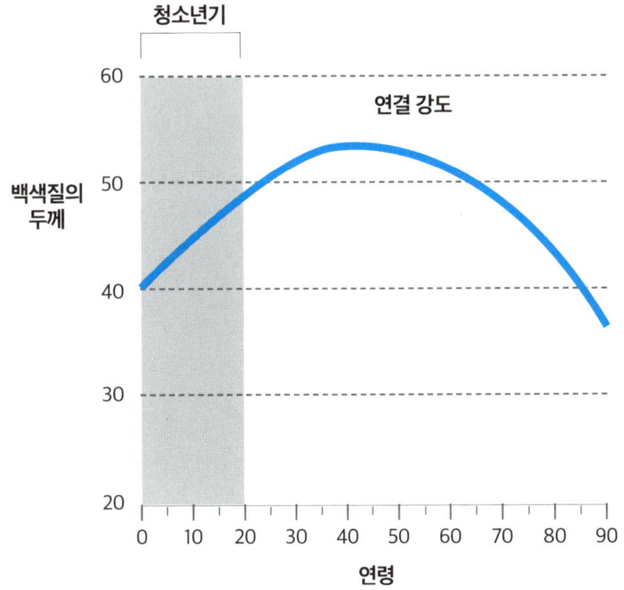

청소년기의 뇌는 수초화가 충분히 이루어져 있지 않아
각 영역 간의 네트워크 구축이 효율적이지 못하다.

다시 한 번 대대적인 공사에 들어간다. 수상돌기는 더 많은 정보를 받아들이기 위해 가지가 정교해지고, 자주 사용하는 시냅스 역시 더 강해진다. 반면에 쓸모없는 시냅스는 제거되거나 약화된다. 뇌 안에서 가지치기가 일어나는 것이다. 이렇게 많은 시냅스가 만들어지고 사라지면서 최적의 뇌 구조를 완성해 나간다. 이러한 신경세포의 구조 조정과 함께 신경세포 간의 신호 전달이 빠르게 일어날 수 있도록 축삭을 지방질로 감싸는 수초화도 급속히 진행된다. 필요한 곳마다 신경 신호를 주고받는 케이블이 깔리고 절연 공사가 이루어지는 것이다. 그래서 신경세포로 이루어진 회색질은 점차 얇아지지만, 수초화된 백질은 더욱 두꺼워진다.

이렇게 대대적인 공사가 이루어지다 보니 뇌의 여러 부위 간 원활한 소통이 어려워지고, 이로 인해 문제가 발생한다. 성인의 경우 이성의 뇌인 전두엽, 그 중에서도 가장 앞부분에 위치한 전전두엽과 감정의 뇌인 변연계 사이를 잇는 고속도로가 튼튼하게 깔려 있다. 눈으로 보아도 알 수 있을 정도로 질기고 두꺼운 신경 다발이 연결되어 있는 것이다. 이 고속도로 덕분에 변연계에서 느끼는 감정을 전전두엽이 인지하고 어느 정도 통제할 수 있다. 무언가 짜증이 나거나 화가 날 때 그 감정을 그대로 드러내지 않고 억누를 수 있는 이유는 전전두엽이 감정을 제어하는 신호를 보내기 때문이다.

그런데 사춘기의 뇌는 이것이 잘 안된다. 변연계는 이미 발달이 완료되었지만, 전전두엽은 아직도 미성숙한 상태이다. 둘 사이를 잇는 고속도로는 지었다 부쉈다를 반복하는 중이라 소통 효율이 떨어진다. 그러다 보니 변연계가 활성화되어도 전전두엽은 그것을 제대로 제어할 수 없다. 감정 억제나 충동 조절이 이루어지지 않아 감정에 쉽게 휩쓸리는 것이다.

전전두엽은 기업의 CEO, 오케스트라의 지휘자와 같이 뇌의 모든 활동을 총괄하고 관리하는 역할을 한다. 대뇌피질의 다른 영역 및 변연계, 뇌간 등과 긴밀히 협조하면서 뇌가 원활하게 기능할 수 있도록 조율해 준다. 이로 인해 우리는 감정을 조절할 수 있고, 충동적이거나 위험한 행동을 자제할 수도 있다. 미래의 행동 계획을 수립하고 그 결과를 예측하는 등 고차원적인 기능을 수행하며, 그 계획을 조직화하고 실행하는 것도 전전두엽 덕분이다. 또한 전전두엽은 의식적인 인식conscious awareness의 중추로 자신이 어떤 사람인지, 어떤 특징과 장단점이 있는지, 현재 상황은 어떠한지 등 자기 인식과 통찰력을 가지고 자기 성찰이 이루어지는 부분이기도 하다.

전전두엽이 제대로 발달하지 않으면 감정 조절이나 충동 억제, 위험 회피 등이 어렵고 인격이나 정서적인 측면에서 문제가 드러난다. 또한 계획을 수립하여 목적 지향적으로 행동하는 데 어려움을 겪는다. 행동의 결과를 예상하지 못한 채 주위의 유혹에 휘둘려 즉흥적으로 움직인다. 게다가 각종 규범의 준수나 주위 환경과

의 조화도 힘들어진다. 타인의 시선은 고려하지 않고 자기중심적
으로 행동하려는 이기적인 모습도 나타난다. 사춘기 아이들은 전
전두엽이 완전히 발달하지 않아 이러한 문제를 보이기도 한다.

전전두엽은 또한 인지능력에 핵심적인 역할을 담당한다. 인지
능력이란 사물을 분별하여 인지할 수 있는 능력으로, 어떤 지식
을 이해하고 문제를 해결하는 데 꼭 필요한 능력이다. 감정에 휩
싸이지 않고 자신의 의견을 전달하는 통제력이나 논리적 사고,
비판력 등이 여기에 속한다. 사춘기에는 전전두엽이 완전히 발달
하지 않아 성인에 비해 인지능력이 떨어질 수밖에 없다.

사춘기 아이들은 그럼에도 스스로 '다 컸다'라고 여기며 독립
적인 존재로 인정받기를 원한다. 매사를 부모에게 의존하던 어린
아이 시절과는 달리, 이제는 혼자서 모든 것을 할 수 있다고 착각
한다. 자신도 이미 성인이라고 생각하기에, 모든 일을 주위의 간
섭 없이 하고 싶어 한다. 성인인 부모가 보기에는 아직도 미숙한
아이에 불과하건만 사춘기 아이들은 간섭받고 싶어 하지 않으니
잔소리하는 부모와 자주 충돌을 일으킬 수밖에 없다. 그러면서도
또래 아이들과는 말이 잘 통하는 이유는 서로 비슷한 수준에 있
기 때문이다.

결론적으로, 사춘기 아이들은 뇌의 지휘자라고 할 수 있는 전
전두엽이 완전히 발달하지 않아 뇌를 전체적으로 효율적이고 조
화롭게 이끌어 나갈 수 있는 기능이 떨어진다고 할 수 있다.

사춘기 아이들은 왜 밤늦게 잘까?

사춘기 청소년들의 행동에 영향을 주는 또 하나의 요소는 신경전달물질과 호르몬이다. 신경전달물질은 시냅스 사이에서, 호르몬은 혈액으로 직접 분비된다. 사춘기는 신체 발달이나 감정에 영향을 주는 호르몬의 생성과 변화가 가장 큰 시기이다. 무엇보다 가장 큰 변화는 잠이 오게 하는 신경전달물질인 멜라토닌melatonin의 분비가 늦어진다는 것이다.

인간의 생체 리듬은 대략 24시간 혹은 25시간을 주기로 되풀이되는데, 이를 주기 리듬circadian rhythm이라고 한다. 체온, 호흡, 소화, 수면, 호르몬 분비 등 신체의 모든 활동은 대략 24시간에 한 번씩 반복되도록 프로그램되어 있다. 뇌가 주변 환경과 그에 따른 자연 리듬의 변화에 적응할 수 있도록 다양한 리듬 조절 시스템을 진화시켜 왔기 때문이다. 그리고 체내에는 주위 환경의 변화에 맞추어 생리적으로 원만하게 기능할 수 있도록 일주기 리듬을 조절하는 생체 시계가 있다. 시상하부 내에 있는 시교차상핵suprachiasmatic nucleus이 그것인데, 밤과 낮의 빛 주기에 의해 동기화된다.

햇빛이 시각계를 통해 신체에 들어오면 시교차상핵이 뇌간에 위치한 봉선핵raphe nucleus을 자극하여 신경조절물질인 세로토닌serotonin을 분비하고 교감신경을 활성화시킨다. 세로토닌이 분비되면 각성 상태가 되어 활기찬 하루를 보낼 수 있는 신체 상태가 갖추어진다. 해가 지고 어두워지면 이번에는 멜라토닌이 분비되어 몸을 이완시키고 부교감신경을 활성화시켜 잠을 자는 동안 에너지를 재충전할 수 있도록 만들어 준다.

그런데 사춘기에는 멜라토닌이 성인에 비해 두 시간에서 세 시간 정도 늦게 분비된다. 이로 인해 졸음을 느끼는 시각도 뒤로 밀린다. 성인이 11시쯤이라면 사춘기 아이들은 새벽 한 시쯤 되어야 졸리다고 느낀다. 잠에 늦게 드니 아침에 일어나는 시각도 늦어질 수밖에 없다. 거기다 이전에 비해 수면 시간도 한두 시간 정도 길어진다. 부모 입장에서는 '쓸데없는 짓을 하느라 늦게 자고 늦게 일어난다'라고 생각할 수 있지만, 사춘기 아이들의 뇌가 그렇게 프로그래밍되었을 뿐이다.

자연스럽게 하루의 주기 리듬도 뒤로 밀린다. 오전 늦게야 발동이 걸리기 시작해서 늦은 오후가 되어야 학습 효율이 높아진다. 옥스퍼드 대학교의 러셀 포스터Russell Foster 교수에 의하면 학생들의 학습 효율은 오전보다 오후가 더 높다고 한다. 학교에서도 교사와 학생의 주기 리듬은 차이가 있다. 교육학자인 데이비드 수자David Sousa는 청소년들의 주기 리듬이 성인과는 다르다는 것을 강조한다. 그러다 보니 학습 효율의 저하와 함께 태도가 불량하다는 오해를 살 수도 있다.

감정의 뇌인 변연계에서는 쾌감을 느끼게 하는 신경전달물질인 도파민의 수치가 최고로 높아진다. 청소년들은 이 때문에 더

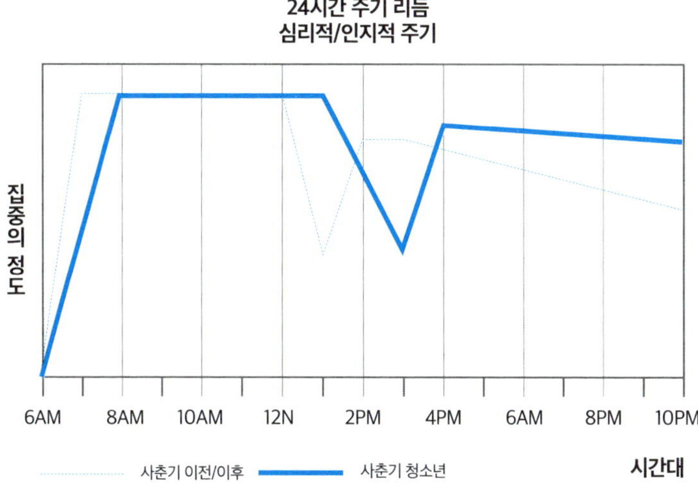

사춘기 청소년들의 주기 리듬은 성인들보다 늦게
최고 상태에 이른 후 오후 늦게까지 지속된다.

예민해지고, 보상이나 스트레스에도 더 민감해진다. 최근에는
'도파밍'이라는 용어도 등장했는데, '도파민'과 게임 용어인 '파밍
farming'이 결합한 신조어이다. 이는 도파민이 분비되는 즐겁고 자
극적인 일만 찾아서 하는 현상을 나타낸다. 사춘기 아이들이 아
이돌 그룹을 보면서 환호하고 대리 만족을 느끼거나 즉흥적인 보
상을 주는 게임과 같은 것에 쉽게 빠져드는 것도 이 '도파밍' 현상
때문이다.

남자아이들의 경우 테스토스테론 분비가 폭발적으로 늘어난
다. 사춘기의 테스토스테론 분비는 성인에 비해 무려 45배나 많

으며, 남성이 여성보다 10배나 많다. 흔히 남성 호르몬으로도 알려져 있는 테스토스테론은 자신감을 높여 주는 역할을 한다. 테스토스테론이 폭발적으로 쏟아져 나오다 보니 사춘기 아이들은 무엇이든 할 수 있을 것 같은 착각에 빠지게 되고, 이로 인해 무모한 짓을 일삼으며 만용을 부리기도 한다.

반면에 테스토스테론은 공감 능력을 저하시킨다. 이에 타인의 고통을 깨닫지 못하고 자신이 즐거움을 느끼는 행동에만 집중하게 된다. 이 시기에 이른바 '일진'과 같은 폭력적인 성향을 보이는 아이들이 나타나고 학교 폭력이 많아지는 이유도 이 때문이다.

테스토스테론은 또한 이성에 대한 호기심을 증가시킨다. 사춘기에는 뇌 뒤쪽에 자리 잡고 있는 새발톱고랑과 방추얼굴영역이 발달하며 외모에 대한 관심도 과도하게 커진다. 여자아이들의 경우 화장을 하거나 액세서리를 착용하고 교복 치마를 짧게 줄여 입기도 한다. 남자아이들도 멋을 부리기 시작하고 과장된 행동으로 이성의 관심을 끌고 싶어 한다. 한겨울에 얇은 외투를 고집하는 것도 외모에 대한 높은 관심 때문이다.

사춘기에는 사회화에도 민감해진다. 소속감을 통해 보상을 받고 싶어 하는 욕구가 커지는 것이다. 미국 템플 대학교 심리학과의 제이슨 체인Jason Chein 교수팀이 실시한 가상 자동차 주행 실험에서 사춘기 아이들은 아무도 보지 않을 때는 도로의 신호나 속도를 잘 준수했다. 하지만 또래 친구들이 지켜볼 때는 과속을 하거나 신호를 무시하는 경향을 보였다. 연구자들은 이러한 현상을 친구들에게 겁쟁이가 아니라는 것을 보여 주어, 같은 집단에 속할 자격이 있다는 것을 암묵적으로 확인받고 싶은 욕구가 드러난 것으로 보았다.

중2병, 시간이 약이다

지금까지 살펴본 것처럼, 사춘기 청소년들은 일생일대의 혼란을 겪고 있다. 그러니 좌충우돌하는 것은 어찌 보면 당연한 일이다. 어른들 눈에는 사춘기 아이들의 미숙한 사고와 행동이 탐탁치 않게 보이겠지만, 아이들은 뇌가 시키는 대로 자신의 감정에 충실하는 중이다. 사춘기인데도 이전과 크게 달라지지 않았다면 오히려 더 위험할 수도 있다.

그렇다면 사춘기 아이들을 어떻게 대하면 좋을까? 가장 좋은 방법은 그들이 겪는 변화를 있는 그대로 이해하려고 노력하는 것이다. 아이들이 양말을 벗어 아무렇게나 내던지면 다시 한 번 협조를 요청하되, 복잡한 수준의 인지 조절cognitive control 능력이 부족해서 그렇구나, 하고 받아들여야 한다. 하루 종일 스마트폰만 들여다보는 것이 못마땅하더라도 자극이 필요해서 하는 행동임을 이해해야 한다. 무조건 야단을 치기보다는 적어도 식탁에서만은 스마트폰을 내려놓거나 하루의 일정 시간은 운동을 하는 식으로 서로 약속을 정해 타협해야 한다. 일방적으로 못마땅하게 여기고 어른의 생각만을 강요하면 아이들은 받아들이기가 힘들다.

아이들이 인생의 큰 변곡점을 지나고 있다는 것을 이해하고, 애정 어린 눈으로 지켜보되 지나치게 간섭하지는 말아야 한다. 아이들과 지속적으로 대화를 나누고 부모 자신의 사춘기 시절의 이야기를 통해 공감대를 형성하는 등, 건강하게 사춘기를 지날 수 있도록 돕는 것이 필요하다. 하지만 다른 한편으로는 사춘기 아이들은 감정을 스스로 통제하는 능력이 부족하다는 사실도 잊어서는 안 된다. 그릇된 판단으로 잘못된 행동을 하지 않도록 주의 깊게 바라보는 시선도 필요하다. 아이들의 입장을 최대한으로 이해하고 간섭은 하지 않으면서도 늘 관심을 주어야 한다는 말인데, 이 균형을 잡는 것이 말처럼 쉽지는 않다.

어른의 시선으로 청소년들을 바라보면 어수룩하고 답답하게 느껴지는 것이 당연하다. 그러나 시간이 지나 뇌 발달이 완성되면 미숙한 행동도 끝이 날 것이다. 생각해 보면 부모도 그 나이에는 비슷하지 않았던가? 따라서 시간을 두고 기다려 주는 여유가 필요하다. 시간이 가장 좋은 약이다.

나이가 들수록
이기적으로 변하는 이유

뇌세포가 줄어들면서 생기는 변화

평생을 살면서 한 번도 변하지 않는 사람은 없다. 기계가 아닌 이상 나이를 먹으면서 이전과는 다른 모습이 나타날 수밖에 없다. 젊어서는 눈치 빠르고 빠릿빠릿하던 사람이 둔해지는가 하면, 스릴과 도전을 즐기던 사람이 안전과 안정을 추구하기도 한다. 말이 잘 통하던 사람이 고집불통이 되기도 하고, 이전과는 달리 심술이 늘어나는 사람도 있다. 물론 깐깐했던 사람이 너그러워지는 경우도 있다. 이렇듯 대부분의 사람은 나이가 들면서 이전과는 다른 모습을 보인다.

다른 신체 부위와 마찬가지로 뇌에도 노화 현상이 나타난다.

뇌의 신경세포 수는 20대 초반이나 중반에 최고조에 이른 후 조금씩 감소한다. 뇌세포의 수는 860억 개에 달하기 때문에 노화로 사멸되는 수는 아주 미미하지만, 뇌세포 감소가 누적되면 뇌 기능이 떨어질 수밖에 없다. 일부 학자들에 따르면 40세 이후 뇌의 부피와 무게가 매 10년마다 약 5퍼센트씩 감소하고, 고령기에는 누적 감소 폭이 6~11퍼센트 수준에 이른다고 한다.

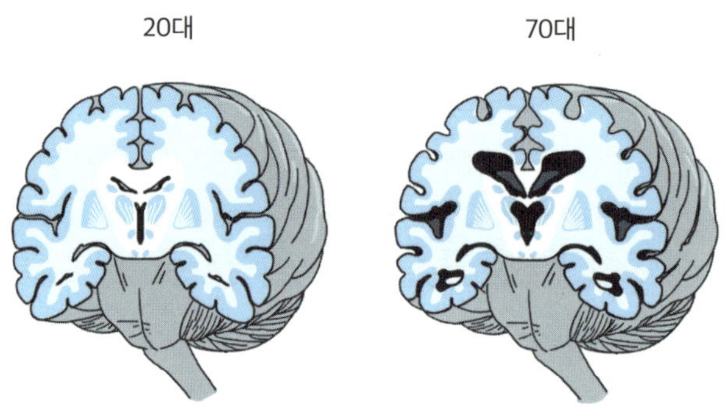

70대 노인의 경우 뇌세포의 사멸로 빈 공간이 눈에 띈다.

뿐만 아니라, 다른 뇌세포와 시냅스를 형성하여 신경 회로를 만들어 주는 수상돌기도 줄어든다. 수상돌기의 숫자가 감소하면 시냅스가 끊어지고 고립된 신경세포가 생겨나 뇌 기능이 저하된다. 또한 신경세포막이 굳어져 신경전달물질의 합성과 방출이 감소하는데, 이는 기억력 감퇴를 불러오기도 한다.

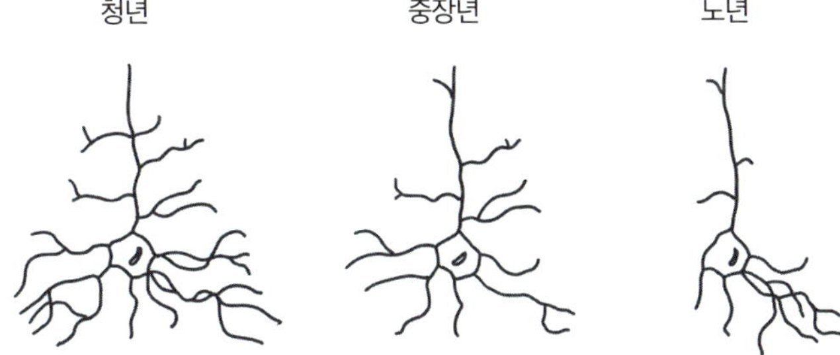

나이에 따른 신경세포의 변화 양상

노화는 뇌의 전반적인 기능 저하를 가져오고 인지능력을 떨어뜨리는데, 그 중 하나가 혐오감이나 경계심을 일으키고 참과 거짓을 구분하는 역할을 하는 앞쪽 뇌섬엽의 성능이 감퇴하는 것이다. 뇌섬엽은 이마와 귀 언저리 사이에 깊숙이 자리하고 있는 부위로 모든 내장 기관의 신호가 이곳을 거친다. 신체에서 느끼는 모든 감각과 감정, 자율신경의 신호를 받아들여 전두엽과 연결해 판단을 내릴 수 있는 데이터를 제공한다. 뇌섬엽의 활성화 수준이 높으면 자기 인식 수준이 높지만, 활성화 수준이 낮으면 자기 인식 수준도 낮아진다. 그래서 노화로 인해 뇌섬엽이 제 기능을 다하지 못하면 진실과 거짓말을 구분하지 못해 타인에게 쉽게 속아 넘어갈 수 있다. 노인들이 사기에 취약한 이유도 뇌섬엽이 노쇠해 기능이 약화되었기 때문이다.

신체 반응 속도도 늦어진다. 뇌의 속도가 느려지니 뇌의 지배를 받는 신체 반응도 둔해질 수밖에 없는 것이다. 게다가 뇌세포의 사멸로 신경 회로가 줄어들면서 무언가를 수행하는 데 필요한 신경 회로의 연결이 원활하게 이루어질 수 없게 된다. 종종 고령 운전자에 의한 사고 소식이 들려오는 것도 같은 맥락에서 이해할 수 있다. 고령 운전자들은 젊은 사람에 비해 반응 속도가 느리다. 한 연구에서 평균 28세의 젊은 운전자 그룹과 평균 70세의 고령 운전자 그룹에게 갑작스러운 보행자 출현이나 신호 변화 등의 상황을 제시하고 브레이크 반응 시간을 측정한 결과, 젊은 운전자들은 약 0.372초 만에 반응한 반면 고령 운전자들의 반응 시간은 약 0.51초에 달했다. 0.1~0.15초면 시속 60킬로미터로 주행할 때 2미터 이상을 더 갈 수 있는 시간이다.

심리적인 측면에서 나이가 들수록 시간이 무척 빠르게 지나는 것처럼 느껴지기도 한다. 시간은 나이에 비례한 속도로 지난다는 말이 있다. 20대에는 시속 20킬로미터로 흐르던 시간이 50대가 되면 시속 50킬로미터로 흘러간다는 것이다. 단순 느낌이라고 생각할 수도 있지만, 이는 생체 시계와 관련이 있다. 나이가 들면 자연 주기에 맞춰 주기 리듬을 바꿔 주는 생체 시계도 느려진다. 이제 겨우 오후가 됐나 싶은데 저녁이 다 되어 있곤 하는 것도 이 때문이다.

해마와 전두엽의 노화로 기억 능력도 저하된다. 따라서 동일한 시간 범위 안에서 기억할 수 있는 일들도 줄어들 수밖에 없다.

기억에 남는 일의 개수가 적어지다 보니, 상대적으로 시간이 많이 흐르지 않았다고 느끼는 것이다.

미국 듀크 대학교의 아드리안 베잔Adrian Bejan 교수는 나이 들수록 시간이 빠르게 느껴지는 것은 '시계 시간clock time'과 '마음 시간mind time'이 같지 않기 때문이라고 한다. 마음 시간은 감각기관의 자극을 통해 만들어진 일련의 이미지로 채워져 있다. 나이가 들면 뇌에서 이미지를 습득하고 처리하는 속도가 늦어지므로 당연히 이미지의 변화 속도도 느려진다. 따라서 상대적으로 시간이 빨리 흐른다고 느끼게 되는 것이다.

나이에 따른 시간 인식의 변화.
나이가 들수록 기억하는 이미지가 적어 상대적으로 시간이 짧게 느껴진다.

나이 들수록 왜 고집이 세질까?

　노화는 변화에 취약해지게 만든다. 요즘 같이 기술이 발달한 세상에서는 하루가 멀다 하고 생활환경이 달라지는데 나이 든 뇌는 이러한 변화를 잘 받아들이지 못한다. 그러다 보니 패스트푸드점에서 키오스크 조작을 못해 원하는 음식을 구입하지 못하는 일이 생기기도 한다. 직장에서도 나이 든 사람들은 회사 시스템이나 업무 방식이 달라지면 적응이 어렵다. 끊임없이 변화를 추구해야 하는 조직에서는 못마땅한 눈으로 바라볼 게 뻔하다.

　나이 든 사람들이 변화에 취약한 이유는 전두엽의 노화로 작업 전환 능력이 떨어지기 때문이다. 전두엽 노화 가설Frontal Lobe Hypothesis of Aging에 따르면 노화로 인한 인지능력 저하가 작업 기억 기능에서 먼저 나타나는 경향이 있다고 한다. 전두엽에서 관장하는 작업 기억은 외부의 변화에 맞춰 작업 내용이나 전략을 전환하는 인지적 유연성을 만들어 낸다. 노화로 인해 이 기능이 떨어지면 쉽게 작업 내용이나 전략을 변경할 수 없고, 따라서 새로운 변화를 따라가기가 어려워진다.

　전두엽의 노화로 인한 작업 기억의 저하는 문해력 저하와 소통의 어려움으로 이어질 수 있다. 캐나다의 인지심리학자인 린 해서Lynn Hasher와 로즈 잭스Rose Zacks는 중장년층과 청년층에게 각각 문법적으로 복잡한 텍스트를 읽도록 했다. 그 결과 나이 든 사람들이 글을 읽고 이해하는 데 더욱 많은 어려움을 겪었다. 복잡한 문법의 텍스트를 읽고 이해하기 위해서는 작업 기억을 많이 사용해야 하는데, 전두엽의 노화가 진행된 중장년층은 작업 기억 역량이 저하되어 문해력도 낮아진 것이다.

OECD에서 조사한 결과에 의하면 우리나라 50대 이상의 문해력은 최하위 등급이라고 한다. 문해력이 저하되면 새로운 지식을 받아들이기 어려워지므로 기존의 생각을 바꾸지 못하고 원래 알던 것만 고수하게 된다. 나이 들수록 자기도 모르는 사이에 고집이 세지고, 같은 말만 반복하며 말이 잘 통하지 않게 되는 이유가 여기에 있다.

뿐만 아니라, 나이가 들면서 이기적인 모습을 보이기도 한다. 동네 수영장에 가면 자유 수영 시간에 텃세를 부리는 노인들을 레인마다 한 명씩 찾아 볼 수 있다. 나이 든 사람들은 빠른 속도로 수영을 할 수 없으니 그들끼리 별도의 레인에 모이면 좋으련만, 비어 있는 레인을 하나씩 차지하고 뒷사람들 속이 터지든 말든 자기들 페이스대로 수영을 즐긴다. 이렇게 다른 사람을 배려하는 이타심 역시 나이가 듦에 따라 줄어드는 경향이 있다.

영국의 골드스미스런던 대학교 연구진이 남녀노소 60명을 대상으로 실험한 결과에 따르면 나이가 들수록 다른 사람의 감정과 의도를 파악하지 못할 가능성이 크다고 한다. 피험자들에게 두 연설자가 반복해서 등장하는 영상을 보여 주고 그들의 언행에서

속임수나 설득과 같은 의도를 파악해 달라고 했더니, 나이가 많을수록 의도를 잘 파악하지 못하는 모습을 보였다. 이는 나이 들수록 다른 사람이 자신에게 무엇을 원하고 요구하는지 이해하는 사회적 능력이 떨어진다는 것을 의미한다. 수영장 레인을 혼자 독차지하면 자신은 편해도 뒤에 오는 사람들은 불편할 수 있다는 사실을 눈치채거나 이해하지 못하는 것이다. 나이 들수록 인지적 공감 능력이 저하되어 이로 인해 이타심도 줄어드는 셈이다.

그런데 이 실험의 피험자들은 기억력이 좋을수록 타인의 마음을 잘 읽고 공감 능력 또한 뛰어난 경향을 보였다. 기억력은 전전두엽에서 관장하는 작업 기억과 관련이 있다. 타인을 도와주거나 이기적인 행동을 피하도록 하는 데는 주로 전두엽이 관여한다. 그러므로 전두엽이 노화하면 다른 사람을 생각하기보다는 자기 편한 대로 행동할 가능성이 높아지는 것이다.

나이 들수록 통찰력이 커질까?

지금까지 부정적인 이야기만 했지만, 나이 드는 것이 꼭 나쁜 일만은 아니다. 젊은 사람들이 어려운 문제에 부딪혔을 때 경륜 있는 어른들을 찾아가 상의하는 일이 자주 있는데, 이는 나이 들수록 통찰력이 늘어나기 때문이다. 나이가 들면 뇌를 사용하는 방식이 이전과 달라진다. 그동안 쌓은 경험과 지식으로 인해 문제 해결이나 예측력, 위기관리 능력 등 종합적인 판단력이 향상된다. 이로 인해 직관적인 판단이 필요한 상황에서 더 큰 힘을 발휘할 수 있다.

펜실베이니아 대학교 교수였던 세리 윌리스Sherry Willis는 어휘, 언어 기억, 계산 능력, 공간 정향, 지각 속도, 귀납적 추리 등 6개 항목의 처리 능력을 측정하는 종단 연구를 수행하였다. 1956년부터 무려 40년이 넘는 시간 동안 20세에서 90세 사이의 다양한 직업군에 속한 6,000여 명의 사람들을 대상으로 매 7년마다 정신적 기량을 측정하였다. 그 결과 놀랍게도 계산 능력과 지각 속도를 제외한 네 가지 항목에서 가장 우수한 성적을 거둔 사람들은 평균적으로 40세에서 65세 사이였다.

이처럼 인지적인 능력은 나이가 들면서 오히려 젊은 사람들에 비해 높아지는데, 존 혼John Horn과 레이먼드 카텔Raymond Cattell의 연구에서도 유사한 결과를 확인할 수 있다. 이들은 나이가 들면서 결정성 지능이 향상된다고 주장했는데, 이는 선천적으로 결정되는 것이 아니라 교육이나 양육 환경 등 사회, 문화적인 영향에 따라 달라질 수 있다. 어휘에 대한 이해력, 일반적인 지식, 상식, 논리적 추리 능력, 산술 능력 등이 결정성 지능에 포함된다. 이러한 지능은 생리적인 영향을 받지 않아 나이가 들어도 꾸준히 유지되거나 경험이축적되며 증가한다고 한다. 그러다 보니 삶에서 마주치는 문제들이 젊을 때처럼 어렵거나 힘들게 느껴지지 않게 된다. 심적 여유가 생기는 것이다.

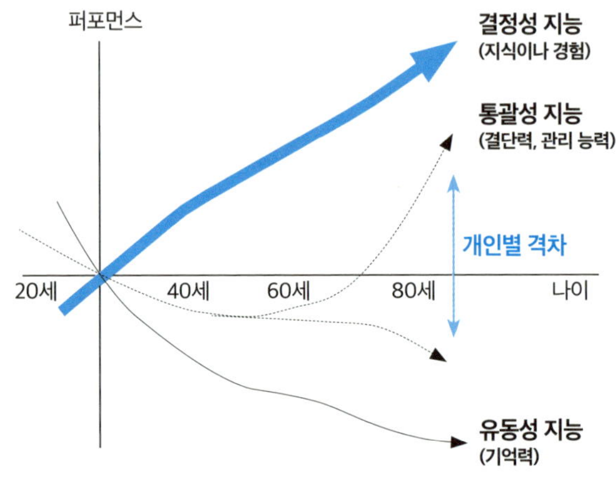

나이에 따른 세 가지 지능의 변화

다른 면에서는 나이가 들어 가면서 뇌의 좌우 반구를 적절히 통합해 활용하는 경향이 높아지는 양측 편재화 현상이 나타난다. 보통 젊었을 때는 좌뇌와 우뇌 중 어느 한쪽을 더 많이 활용한다. 하지만 나이가 들면서 뇌의 양 반구를 조화롭게 활용하는 능력이 향상된다. 캐나다 베이크레스트 센터 로트만 연구소의 엔델 툴빙 Endel Tulving은 다양한 연령대의 사람들에게 '부모parents'와 '피아노 piano'와 같이 쌍으로 이루어진 단어를 여러 개 보여 준 다음 그것 들을 암기할 때와 떠올릴 때의 뇌 반응을 촬영하였다. 그 결과 젊은 사람들은 기억을 할 때는 왼쪽 전두엽, 기억을 회상할 때는 오른쪽 전두엽 등 뇌의 한쪽 반구만을 주로 사용하였다.

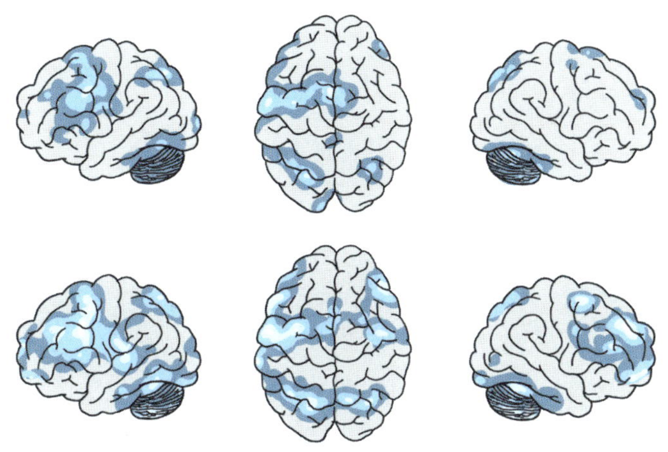

젊은 사람(위)과 나이 든 사람(아래)의 뇌 활용 모습

반면에 나이 든 사람들은 기억을 하는 데 왼쪽 전두엽을 덜 사용했을 뿐 아니라 기억을 인출하는 과정에서도 양쪽 전두엽을 모두 활용하였다. 이는 나이 든 사람들이 복잡한 과제를 해결하는 데 필요한 뇌 영역을 조화롭게 활용한다는 것을 나타낸다.

이렇게 나이를 먹어 가면서 뇌의 양 반구를 더욱 조화롭게 활용할 수 있게 되고, 뇌는 필요한 것들을 끊임없이 재조직하고 최적화하며 기능적인 가소성을 지속한다. 여기에 살아 오면서 쌓은 경험과 지식, 통찰, 더 나아가 직관의 힘이 더해지면 더욱 큰 패턴과 틀 안에서 문제를 바라봄으로써 창의력을 발휘해 해결 방안을 찾게 된다. 그래서 젊었을 때는 풀기 어려웠던 문제를 해결할 수 있는 역량이 생기는 것이다.

평범한 일상 속에서 느끼는 행복감

기능적인 변화와 함께 감정적인 측면의 변화도 포착된다. 나이가 들면 이전보다 장밋빛 인생관을 채택하는 경향이 높아진다. '25세 때 자유주의자가 아니면 심장이 없는 것이고, 35세 때 보수주의자가 아니면 머리가 없는 것이다'라는 말이 있다. 나이가 들수록 보수적인 성향이 강해진다는 의미인데, 실제로 사람들은 나이 들수록 보수적으로 변한다.

개인에 따라 다르겠지만 통계적으로는 20대에서 50대 초반까지는 행복감이 지속적으로 하락하지만, 그 이후로는 다시 상승하는 추세로 돌아선다. 포덤 대학교 심리학자였던 다니엘 므로체크 **Daniel Mroczek** 박사가 22년 간 2,000명 가까운 사람들을 대상으로 진행한 연구에 따르면 건강, 혼인 상태, 수입이 동일하다고 가정하면 삶의 만족도가 65세에 절정에 이른다고 한다. 유럽의 여러 국가 자료를 종합적으로 분석한 결과는 인생의 행복도가 중년에 저점에 이르렀다가 노년기에 재상승하는 것을 보여 준다. 어떤 분석에서는 70세 무렵에 가장 큰 행복을 느낀다고도 한다.

나이가 들수록 사람들이 보수적인 성향으로 바뀌는 이유도 이러한 행복감과 무관하지 않다. 자신의 현재 삶이 만족스럽고 행복하다고 느끼는 상태에서 굳이 무언가를 바꾸고 싶은 마음이 생길 리 없기 때문이다.

낙관적인 경향도 나이 들수록 늘어 간다. 이는 긍정적인 감정이 늘어난다기보다 부정적인 감정이 감소하기 때문이다. 나이가 들어 감에 따라 편도체는 부정적인 반응에 덜 민감하도록 주의와 기억에 초점을 맞춘다. 또한 감정 통제가 이루어지는 안와전두엽의 활동이 강해진다. 젊은 사람에 비해 도파민 생성이 크게 줄어들기 때문에 감정적으로 반응하거나 보상에 예민하기보다는 의식적으로 감정을 억제하고 자기 조절력을 높인다. 예전에 비해 덜 감정적이고 덜 충동적으로 행동하다 보니, 젊었을 때 좌충우돌하던 사람들도 나이가 들면서 다소곳해지는 경향이 있다.

스탠퍼드 대학교 심리학자인 로라 카스텐슨Laura Carstensen은 이를 '긍정성 효과positivity effect'라고 명명했다. 나이를 먹으면서 긍정적인 것에 점점 더 초점을 맞춘다는 의미이다. 나이 든 사람들이 부정적인 정보를 무시하지는 않지만, 선택의 여지가 주어진다면 나쁜 것보다는 좋은 것에 집중하는 것이다.

마케팅 분야의 행동 분석 전문가인 아밋 바타차지Amit Bhattacharjee와 캐시 모길너Cassie Mogilner교수가 수행한 연구는 나이가 들수록 평범한 일상에서 행복을 느낀다는 것을 잘 보여 준다. 3년에 걸쳐 18세부터 87세의 성인 221명을 연구한 결과, 해외여행이나 결혼 등 특별한 경험에 대해서는 젊은 사람들이나 나이 든 사람들이나 비슷한 크기의 행복을 느꼈다. 하지만 좋은 영화를 보거나 배우자와 커피를 마시는 등 일상에서 소소한 즐거움을 누릴 때에는 나이 든 사람들이 젊은 사람들에 비해 훨씬 큰 행복을 느꼈다. 젊은 사람들은 자신의 인생 여정에서 무언가 큰 족적을 남기는 것에 보상을 느끼는 반면, 나이가 들수록 평온한 일상에서 행복을 찾는다는 것이다.

나이가 들면 눈이 침침해지고 기억력은 떨어지며 눈과 귀도 어두워지고 냄새나 맛에도 둔감해진다. 하나씩 늘어나는 흰머리를 보며 한숨이 날 때도 있다. 하지만 나이가 든다는 것은 또 다른 면에서 인생을 즐겁게 살 수 있는 기회가 찾아온다는 뜻이다. 그러니 지나간 세월을 한탄하지 말고, 나이 들어 감을 즐길 필요가 있을 듯싶다. 나이는 숫자에 불과하니까 말이다.

저 사람은 도대체 왜
저렇게 행동할까?

성격을 결정하는 6가지 정서 유형

무려 80억 명이 넘는 전 세계 사람들의 지문과 홍채가 다르듯, 정서나 성격도 모두 다르다. 어떤 사람들은 '나와 조금 다르구나' 하는 생각이 들 정도이지만, 또 어떤 사람들은 '저 사람은 도대체 왜 저래. 도무지 상대를 못 하겠어'라고 할 만큼 커다란 간극이 느껴지기도 한다. 이로 인해 다툼과 갈등이 생기고, 아예 서로 갈라서기도 한다. 동성 친구 사이에서, 나이 든 사람과 젊은 사람 사이에서, 국적이 다른 사람들 사이에서, 남자와 여자 사이에서 이러한 성격의 차이는 파멸을 불러오기도 한다. 뇌 구조가 동일하니 성격도 모두 비슷하면 좋으련만, 사람들은 왜 이렇게 다른 걸까?

이 역시 알고 보면 뇌와 관련되어 있다.

〈월스트리트저널〉의 과학 칼럼니스트인 샤론 베글리Sharon Begley와 위스콘신 대학교 심리학과 교수인 리처드 데이비슨Richard Davidson이 공동으로 집필한 《너무 다른 사람들》에 따르면 인간의 정서는 개인의 성격이나 기질과 명확하게 연관되어 있는데, 회복 탄력성resilience, 관점outlook, 사회적 직관social intuition, 자기 인식self-awareness, 맥락 민감성sensitivity to context, 주의 집중attention의 여섯 가지 유형으로 나눌 수 있다고 한다. 물론 사람에 따라서는 이것들 외에 다른 것이 포함될 수도 있고, 일부 내용이 달라질 수도 있다. 이제 이 여섯 가지 정서 유형에 대해 살펴보자. 부록의 '뇌의 구조와 역할' 부분과 함께 보면 더욱 도움이 될 수 있다.

먼저 회복 탄력성은 역경을 만났을 때 얼마나 빨리 회복하는가를 말한다. 느린회복자형은 어려움을 이겨 내는 데 오랜 시간이 걸리며, 좌절에서 쉽게 빠져나오지 못하는 유형이다. 반면에 빠른회복자형은 힘든 일이 있어도 금세 툴툴 털고 일어난다. 회복 탄력성은 전전두피질과 편도체 사이를 이어주는 신경 다발에 따라 달라진다. MRI를 촬영해 보면, 좌측 전전두피질이 활성화된 사람, 즉 좌측 전전두엽과 편도체 사이를 잇는 신경 다발이 굵고 튼튼한 사람일수록 높은 회복 탄력성을 보인다.

관점은 긍정적인 정서를 얼마나 오랫동안 유지할 수 있는가를 의미한다. 부정적인 관점을 가진 사람들은 인생관 역시 부정적이며, 난관이 닥쳤을 때 냉소적인 태도를 취한다. 긍정적인 관점을 가진 사람들은 난관이 닥치면 밝은 인생관을 바탕으로 강력한 힘을 내어 대처한다. 관점은 뇌의 보상 회로 중 하나인 복측선조체의 활동 수준과 전전두피질에서 보내는 신호의 세기에 따라 달라진다. 전전두엽에서 보낸 신호가 보상의 감각을 형성하고, 복측선조체가 활발하게 활동하면서 그 감각을 오랫동안 유지하면 긍정적인 감정 역시 길게 이어진다. 반면에 부정적 정서가 강하거나 쉽게 우울감을 느끼는 사람들은 즐거운 일이 발생하면 처음에는 긍정적인 감정을 느끼지만, 시간이 지나면서 전전두피질에서 보상과 동기, 쾌락을 처리하는 뇌의 핵심 허브인 측좌핵nucleus accumbens으로 보내는 신호가 줄고 보상을 처리하는 회로의 활동도 둔해진다. 즉 긍정적 감정을 유지하는 시간이 절대적으로 짧아져 부정적인 사람으로 보이는 것이다.

사회적 직관은 자신을 둘러싼 사람들이 보내는 신호를 감지하여 사회적 상황에 얼마나 잘 적응하는가를 의미한다. 민감형은 상대방이 대화를 하고 싶어 하는지 혼자 있고 싶어 하는지, 스트레스를 받는지 아닌지 등의 정서 상태를 잘 알아차린다. 다른 사람의 몸짓이나 목소리의 톤, 표정 등에서 비언어적 단서를 잡아내는 능력이 탁월한데, 한마디로 눈치가 빠른 사람이라고 할 수 있다. 이런 사람들은 공감 능력이 뛰어나고 동정심이 많다. 반면에 둔감형은 생각이나 정서 상태를 나타내는 타인의 외현적 징후를 잘 읽어 내지 못해 자신이 편한 대로 행동하는 경향이 있다. 극단적인 둔감형은 자폐증에 가까운 모습을 보이기도 한다. 사회적 직관은 방추상회와 편도체의 활성화 수준에 따라 달라질 수 있다. 방추상회는 다른 사람의 얼굴이나 이름을 알아보는 역할을 하는 뇌 영역으로, 이 부위의 활성화 수준이 높으면서 편도체의 활성화 수준이 낮으면 사회적 민감성이 높다. 반대로 방추상회의 활성화 수준이 낮고, 편도체의 활성화 수준이 높으면 둔감형의 모습을 보일 수 있다.

자기 인식은 정서가 외부로 드러나는 감정을 얼마나 잘 파악하는가를 의미한다. 명확한 자기 인식을 가진 사람은 자신의 생각과 감정을 제대로 인식하고 몸이 보내는 신호를 잘 감지하며 끊임없이 자기 성찰을 한다. 반면에 자기 인식이 명확하지 않은 사람은 내적 자아가 의식적으로 불분명하여 무엇을 왜 하는지에 대한 고민 없이 행동하는 경우가 많으며, 불안이나 질투, 초조, 공포 등을 느끼고 있다는 사실을 인식하지 못한다. 주변 사람들에게 '왜 그렇게 화가 났느냐', '왜 그렇게 퉁명스럽느냐' 같은 소리를 들어도 '내가?' 하고 되물을 정도로 자신의 감정에 둔감하다.

자기 인식은 뇌섬엽과 관련이 있다. 뇌섬엽은 측두엽과 전두엽 사이 깊숙한 곳에 위치하고 있는데, 신체 내외부의 감각이나 감정을 받아들이고 이를 전두엽과 연결함으로써 그 감각이나 감정을 판단하게 한다. 또한 신뢰와 불신, 공감과 경멸, 혐오, 죄의식과 용서 등 도덕적 판단에도 관여하며 인간다움을 만들어 내는 데 핵심적인 기여를 한다. 뇌섬엽이 많이 활성화되어 있을수록 높은 자기 인식을 보인다.

맥락 민감성은 자신이 속해 있는 사회적 맥락을 고려하는 정서적 반응과 관련되어 있다. 맥락 민감성이 뛰어난 사람은 상황과 맥락에 따라 이야기를 가려서 해야 한다는 인간 상호작용의 규칙을 잘 따른다. 하고 싶은 말이 있어도 '이 상황에서 이런 말을 하면 안 되겠구나' 혹은 '이 사람에게 이런 이야기는 안 통하겠구나' 하고 말을 아낀다. 반면 맥락 민감성이 낮은 사람들은 눈치 없이 행동하거나 하지 말아야 할 말을 해서 지적을 받곤 한다.

맥락 민감성은 해마의 활성화 정도, 해마와 전전두피질을 잇는 신경 회로의 연결 강도에 따라 달라진다. 해마가 활성화된 사람들은 '눈치백단형'으로 주변 사람들의 심리나 상황에 맞추어 적절하게 행동한다. 하지만 이것이 지나치면 잘못된 행동을 할까 봐 두려워하는 등 눈치를 과하게 살피는 부작용이 나타난다. 반면, 해마가 비정상적으로 활동을 하지 않으면 맥락 파악을 잘 못하고 눈치 없이 행동할 수 있다. 해마와 전전두피질을 잇는 신경 다발의 강도도 맥락 파악에 영향을 미친다. 강하게 연결되어 있을수록 사회적 맥락에 민감하게 반응한다.

마지막으로 주의 집중은 의식의 초점을 얼마나 정확하게 맞추는가와 관련되어 있다. 주의집중형은 산만하고 혼란스러운 상황에서도 해야 할 일에 집중할 수 있지만, 주의산만형은 사소한 일, 예를 들어 아침에 누군가와 다툰 일이나 앞으로 다가올 업무 보고로 인한 불안감 때문에 당장 해야 할 일에 집중하지 못한다. 주의 집중에 영향을 미치는 부위는 전전두피질이다. 주의 집중에는 두 가지 기제가 작용하는데, 하나는 집중하려고 하는 채널의 신호 세기를 더욱 강화하는 것이고 다른 하나는 무시해야 하는 채널의 신호를 억제하는 것이다. 예를 들어 사람이 많은 카페에서 책을 읽으려면 주변 사람들이 내는 소음은 누르고 책의 활자가 전달하는 신호는 강화해야 한다. 이렇게 선택과 집중을 할 수 있게 만들어 주는 전전두엽이 활발하게 활동하는 사람들은 집중력이 높다. 반면 전전두엽의 활성화 수준이 낮을 경우 쉽사리 집중력을 발휘하기 어렵다.

인간관계의 해답도 뇌가 쥐고 있다

살펴본 것처럼 뇌 구조는 동일하지만, 어떻게 작동하느냐에 따라 개인의 정서나 성격은 천차만별이다. 하지만 여전히 다른 사람이 나와 다르게 행동하는 것에 대한 충분한 설명은 되지 않는다. 그러므로 타인을 이해하는 데 도움이 될 수 있는 내용을 조금 더 살펴보자.

: 유형 1 : 매사에 부정적인 사람들

매사를 부정적으로 바라보는 경향이 강해 마치 비관주의자처럼 보이는 사람들이 있다. 뇌에는 온갖 감정을 만들어 내는 변연계라는 부위가 있는데, 이 변연계 중에서도 가장 깊숙한 곳에 자리 잡고 있는 시상과 시상하부를 합쳐 심층 변연계라고 부른다. 이 부위가 안정적으로 유지되고 활동이 적을 때는 마음이 긍정적이고 희망적이지만, 이 부위가 지나치게 각성되거나 흥분 상태에 놓일 때는 부정적인 감정이 앞설 수 있다.

심층 변연계가 과잉 활동하는 사람들은 우울하고 부정적인 정서를 보인다. 이런 상태에서 다른 사람과 대화를 나누면 멀쩡한 이야기도 부정적으로 받아들일 가능성이 높다. 심층 변연계가 정상적으로 기능할 때 중립적 혹은 긍정적으로 해석할 수 있는 말도 심층 변연계가 지나치게 활성화되면 부정적으로 해석하는 것이다. 가끔 의미 없이 던지는 농담에 '넌 어떻게 말을 그런 식으로 하니?' 하며 정색하거나 '지금 나 비웃는 거야?'라며 시비조로 받아친다면 심층 변연계가 과하게 각성된 상태일 수 있다.

심층 변연계가 비정상적으로 작동하는 사람들은 스스로를 고립시키는 경향이 있다. 타인에 대한 흥미가 없고, 매사에 지루하거나 무기력한 감정을 느끼기 때문이다. 이런 상황이 지속되면 주변 사람들과의 유대가 와해되고 기분 장애를 겪을 수 있다. 자연히 미래를 희망적으로 바라보기도 어려워진다.

: 유형 2 : 항상 불안에 떠는 사람들

가끔은 심하게 초조해하거나 이유 없이 불안에 떠는 사람들을 만날 때가 있다. 이런 경우에는 기저핵이라는 부위에 이상이 있는지 의심해 봐야 한다. 기저핵은 심층 변연계를 둘러싸고 있는 커다란 구조물로 신체의 움직임을 전환시키고 원활하게 하도록 도와주며, 기분과 사고, 운동을 통합하는 역할을 한다. 흥분해서 펄쩍 뛰거나, 불안하면 덜덜 떠는 것, 두려운 상황에서 꼼짝 못하고 얼어붙는 것 등이 모두 기저핵과 관련되어 있다. 기저핵이 지나치게 활성화되면 스트레스를 유발하는 주변 상황에 쉽게 압도당한다. 즉, 조금만 스트레스를 받아도 얼어붙어 쉽사리 움직일 수 없게 되는 것이다. 반대로 기저핵의 활성화 수준이 과도하게 낮으면 스트레스를 유발하는 상황에서 지나치게 가벼운 행동을 보이는 주의력 결핍 장애 증상이 나타난다.

기저핵이 과하게 활성화된 사람들은 미래에 무언가 잘못되는 것에 초점을 많이 맞추며 최악의 경우를 예상하는 경향이 있다. 예를 들어 수능을 앞둔 수험생이 시험을 보기도 전에 망칠 것을 걱정하다가 결국 시험에 실패할 것이라고 단정해 버리는 것이다. 두려움을 통해 정보를 여과하고 좀처럼 타인의 의도를 선의로 해석하지 않는다. 만성 불안과 긴장, 공포, 공황장애 등에 시달릴 수 있다. 또 갈등에 대한 두려움 때문에 할 말이 있어도 제대로 하지 못하고 회피하는 경향이 있다.

: 유형 3 : 주의 집중을 하지 못하는 사람들

살다 보면 간혹 만나게 되는 주의력이 지나치게 낮거나 문제 해결에 어려움을 겪는 사람들은 전전두엽의 기능이 저하되었을 가능성이 있다. 전전두엽은 행동을 주시하고 감독하며 지시하고 필요한 일에 집중시키는 뇌의 핵심 영역이다. 시간 관리, 판단, 충동 조절, 계획, 조직화, 비판적 사고와 같은 능력을 다루고 집행 기능을 감독한다. 원활한 의사 소통과 목표 지향적이며 책임감 있고 효율적인 행동에 결정적인 영향을 미친다.

또한 전전두엽은 말이나 행동을 하기 전에 한 번 더 생각하도록 돕는다. 친한 친구와 갈등이 있을 때 전전두엽의 기능이 뛰어나면 상황에 도움이 되는 사려 깊은 반응을 하지만, 그렇지 않은 사람들은 상황을 악화시키는 행동이나 말을 하는 식이다. 시행착오를 통한 학습을 돕는 것도 전전두엽의 역할이다. 전전두엽의 기능이 뛰어날수록 같은 실수를 반복하지 않을 가능성이 높다.

: 유형 4 : 집착과 강박을 보이는 사람들

무언가에 지나치게 집착하며 강박을 보이거나 변화에 대한 적응력이 떨어지는 경우에는 대상회의 기능을 의심해 볼 수 있다. 대상회는 대뇌피질과 변연계를 연결하는 부위로 주의를 전환하는 능력과 흐름을 따라가고 변화에 적응하며 새로운 문제를 성공적으로 해결하는 인지적인 융통성 등을 담당한다. 새로운 일을 배우고 달라진 환경에 적응할 수 있는 것도 대상회 덕분이다. 이 외에도 대상회는 여러 가지 대안을 살펴보는 능력, 협동력, 안도감과 안정감 등을 담당한다.

대상회가 비정상적으로 작동할 때는 한 가지 일만 고집하거나 작은 일에도 쉽게 사로잡히고, 같은 생각을 반복하는 경향을 보인다. 이로 인해 걱정이 많거나 강박증이 심한 사람이 될 수 있다. 앞서 살펴본 파페즈 회로의 한 구성 부위가 대상회라는 것을 떠올려 보자. 과거의 상처나 원한에 매달려 벗어나지 못하기도 한다. '반드시 복수하고 말 거야'라며 지나간 일을 잊지 못하거나 지나치게 잦은 손 씻기, 과도한 문단속과 같은 강박 행동을 유발한다.

대상회가 과도하게 활성화된 사람들은 변화를 싫어해 무언가를 해 보기도 전에 무조건 '노'라고 말하는 경향이 있다. 적대적 행동이나 논쟁적인 태도를 보이며 알코올 남용이나 약물 남용, 섭식 장애와 같은 중독 행위 등 강박증과 관련된 각종 장애들이 나타날 가능성이 높다.

: 유형 5 : 사회성이 부족한 사람들

사회성이 떨어지는 사람들은 측두엽에 문제가 있을 가능성이 있다. 측두엽은 우세 반구와 비우세 반구가 있는데 주도권을 잡는 쪽이 우세 반구, 그렇지 못한 쪽이 비우세 반구이다. 우세 반구는 주로 좌측 반구로 언어의 이해와 처리, 중재 기억, 청각적 학습, 단어 인출, 복합 기억, 정서적 안정성 등과 관련이 있다. 비우세 반구는 주로 우측 반구인데, 사람에 따라서는 좌측이 될 수도 있다. 비우세 반구는 안면 인식이나 음조의 해독, 리듬 해석, 음악 감상 등을 담당한다. 측두엽의 우세 반구와 비우세 반구는 모두 타인과의 소통과 관련된 역할을 담당한다. 따라서 다른 사람과의 효과적인 상호작용을 통한 사회적 기술 형성에 아주 중요하다.

측두엽이 최적의 상태일 때는 안정감과 함께 기분이 향상되지만, 측두엽 활동이 지나치게 증가하거나 감소하면 감정 기복이 심해지고 쉽게 동요되며, 일관성 없이 예측하기 힘든 말과 행동을 한다. 우세 반구의 기능에 이상이 생기면 내부나 외부를 향한 공격성이 드러나고 음울하고, 어둡고, 폭력적인 사고가 늘어난다. 무시하는 말이나 행동에 민감한 반응을 보이는 등 가벼운 편집증 증상을 보이기도 한다. 또 사람들이 자신에 대해 이야기하거나 비웃는다고 여기는 등 대인 관계에 심각한 문제를 야기한다. 정서 불안정은 물론 난독증이 생기는 경우도 있다. 비우세 반구에 문제가 생기면 다른 사람의 얼굴 표정을 이해하는 데 어려움을 겪을 수 있고 음조 해독이 어려워진다. 이러한 문제는 불안이나 공포와 같은 내적 불편을 만들어 내고, 타인과의 원만한 교류에서 문제를 유발한다.

성격과 기질도 결국 뇌 때문이다

세상에서 가장 어려운 것 중 하나가 인간관계이다. 사람들 사이에 섞여 지내지 않으면 살아남기 힘든 사회적 존재이면서도 다른 사람들로 인해 스트레스와 상처를 받는 존재가 인간이다. 그러한 배경에는 서로 다른 성격과 기질, 정서가 자리 잡고 있다. 누구나 똑같은 정서와 성격을 지니고 있으면 오해의 여지도 다툼도 없겠지만, 그것들이 서로 다르다 보니 이해할 수 없는 측면이 생기고 갈등도 피어난다. 하지만 그러한 차이가 한편으로는 지문이 다른 것처럼 모든 사람의 뇌가 다르기 때문에 만들어진 것이고, 알러지나 비염, 피부 질환처럼 그 사람의 뇌에 나타난 이상 증상 때문이라고 여긴다면 다른 사람을 조금 더 이해할 수 있지 않을까 싶다. 나와 정서, 성격, 기질이 다른 사람을 상대하는 일은 힘들고 때로는 짜증스러울 수 있지만, 그것이 뇌가 만들어 낸 것임을 이해한다면 서로의 다름을 받아들이기도 조금 더 수월해지지 않을까 싶다.

2장

우울한 것도 불안한 것도 뇌 때문이다

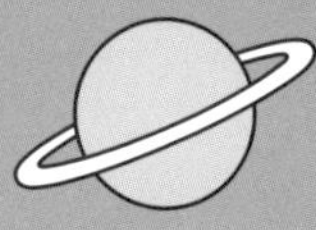

질투

사람들은 왜
남의 불행을 즐기는 걸까?

시기와 질투는 왜 생길까?

'사촌이 땅을 사면 배가 아프다'라는 속담이 있다. 고약한 심보인 것 같으면서도, 한편으로는 사람 심리를 잘 나타내는 말이라는 생각도 든다. 일본에도 '남의 불행은 꿀맛'이라는 속담이 있다고 하니 우리나라 사람들만의 특징은 아닌 듯싶다.

시기 또는 질투란 '다른 사람이 잘되는 것을 부러워하고 미워하는 마음'이다. 나는 없는데 상대방에게는 있는 것을 부정적으로 바라보는 마음에서 연유한다. 미국의 저술가 해럴드 코핀Harold Coffin의 말처럼 '내가 아닌 다른 사람이 가진 것을 세는 기술'인 셈이다.

그렇다면 시기와 질투는 나쁜 것일까? 개인이 처한 상황과 그것을 풀어 나가는 과정에 따라 다르겠지만, 확실한 것은 인간의 기본적인 감정 중 하나라는 점이다. 인격 수양이나 마음의 크기와는 관계없이 인간이라면 누구나 잘나가는 사람을 시기하고 질투하게 되어 있다는 것이다. 시기와 질투가 그리스 로마 신화를 비롯한 신화의 단골 소재인 것도 이 때문이다.

그리스 로마 신화에는 이런 이야기가 나온다. 아르카디아의 공주 칼리스토는 사냥의 여신 아르테미스를 섬기며 평생 순결을 지킬 것을 맹세했다. 하지만 바람둥이 제우스가 아르테미스로 변장하고 나타나자 그만 순결을 빼앗기고 그의 아들을 낳게 된다. 이 소식을 듣고 질투심에 눈이 먼 헤라는 칼리스토를 곰으로 둔갑시켜 버리고 만다. 훗날 칼리스토는 제우스에 의해 하늘에 올라 큰곰자리가 된다. 이 외에도 헤라의 질투로 인한 이야기는 그리스 로마 신화에 수도 없이 등장한다.

성서나 고전에서도 시기와 질투는 주요 소재이다. 셰익스피어가 쓴 희곡《오셀로》는 질투에 사로잡혀 인생을 망친 오셀로의 이야기를 다루고 있다. 무어인이었던 오셀로가 승승장구하는 것을 시기한 이아고는 오셀로의 아내인 데스데모나가 다른 남자와 불륜을 저지르고 있는 것처럼 꾸민다. 오셀로는 질투에 눈이 멀어 진실을 보지 못하고, 결국 자신만을 사랑하는 아내를 죽이고 자신도 비참한 최후를 맞게 된다. 이아고는 이렇게 말한다. "오, 질투심을 조심해요. 그것은 희생물을 비웃으며 잡아먹는 푸른 눈의 괴물이랍니다." 신이나 위대한 영웅들도 이럴진대, 평범한 사람들이 질투의 늪에서 빠져나오는 건 어려울지도 모른다.

일본 방사선의학 종합 연구소의 다카하시 히데히코高橋英彦 박사팀은 평균 22세의 남녀 19명을 대상으로 옛 동창이 사회적으로 크게 성공하여 부와 명예를 얻은 장면을 상상하도록 했다. MRI 장비로 뇌의 움직임을 촬영하자 전대상피질이 활성화된 것을 확인할 수 있었다. 전대상피질은 변연계에 속한 부위로 대뇌피질과 맞닿아 있고, 감정적인 불안이나 신체적 고통의 처리를 담당한다. 즉, 전대상피질이 활성화되었다는 것은 그 순간에 고통을 느꼈다는 의미가 된다. 같은 학교를 나온 동창이 나보다 잘나가는 모습을 상상하기만 해도 상대적으로 내가 초라하게 느껴지고, 이러한 시기와 질투가 곧 감정적 고통으로 이어진다는 것이다.

더욱 재미있는 결과는 그다음 실험에서 나타난다. 연구진은 동일한 피험자들에게 그 성공한 동창이 불의의 사고나 사업 실패, 배우자의 외도 등으로 인해 불행에 빠졌다는 자극적인 상상을 하도록 하고, 그때 뇌의 움직임을 측정하였다. 그러자 고통을 느끼는 전대상피질이 활동을 멈춘 대신, 측좌핵이 활성화되기 시작했다. 측좌핵은 역시 변연계에 속해 있는 영역으로 쾌감을 발생시키는 보상회로 중 하나이다. 이러한 실험 결과는 경쟁자라고 여기는 사람이 잘못되는 모습을 보면 우리 뇌가 쾌감을 느낀다는 것을 보여 준다. 더욱 주목할 점은 동창이 잘되는 모습을 상상하며 전대상피질이 크게 활성화된 사람일수록 측좌핵의 활동도 더욱 활발했다는 것이다. 다시 말해 경쟁 상대에 대한 시기심이나 질투심이 강한 사람일수록 그 사람이 잘못되었을 때 더욱 즐거워했다고도 볼 수 있다.

남의 불행을 기뻐하는 이러한 감정을 독일어로 샤덴프로이데schadenfreude라고 한다. 고통을 뜻하는 '샤덴schaden'이라는 단어와 기쁨을 의미하는 '프로이데freude'의 합성어로, 다른 사람의 불행을 보면서 느끼는 기쁨이나 즐거움을 나타낸다. 일본어에도 '메시우마メシウマ'라는 말이 있는데, '남에게 좋지 않은 일이 생기니 밥이 맛있다'라는 뜻이다. 우리는 겉으로는 주변 사람들의 성공을 축하해 주고 기뻐하는 척하면서도 속으로는 질투로 괴로워하는 경우가 많다. 반대로 동료의 실패를 동정하고 위로하는 것처럼 보여도 속으로는 그의 불행을 기뻐하기도 한다. 내면의 감정과 겉으

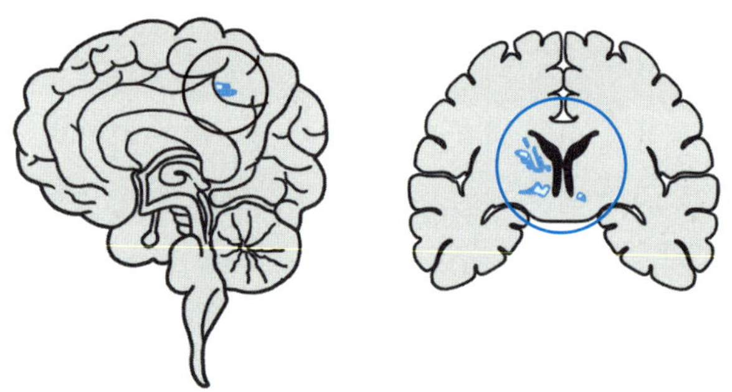

검은색 동그라미로 표시된 부위가 질투심을 느낄 때 활성화되는 영역, 빨간색 동그라미로 표시된 부위는 다른 사람의 불행을 목격했을 때 활성화되는 영역이다.

로 드러내는 감정이 일치하지 않는 것이다.

비교, 열등감, 질투의 감정 중추

시기나 질투는 변연계에 자리한 감정 중추에서 비롯된다. 포유류에 속한 다른 동물들과 달리 인간은 대뇌피질, 그 중에서도 전두엽이 발달하여 이성적이고 합리적인 사고를 할 수 있지만, 내면세계에서 떠오르는 원초적인 감정을 제거할 수는 없다. 이성으로 감정을 다스릴 수는 있으나 시기나 질투 같은 감정을 근본적으로 없앨 수는 없다는 것이다.

시기와 질투는 나와 비슷한 환경에서 성장하였거나 현재 비슷한 환경에 있는 사람들, 혹은 여러 가지 측면에서 나보다 못하다고 생각했던 사람들이 나보다 잘되거나 잘되는 것처럼 보이는 경우에 발현된다. 오스트레일리아의 정신과 의사인 노먼 페더Norman Feather는 질투의 대상이 되는 사람들을 '키 큰 양귀비'라고 부르며, 또래에 비해 재능이나 성취가 뛰어난 사람들을 깎아내리거나 비난하는 현상에 '키 큰 양귀비 신드롬Tall Poppy Syndrome'이라는 이름을 붙였다. 자신과 비슷한 처지에 있는 사람들이 잘될수록 더 크게 질투하고, 그 사람이 잘못될 경우 더 큰 기쁨을 느낀다.

시기와 질투의 감정을 근본적으로 파고들면 그 속에는 열등감이 자리 잡고 있다. 고등학교 때에는 나보다 공부를 못했던 친구가 어느 날 고급 승용차를 타고 거들먹거리며 동창 모임에 나타나거나, 같은 대학을 나온 친구가 나보다 빨리 진급을 해서 연봉을 더 많이 받는 경우, 나이도 어리거나 학벌이 좋지 않은 사람이 나보다 잘나가는 경우에 질투가 폭발하고 마는 것이 그 방증이다.

서울 대학교 정신과 상담 전문의였던 정도언 박사에 따르면 남을 깔보는 것은 내 열등감이 상대방에게 투사되어 옮겨 간 것이라고 한다. 마음속에 열등감이 생기면 그러한 감정을 유발한 상대방을 시기하고 질투할 수밖에 없다. 그 사람이 가진 것을 나는 가질 수 없으니, 운이 좋았다거나 편법으로 이룬 것이라고 그 사람을 깎아내리게 되는 것이다. 나의 수준을 높이는 대신 상대방을 끌어내려서 나와 같은 수준으로 만드는 것이 더 쉽고 간편하기 때문이다.

이렇듯 우리의 내면세계에는 타인의 성공을 질투하거나 실패를 기뻐하는 감정 중추가 자리하고 있다. 이러한 감정은 기본적으로 비교에서 나오는 경우가 많다. 다른 사람과 비교하다 보면 나에게 없는 것을 가진 사람에게 열등감을 느끼게 되고, 이것이 시기와 질투를 유발하는 것이다. 반면에 내게는 당연한 것을 가지지 못한 사람에게는 우월감을 느끼게 된다.

'서로 대조하여 견주다'라는 뜻을 가진 '비교'는 한자로 쓰면 '比較'가 된다. 여기서 비比는 날카로운 칼을 뜻하는 비수(匕) 두 개가 나란히 있는 모양이다. 즉 날카로운 두 개의 칼끝이 하나는 상대방을, 다른 하나는 나 자신을 겨누는 형상이다. 이런 상황에서는 둘 다 상처를 입을 수밖에 없다. 결국 비교는 나를 상처 입힐 뿐만 아니라 다른 사람도 다치게 만든다. 시기나 질투의 원인이 되는 열등감, 그리고 그 열등감을 불러일으키는 비교는 삶을 불행하게 만든다. 대다수의 사람들은 아래를 내려다보기보다는 위를 올려다보기만 한다. 가지지 못한 것을 부러워하면서 불행해지는 것이다.

건강한 질투와 '그까짓 거' 정신

비교가 항상 나쁘지만은 않다. 나보다 뛰어난 사람에게서 배울 점을 찾아내어 더 나은 삶을 향한 발판으로 삼을 수 있기 때문이다. 네덜란드 틸뷔르흐 대학교의 닐스 판 데 펜Niels van de Ven 교수는 대학생들을 두 그룹으로 나누었다. 첫 번째 그룹에게는 '행동을 바꾸는 것은 쉽다'라고 생각하도록 수많은 장애를 극복하고 유명한 과학자가 된 남자의 이야기를 읽도록 하였다. 두 번째 그룹에게는 '행동을 바꾸는 것은 어렵다'라고 생각하게끔 엘리트 코스를 충실하게 밟아 유명한 과학자가 된 남자의 이야기를 들려주었다. 그리고 두 그룹 모두에게 학술 대회에서 좋은 성적을 거둔 학생에 관한 신문 기사를 보여 주었다.

이후 학생들에게 자신이 느끼는 감정을 건강한 질투와 선망, 그리고 건강하지 못한 질투 중 하나로 표현하도록 했다. 건강한 질투는 이 학생을 본받고 싶다는 마음, 선망은 그가 거둔 성과를 인정하는 마음, 그리고 건강하지 못한 질투는 그의 실패를 바라는 마음을 가리킨다. 더불어 다음 학기에는 공부를 몇 시간 더 할 계획인지도 물었다. '행동을 바꾸는 것은 쉽다'라고 생각한 참가자들은 학술 대회에서 우수한 성적을 거둔 학생에게 건강한 질투를 느끼는 경향이 컸다. 또한 이들은 선망을 느낀 학생들보다 다음 학기에 더 많은 시간을 공부하겠다는 계획을 세웠다. 행동을 바꾸는 것은 쉬운 일이므로 학업 성적이나 인생의 성공을 자기 스스로 통제할 수 있다고 생각해 공부에 대한 의욕이 커진 것이다. 즉, 건강한 질투는 노력의 원동력이 된다.

반면 '행동을 바꾸는 것은 어렵다'라고 생각한 참가자들은 선망의 감정을 품은 경우가 많았다. 이들은 행동은 바뀌지 않기 때문에 열심히 노력해도 성적을 올리기 어렵다고 여기고, 그래서 성공한 사람에게 선망을 느끼지만 달라지지 않을 결과를 위해 굳이 더 열심히 공부할 생각은 없었던 것이다.

같은 연구팀이 진행한 또 다른 연구에서는 건강한 질투는 자신을 향상시키고 남에게 뒤지지 않으려 애쓰는 정신력을 만드는 반면, 건강하지 못한 질투는 자신감을 떨어뜨리는 것으로 드러났다. 건강한 질투를 품으면 나보다 더 나은 사람들과 동일한 수준에 도달하려고 부단히 노력하게 되지만, 건강하지 못한 질투는 상대방을 끌어내리는 일에만 몰두하게 한다.

이러한 연구 결과에서 보듯이 타인과의 비교를 건강한 방향으로 활용해 내 발전의 디딤돌로 삼으면 더할 나위 없이 좋겠지만, 대부분의 비교는 부정적인 방향으로 흐를 수밖에 없다. 그래서 비교를 통해 나를 건강하게 업그레이드할 자신이 없다면 아예 처음부터 비교를 하지 않는 것이 더 나을 수도 있다.

부러움이나 시기, 질투, 열등감은 삶을 불행하게 만든다. 이러한 감정들은 감정의 뇌인 변연계에 많은 에너지가 흘러 들어가게 만들고, 반대로 대뇌피질로 가는 에너지는 줄어들게 해 일에 주의를 깊이 기울이거나 기본적인 일들을 처리하기 어려워진다. 자연히 성과도 낮아질 수밖에 없어, 그 피해는 고스란히 자신에게 돌아오게 된다. 괜히 다른 사람을 시기하고 질투하느라 자신의 능력마저 손해를 보게 되는 것이다. 건강하지 못한 시기와 질투는 마음의 평화를 깨뜨릴 뿐이다. 나보다 잘난 남들에 목매다 보면 지금 누릴 수 있는 행복을 제쳐 둔 채 남의 행복만 부러워하게 된다. 그러니 비교하는 마음을 버려야 한다. 그래야 시기와 질투에서 자유로워지고 행복해질 수 있다. '그까짓 거 남들보다 조금 못하면 어때, 어차피 언젠가는 빈손으로 세상을 떠날 텐데'라는 대범한 마음가짐을 갖는 것이 좋다. 물론 그것이 세상에서 가장 어려운 일 중 하나이긴 하지만 말이다.

사람들이 '핫플'을
찾아다니는 이유

'맛집'은 정말 '맛있는 집'일까?

오래전에, 은퇴한 지도 교수의 제안으로 졸업생들과 함께 간단한 술자리를 가진 적이 있다. 1차로 저녁을 먹은 후 지도 교수의 사무실로 자리를 옮겨 세상 돌아가는 얘기를 나누던 중 지도 교수께서 재미있는 게임을 제안하셨다. 발렌타인 21년산과 발렌타인 30년산의 맛을 구별해 보라는 것이었다. 지도 교수는 아무도 모르게 하나의 잔에는 발렌타인 21년산을, 다른 하나에는 발렌타인 30년산을 따라 맛을 가려보라며 내밀었다.

일곱 명의 참석자는 모두 자신 있다며 앞으로 나섰다. 가격 차이가 크다 보니 그 정도는 쉽게 구별할 수 있을 것이라 생각했다.

나는 양주에는 문외한이었지만, 덩달아 도전에 나섰다. 양쪽 잔에 든 술을 조심스럽게 음미해 본 결과 한쪽은 약간 거칠고 독한 맛이 나는 반면, 다른 한쪽은 혀를 부드럽게 감싸는 듯한 맛에 향까지 풍부했다. 주저할 것도 없이 풍부하고 부드러운 맛이 나는 쪽을 30년산으로 골랐다. 하지만 안타깝게도 내가 고른 술은 21년산이었다. 일곱 명 중 21년산과 30년산의 맛을 정확히 구분해 낸 사람은 세 명에 불과했다.

확률을 공부한 사람들의 정답률이 50퍼센트도 안 되었으니 창피한 일 아니냐며 지도 교수는 웃었지만, 제자들은 민망함을 감출 수 없었다. 발렌타인 30년산은 고급 술이라는 인식이 있어서 어렵지 않게 구분하리라 예상했건만, 절반 넘게 틀리는 모습을 보면서 비싼 술을 찾는 사람들의 심리가 허황된 것은 아닐까, 하는 의문이 들었다.

와인은 기품 있는 술로 여겨지고 친목 모임에도 잘 어울려 격식 있는 자리에서 주로 마신다. 와인을 공부하는 모임이나 와인을 매개로 한 모임도 많다. 와인을 잘 안다고 자랑하는 사람들은 많지만, 실제로 와인의 맛을 알고 즐기는 사람은 소수이다. 일종의 허세가 더해지는 것이다. 와인을 마시면 내측 안와전두엽이 활성화된다. 눈썹 뒤편에 자리잡고 있는 전두엽의 일부인데, 주관적인 쾌락의 정도가 높아질 때 활성화된다. 와인을 마실 때 그 와인이 꽤 비싸고, 따라서 맛있으리라고 기대하면 내측 안와전두엽의 활동이 더욱 촉진되는 것이다.

캘리포니아 공과대학의 안토니오 랑헬Antonio Rangel 교수팀은 와인을 맛볼 때 뇌가 어떻게 반응하는지를 MRI 장치를 이용하여 관찰하였다. 피실험자들에게 와인 다섯 종류의 맛을 비교해 달라고 요청하면서 그 와인들의 가격을 사전에 알려 주었다. 하지만 실제로 준비한 와인은 세 종류뿐이었고, 그것들을 임의로 조합하여 피험자들에게 건네주었다. 가격도 엉터리로 알려 주었다.

재미있는 것은 사람들의 반응이었다. 연구팀이 사전에 비싼 것이라고 알려 준 와인을 마실 때 내측 안와전두엽이 강하게 활성화되었다. 비싸다고 믿는 와인의 맛이 더 좋다고 여기며 상대적으로 큰 만족감을 느낀 것이다. 결국 와인의 실제 맛이 아니라 '맛있을 것이라는' 기대감이 만족감을 높여 준 셈이다.

많은 사람들이 몇 시간씩 줄을 서는 고생을 마다하지 않으며 맛집을 찾아다니지만, 소문만큼 맛있는 경우는 그리 많지 않다. 나는 직장을 다니는 동안 자칭 미식가라고 자부하는 사람들을 따라 맛집을 수도 없이 다녀 봤지만, 그중에서 정말 맛있다고 느꼈던 집은 한 손가락에 꼽을 정도로 적다. 기대를 만족시키기보다는 실망을 안고 돌아선 경우가 더 많다. 물론 이것도 주관적이기에 단정하기는 어렵지만 결국 맛집에서 먹는 음식이 맛있게 느껴지는 것은 맛이 아니라 기대 때문으로 보인다. 〈트루맛쇼〉라는 다큐멘터리를 보면 그 진실이 적나라하게 드러나기도 한다.

사람들은 왜 비싼 명품을 좋아할까?

사람들은 맛도 모르면서 왜 와인을 즐길까? 21년산과 30년산 양주의 맛도 구분하지 못하면서 왜 명품 위스키라면 껌뻑 죽는 걸까? 왜 미슐랭 맛집이라고 하면 줄을 서면서까지 먹어 보려고 애를 쓸까? 인간은 기본적으로 브랜드나 아우라, 카리스마 등 보이지 않는 힘에 끌리는 경향이 있다. 일단 가격이 비싸다고 하면 실제로 맛이 좋은지를 떠나 맛있다고 생각하게 되는 것이다.

이는 위선 때문이 아니다. 인간의 판단 과정에 감정이 개입하기 때문이다. 우리가 일상에서 무언가 구매할 때를 떠올려 보라. 좋은 옷, 맛있는 음식, 멋진 신발, 돋보이는 액세서리 같은 것들을 살 때 이성적으로 논리를 따지는 사람은 거의 없다. 대부분은 '그냥 마음에 들어서', '멋져 보여서' 또는 '왠지 좋아 보여서' 구매한다. 그것이 감정이다. 감정은 이성보다 오래된 인간의 본능이다. 동물적인 기질이 남아 있는 인간이 이성보다 본능에 더 끌리는 것은 어쩌면 당연할지도 모른다.

의사 결정 과정에 감정이 개입하는 것이 비싼 음식이나 와인을 먹을 때 만족감이 높아지는 것과 무슨 상관이 있을까? 그건 바로 감정이 브랜드 가치에 의미를 부여하기 때문이다. 매슬로_{Abraham Maslow}의 욕구 계층설에 따르면 인간은 기본적인 의식주와 안전의 욕구를 넘어서면 집단에 소속되고 싶은 사회적 욕구를 느끼게 된다. 집단에 소속되면 포근함과 안도감을, 소속되지 못하면 한기와 소외감을 느낀다. 많은 사람들이 유행을 좇거나 브랜드에 집착하는 이유도 바로 이 때문이다.

사람들은 자신이 바람직하다고 생각하는 집단에 속하고 싶어 하며, 옷차림과 소지품 등으로 그 집단을 보여 주고 싶어 하는 경향이 있다. 그래서 소유물은 곧 '확장된 자아extended self'이기도 하다. 또 때로는 그러한 것들을 통해 선망하는 집단을 향한 열망을 표현하기도 한다. 특히 어떤 상품으로 그 사람의 지위와 배타성을 가늠할 수 있는 경우에는 더욱 그렇다.

사람들이 몇 달씩 월급을 아껴 명품 가방을 사고, '카푸어'라는 유행어에 어울리는 고급 차를 소유하려는 이유는 단순하다. 그로 인해 행복감을 느끼기 때문이다. 명품이 아닌 것들은 실용적인 만족감을 줄 수는 있지만, 행복감을 느끼게 하지는 않는다. 명품 가방이나 옷에서 브랜드를 제거한 후 일반인들에게 보여 주면 사람들은 가짜라고 생각해 별 반응을 보이지 않는다. 하지만 '디올'이나 '샤넬' 같은 명품을 정교하게 본뜬 모조품을 보여 주면 마치 진품을 본 것처럼 정신적, 육체적으로 흥분한다. 물론 가짜임을 아는 순간 다시 흥분이 가라앉지만 말이다.

값비싼 음식을 먹고, 값비싼 술을 마시고, 값비싼 명품을 소유하면서 우리는 일종의 심리적 위안을 느낀다. 그것들을 일상적으로 누리는 사람들과 같은 집단에 속한 것 같은 기분 때문이다. 이러한 심리적 만족감은 곧 행복으로 이어진다. 따라서 명품이나 비싼 음식 등은 심리적인 만족감과 위안을 위해 지불하는 대가인 셈이다.

유행에서 소속감을 찾는 사람들

유행하기 시작한 지 10년 가까이 지났지만, 여전히 겨울이 되면 롱패딩을 입은 사람들을 어렵지 않게 찾아 볼 수 있다. 이렇듯 유행이 한번 돌기 시작하면 대부분의 사람들이 마치 약속이라도 한 것처럼 비슷한 옷을 입는다. 우리나라에 처음 온 외국인들은 그 모습을 보고 놀란다고 한다.

쩨 오래전의 이야기이지만, 한때 우리나라 중학생들 사이에 노스페이스 점퍼가 유행한 적이 있다. 너도 나도 검은색 노스페이스 점퍼를 입고 다니는 탓에 심지어는 그것이 교복이라는 말까지 돌 정도였다. 당시에 꽤 큰 사회적인 문제로 대두되기도 했었는데, 형편을 생각하지 않고 노스페이스를 사 달라고 졸라 갈등을 일으키는가 하면, 노스페이스 점퍼를 사기 위해 범죄를 저지르는 일도 있었기 때문이다.

왜 이런 일이 일어나는 걸까? 답은 간단하다. 사춘기 아이들은 또래 집단에 소속되고 싶은 욕구가 강하다. 다른 아이들이 모두 노스페이스 점퍼를 입는데 혼자만 다른 옷을 입으면 또래 집단으로부터 소외될 수 있고, 이는 감정적으로 민감한 아이들에게 견딜 수 없는 위협이다. 다른 아이들과 같은 옷을 입고 같은 음악을 들으면서 '나도 이 집단에 속해 있다'라는 무언의 신호를 발송하는 것이다. 그들이 원하는 것은 멋이 아니라 소속감에서 오는 심리적인 온기이다.

성인들 역시 마찬가지이다. 유행의 이면에는 '집단에 소속되고 싶은 마음'이 도사리고 있다. 나와 비슷한 처지의 사람들이 죄다 롱패딩을 입고 있다고 가정해 보자. 연령대와 소득은 비슷한데 혼자만 롱패딩을 입지 않으면 다른 세계에 사는 사람이 된 것 같은 느낌이 든다. 유행과 거리가 먼 옷을 입고 늘 주위의 시선을 신경 쓰는 것보다는 다른 사람들과 비슷한 옷을 입는 것이 속 편할 수 있다. 결국 유행도 알고 보면 집단에 소속되고자 하는 욕구가 발현되는 하나의 문화가 아닐까 싶다.

그렇다면 명품을 사고 비싼 와인을 마시는 것도 단지 소속감 때문일까? 그것이 보여 주는 사회적 지위나 위상에 대한 과시욕은 없을까? 물론 있다. 비싼 물건을 하나라도 더 가지려고 애쓰는 이유에는 그것을 소유하는 데에서 오는 소속감과 사회적 안정감은 물론, 외부에 노출되는 이미지에서 쾌감을 느끼려는 성향도 있다.

행복을 돈으로 살 수 있다면

독일 뮌헨 대학교의 크리스티네 보른Christine Born 박사팀에 의하면 유명한 브랜드는 뇌를 활성화시킨다고 한다. 그들은 평균 28세의 남녀 20명을 모집한 후 자동차 회사와 보험 회사의 로고들을 3초씩 보여 주었다. 그중에는 폭스바겐과 같이 아주 잘 알려진 것과 인지도가 낮은 것이 섞여 있었다. 이들은 자신이 본 로고의 인지도를 평가해 달라는 설문도 함께 진행했다. 그리고 이 과정에서 뇌가 어떻게 반응하는지 fMRI 장비를 이용하여 측정하였다.

그 결과에 따르면 인지도가 높은 고급 브랜드를 볼 때 뇌는 아주 활발하게 움직였다. 특히 긍정적인 정서와 자기 정체성, 보상 등의 처리와 관련된 영역의 활동성이 증가한 것이 눈에 띄었다. 또한 인지도가 높은 고급 브랜드는 인지도가 낮은 브랜드에 비해 뇌의 정보 처리 노력이 훨씬 덜 들었다. 반면, 인지도가 낮은 브랜드를 볼 때는 부정적 감정 반응이나 기억과 관련된 영역이 활성화되었다. 이는 곧 고급 브랜드 제품을 소유한 사람들을 긍정적으로 바라본다는 의미이며, 그러한 사람들이 더욱 주목을 끌고 많은 기회를 누릴 수 있음을 나타내기도 한다.

실제로 유명 연예인을 사적인 자리에서 만나게 되면 처음 보는 사람인데도 친근감을 느낄 때가 많다. 그 사람을 잘 아는 것 같은 착각이 들고 별것 아닌 말에도 쉽게 웃어 준다. 반면에 전혀 본 적

없는, 유명세가 없는 사람에게는 경계심을 느낀다. 말을 건네도 반응을 보이지 않거나 오히려 불쾌감을 드러내는 경우도 있다. 인간관계에도 인지도가 중요한 역할을 하는 셈이다.

틸뷔르흐 대학교의 로브 넬리선Rob Nelissen과 마레인 메이어스 Marijn Meijers 교수가 수행한 일련의 실험도 재미있는 시사점을 던 져 준다. 조교들에게 고급 브랜드 로고가 새겨진 스웨터를 입고 쇼핑몰에 나가 설문 조사를 하도록 했더니 52퍼센트가 설문에 응 답했다. 반면 브랜드가 없는 스웨터를 입은 경우에는 응답률이 고작 13퍼센트에 불과했다. 더 재미있는 것은 조교가 입은 명품 옷이 누군가에게 공짜로 얻은 것이라고 밝히자 설문 응답률이 다 시 낮아졌다는 것이다. 이러한 결과는 고급 브랜드를 입은 사람 에게는 호감을 느끼지만, 그렇지 않은 경우에는 경계하는 반응이 앞선다는 것을 보여 준다. 크리스티네 보른 교수의 브랜드 인지 도 실험과도 일맥상통한다.

또 다른 실험에서는 유명 디자이너의 옷을 입었을 때 직장 추 천서를 훨씬 더 많이 받았고, 자선 모금 행사에서도 더 많은 기부 금을 모금할 수 있었다. 상금이 걸린 게임에서도 주변 사람들에 게 더 많은 도움을 받았다. 크리스티네 교수와 로브 교수의 실험 은 사람들이 비싼 음식과 명품을 통해 자신에 대한 긍정적 이미 지를 남기기를 원한다는 것을 보여 준다. 이러한 이미지는 다시 사회적으로 원하는 집단에 소속될 가능성을 높여 준다.

맛을 정확히 구분하지 못하면서도 맛집을 찾아가 비싼 음식을 먹는 것, 값비싼 양주나 와인을 선호하는 것, 명품 옷과 가방에 마음을 빼앗기는 것 등은 위선적인 행위처럼 보일 수도 있지만, 사람들은 그러한 행위를 통해 심리적인 만족감과 위안을 느낀다. 그들이 찾는 것은 진정으로 맛있는 음식이나 멋진 가방이 아니다. 그들은 그것을 통해 일상에서의 행복감을 사는지도 모른다. 잘난 척한다고 아니꼬운 눈길로 바라볼 필요는 없다. 부러워할 필요도, 나쁘다고 꾸짖을 필요도 없다. 그저 있는 그대로 받아들이면 된다. 사람들은 모두 어느 정도 그런 속성을 가지고 있으니 말이다.

매번 안 되면서도
왜 복권을 살까?

복권에 당첨되는 상상만으로 행복해진다

날씨 좋은 어느 가을날 오후, 화단을 정리하는데 토실토실 살찐 돼지들이 줄을 지어 집 안으로 들어온다. 어디에서 왔을까, 궁금해서 들여다보니 모두 얼굴에 함박웃음을 짓고 있다. 그중 황금빛으로 번쩍이는 놈을 골라 품 안 가득 끌어안았는데, 허무하게도 잠이 깨고 말았다.

이런 꿈을 꾼다면 제일 먼저 무엇을 하겠는가? 아마도 대다수는 복권을 살 것이다. 꿈에 복권 당첨을 예견하는 기능이 있는지는 모르겠지만, 실제로 좋은 꿈을 꾸고 나서 복권에 당첨됐다는 사람들이 있는 걸 보면 아주 없는 이야기는 아닐지도 모른다.

주변에 보이는 복권 판매점만큼이나 복권을 사는 사람도 많은 모양이다. 특히 로또 당첨으로 천문학적인 돈을 손에 쥐었다는 사람들의 이야기가 몇 차례 퍼진 이후로는 더욱 많은 사람들이 일확천금과 인생 역전을 노리며 복권을 산다. 가끔 토요일 오후에 길을 걷다가 복권을 사려는 사람들이 길게 늘어선 줄을 발견하기도 한다. 나 역시 가끔은 복권에 당첨됐으면 좋겠다는 희망을 가져 보기도 한다.

사람들은 왜 복권을 살까? 가장 큰 이유는 아마도 행복해지고 싶어서일 것이다. 복권에 당첨되어 일시에 큰돈이 들어오면 힘들게 고생하지 않아도 먹고사는 데 아무런 지장이 없고, 따라서 남은 인생을 돈 걱정 없이 살 수 있으니 얼마나 마음이 편할까? 돈이 없어서 할 수 없었던 것들을 마음껏 누리며 풍요로운 인생을 당당하고 자유롭게 즐길 수 있을 것이다. 당장 갚아야 할 빚이 많아서, 하고 싶은 게 많아서, 고생하는 게 싫어서 등 복권을 사는 이유는 각자 여러 가지가 있겠지만, 궁극적으로는 지금보다 더 나은 삶을 통해 행복을 얻고자 하는 마음이 가장 크지 않을까 싶다.

그런데 정말 복권에 당첨되면 행복해질까? 다수의 조사에 따르면 복권에 당첨된 사람들 중 상당수는 좋지 않은 결말을 맞았다. 돈을 향한 인간의 욕심은 무서울 정도여서 갑작스럽게 생긴 큰돈으로 가족 간 불화가 생기고, 가정이 파탄 나 가족이 뿔뿔이 흩어진 경우도 많다. 주위 사람들과의 관계가 틀어져 버리거나 사기를 당해 복권 당첨금을 순식간에 다 날리고 노숙자가 된 사례도 있다. 그런데도 우리는 왜 복권이 행복을 가져다 줄 것이라고 믿는 걸까?

실제로 복권 당첨금은 사람들을 즐겁게 해 준다. 스탠퍼드 대학교의 신경과학자였던 브라이언 넛슨Brian Knutson은 사람들에게 컴퓨터 화면을 통해 원, 삼각형, 사각형 등의 도형을 보여 주고 그것을 누르도록 하는 실험을 하였다. 원은 잠재적인 보상, 사각형은 잠재적인 손실, 삼각형은 돈이 없음을 나타내는데, 도형 안에는 따거나 잃은 돈의 양을 수평선으로 표시하였다. 도형은 4분의 1초만 나타났다가 사라지고, 피험자들은 일정한 시간 내에 버튼을 눌러 돈을 받거나 손실을 피하도록 했다.

이 실험을 하는 동안 뇌에서 어떤 변화가 일어나는지 fMRI 장비를 이용하여 측정한 결과, 보상 중추에 해당하는 선조체의 가장 아랫부분에 위치한 측좌핵이 강하게 활성화되었다. 돈을 획득하면 활동성이 증가한 선조체에서 도파민이 분비되어 쾌감을 느낀다. 복권에 당첨되면 뇌의 보상 회로가 작동하고, 그로부터 즐거움을 얻는 것은 틀림없는 사실이다.

복권에 당첨되기 전에도 비슷한 즐거움을 느낄 수 있다. 어떤 사람은 일요일에 로또를 사서 일주일 동안 당첨되는 상상을 하며 행복감을 느낀다고 말하기도 한다. 이는 실제로 복권에 당첨되길 바란다기보다 희망을 품는 것에 의미가 있다. 선조체는 실제로 좋은 일이 생겼을 때뿐만 아니라 그런 일이 미래에 발생할 것으로 예상될 때에도 반응하는데, 복권에 당첨될 상상만 해도 기분이 좋아지는 이유가 여기에 있다. 텍사스 대학교 심리학과 대니얼 러빈Daniel Levine 교수 역시 복권에 당첨되는 상상이 뇌의 보상 중추를 활성화시킨다고 말한다.

예측 오류를 보상으로 착각하는 뇌

복권 구매가 이성적이지 못한 판단에 의해 이루어진다는 주장도 있다. 과학 잡지인 〈노틸러스Nautilus〉에 기고된 저널리스트 애덤 피오레Adam Piore의 글에 의하면 인간의 뇌는 복권처럼 승산이 극히 낮은 확률을 이해할 수 없는데, 풀지 못할 복잡한 문제를 맞닥뜨리면 대략적이고 빠른 의사 결정을 내리게 된다고 한다. 예를 들어 1부터 10까지의 숫자를 곱하라고 하면 대부분은 3만 내외라고 대답할 것이다. 그러나 실제로 그 값은 무려 362만이 넘는다. 주먹 가득 구슬을 쥐어 탁자 위에 올려놓고 몇 개나 되는지 세어 보라고 해도 정확한 숫자를 맞히지 못하고 실제보다 적게 말하는 경향이 있다.

이처럼 인간의 뇌는 복잡한 계산을 피하고 싶어 한다. 이로 인해 카네기멜론 대학교의 조지 로웬스타인George Loewenstein 교수의 말처럼 미신이나 육감에 의한 의사 결정이 이루어지기도 한다. 확률과 기댓값을 따져 이성적이고 합리적으로 판단하여 투자하는 대신, 자신이 예외가 될 수도 있다거나 '이번에는 느낌이 좋다' 같은 생각으로 복권을 산다는 것이다. 이렇듯 복권 구입은 막연한 희망이나 환상, 즉흥적 의사 결정과 깊이 연결되어 있다. 이때 실제로 복권에 당첨되었을 때 활성화되는 보상 중추 영역이 활성화되는 것으로 나타났다. 복권에 당첨될 것이라는 기대만으로도 쾌감을 느끼는 것이다.

위험 부담에서 오는 긴장을 통해 만족을 얻으려는 심리도 작용한다. 미국 펜실베이니아 대학교의 마이클 플랫Michael Platt 교수팀은 원숭이들에게 A와 B라는 선택지 중 하나를 고르게 한 후 보상으로 주스를 보상으로 주는 실험을 하였다. A를 고를 때는, 예를 들면 150원어치의 주스를 얻지만 B를 선택하면 50퍼센트의 확률로 200원 혹은 100원어치의 주스를 얻을 수 있게 하였다. 기댓값을 계산해보면 A와 B 모두 150원어치의 주스로 농일하다. 하지만 원숭이들은 B를 선택하는 경향을 보였다. 간혹 100원어치의 주스를 받을 때도 있지만, 운이 좋으면 200원어치의 주스를 받을 수도 있다는 사실이 그러한 선택을 유도한 것이다. 실험을 약간 변형하여 B를 선택하였을 때의 보상을 200원 또는 100원에서 250원 또는 50원으로 바꾸면 B를 선택하는 경향이 더욱 뚜렷해진다. 50원어치의 주스라는 위험을 감수하고라도 250원어치의 주스를 받을 수 있는 기회를 선택하는 것이다. 결국 원숭이들은 기댓값이 같을 때 변동성이 있는 '도박형 보상'을 선호하는 경향을 보였다.

확실한 보상보다 위험이 있어도 더 큰 보상을 얻을 수 있는 쪽을 고르는 경향은 확률과도 관련되어 있다. 위험 부담을 감수한다는 것은 복권에 당첨될 가능성과 복권에 당첨되지 못할 가능성이 있다는 것을 동시에 고려하는 것과도 같다. 이러한 측면이 있기에 언젠가는 복권에 당첨될 수도 있다고 자신에게 유리하게 해석해 복권을 사는 것이다.

영국 케임브리지 대학교의 볼프람 슐츠Wolfram Schultz 박사는 쥐들에게 매일 하루도 빠짐없이 먹이를 주는 것에서 한 번도 먹이를 주지 않는 것까지 확률을 100퍼센트에서 0퍼센트까지 변화시켜 가며 미로 훈련을 시켰다. 그 결과 먹이를 받을 확률이 50퍼센트일 때 도파민이 가장 활발하게 분비되었다. 이는 불확실성이 가장 클 때 쾌감도 가장 커진다는 의미가 된다. 복권을 계속 구입하다 보면 종종 원금만큼 당첨이 되기도 하고, 때로는 그보다 큰 금액이 당첨되기도 한다. 이러한 재미에 맛을 들이면 다음에는 꼭 당첨되겠지, 하는 심리로 복권을 계속 사게 되는 것이다.

이러한 실험들은 사람들이 보상을 위해서 일정 수준의 위험을 감당할 수 있음을 나타낸다. 복권에는 위험과 보상이라는 두 가지의 강력한 동기부여 요소가 과장되어 섞여 있다. 복권을 한 번

구매할 때 드는 비용은 5천 원 언저리에 불과하다. 사람들은 높은 금액의 위험은 회피하려고 하지만, 적은 금액의 위험은 사소하게 여기는 경향이 있다. 위험(투자하는 돈을 날릴 가능성)에 비해 보상(1등에 당첨되었을 때 받을 수 있는 돈)이 비교할 수 없이 크기 때문에 그 정도의 위험은 감수할 수 있다고 생각하는 것이다. 만일 복권 가격이 5만 원 정도 된다면 복권을 사려는 사람들은 지금보다 줄어들 것이다. 복권은 이렇게 혹시나 하는 마음과 함께 스릴 넘치는 긴장을 즐기는 사람의 심리를 이용한 고도의 상업 활동이다.

뇌는 공짜보다 직접 번 돈을 더 좋아한다

이제 다시 처음의 질문으로 돌아가 보자. 복권에 당첨되어 일확천금을 손에 쥐면 사람들은 정말로 행복감을 느낄까? 1970년대 말에 사회심리학자인 필립 브릭먼Philip Brickman은 복권 당첨이 사람들을 행복하게 하는지 알아보기 위한 실험을 하였다. 일리노이 주에 거주하는 5만 달러에서 100만 달러 사이의 복권 당첨자 22명을 찾아내어 전반적인 행복감과 일상에서 얻는 행복감을 평가하는 설문을 요청했다. 그 결과 복권에 당첨된 사람들이 그렇지 못한 사람들에 비해 특별히 더 행복하지는 않다는 결론을 얻었다. 오히려 일상에서의 행복감은 복권에 당첨되지 않은 사람들에 비해 다소 적은 것으로 나타났다.

브릭먼은 이번에는 사고로 장애가 생긴 사람들을 대상으로 동일한 조사를 실시했다. 이들은 자신들의 미래 행복이 다른 사람들과 큰 차이가 없을 것이라고 생각했고, 일상의 행복감도 다른 어떤 집단과 비교해도 차이가 나지 않았다. 이를 통해서 브릭먼은 어떤 것을 성취하면 만족감이 따르기는 하지만, 그 만족은 오래가지 못하고 금세 무관심과 새로운 단계의 노력으로 대체된다고 주장한다. 이는 일정한 수준의 즐거움을 계속 유지하기 위해서는 더 높은 수준의 보상을 추구하는 쾌락의 반복, 즉 쾌락의 쳇바퀴에 빠질 수밖에 없음을 보여 준다. 한번 복권에 빠져든 사람들이 계속 복권을 찾는 이유도 같은 맥락으로 설명할 수 있다.

돈은 즐겁고 새로운 것을 추구하는 뇌의 욕망을 만족시켜 줄 수 있는 가장 효과적인 수단 중 하나이다. 돈이 있다는 사실 그 자체가 여러 물건들을 소유하거나 다양한 기회를 획득할 가능성을 보여 주기 때문이다. 당장 소비하지 않더라도 그 가능성만으로 돈은 충분히 매력 있는 물질이라는 것이다.

하지만 돈이 많다고 해서 늘 행복한 것은 아니다. 수입이 행복에 미치는 영향은 약 1~5퍼센트 정도에 불과하다고 한다. 행복을 느끼게 하는 요소는 돈 외에도 많기 때문이다. 연구 결과에 따르면 돈을 강조하는 문화일수록 행복 수준이 낮은 경향을 보인다. 그래도 먹고살 만하다고 여겨지는 우리나라나 일본 사람들의 행복 지수는 OECD 하위권을 맴도는 반면, 가난한 나라 사람들의 행복 지수가 쟁쟁한 선진국들을 제치고 상위에 오르는 것을 보아도 알 수 있다. 그러니 복권에 당첨되어 순식간에 큰 부자가 되면 아름답고 행복한 삶이 찾아오리라는 환상은 버리는 것이 좋을 듯싶다.

글을 마무리하기 전에 한 가지 더 짚고 넘어가자. 복권을 사는 사람들은 거의 대부분 복권에 당첨되면 남은 인생을 빈둥거리며 편하게 살겠다는 생각을 하고 있을 것이다. 그런데 정말 그럴 수 있을까? 복권에 당첨되어 남은 인생을 내내 놀기만 하면 더 행복 해질까? 에모리 대학교 대학원생이었던 케리 징크Cary Zink는 피험 자들에게 컴퓨터 화면을 통해 삼각형과 사각형, 원 등의 도형을 보여 주었다. 피험자들은 삼각형이 나타날 때마다 버튼을 눌러야 했는데, 가끔씩 1달러짜리 지폐가 화면에 나타났다. 이는 피험자 들이 실험에 참여한 대가로 지급되는 돈이었다. 실험은 두 가지 로 진행되었다. 첫 번째 실험에서는 1달러짜리 지폐가 화면에 나 타났다가 자동으로 통장에 옮겨지게 만들었고, 두 번째 실험에서 는 피험자들이 그 지폐를 끌어다가 자신의 통장으로 옮기도록 했 다. 그리고 두 실험에서 피험자들의 반응을 fMRI 장치로 측정한 결과, 가만히 앉아 돈을 받는 것보다 자신이 직접 돈을 끌어다 통 장에 옮겨 놓을 때 보상 중추인 선조체가 더욱 활성화되었다.

이는 사람들이 공짜로 돈을 얻었을 때보다 스스로 노력해서 돈 을 벌었을 때 더 큰 기쁨과 만족감을 느낀다는 것을 보여 준다. 다른 실험에서는 심지어 쥐들조차도 공짜로 먹이를 얻는 것보다 무언가 일을 하고 난 후 보상을 받는 것을 더 선호하는 것으로 드러났다. 이러한 결과들에 비추어 볼 때, 복권에 당첨되어 일확천금을 획득한 후에 나태하게 놀기만 하면 삶의 만족도가 떨어질 수밖에 없다. 복권에 당첨된 사람들이 행복하지 않다고 느끼는 이유도 이와 무관하지 않을 것이다. 한동안은 일하지 않고 노는 것이 즐겁고 행복하겠지만, 일정 시간이 지나면 아무런 즐거움도 느끼지 못하게 되는 것이다.

그 근본적인 동기가 어찌 되었든 복권을 사는 사람들은 다른 사람들에 비해 물질적인 가치를 더 중시하는 경향이 있다고 볼 수 있다. 하지만 물질에서 얻을 수 있는 행복은 그리 크지 않고 그 수명도 길지 않다. 돈보다 다른 것들에서 얻는 행복감이 더 크기 때문이다. 그러니 복권에 당첨되지 않았다고 실망할 필요도 없다. 비록 힘이 들기는 해도 열심히 노력해서 성과를 얻으면 복권에 당첨된 것보다 더 행복할 테니 말이다. 그럼에도 불구하고 한 번쯤은 복권에 당첨되고 싶은 것이 솔직한 심정이기도 하다.

우리는 왜 타인의 눈물에 울컥할까?

우연히 발견된 뇌 안의 거울

영화나 드라마를 보다 보면 마치 내가 그 안에 등장하는 인물이 된 것 같은 착각이 들 때가 있다. 의학 드라마를 보면서 사랑하는 가족을 남겨 둔 채 숨을 거두는 암 환자가 되어 오열할 때도 있고, 이유 없이 불량배들에게 맞고 다니던 주인공이 통쾌하게 복수하는 장면을 보면서 희열을 느끼기도 한다. 악랄한 범죄 집단에게 괴롭힘을 당하는 주인공을 보면서 분노와 두려움을 느낄 때도 있고, 주인공이 악당을 통쾌하게 물리치는 장면을 보면 마치 내가 영웅이 된 것처럼 착각하기도 한다.

누구나 이러한 경험이 한 번쯤은 있을 것이다. 다른 사람의 감정에 이입하여 그가 느끼는 기쁨이나 슬픔, 욕망 등이 나의 내면에서 재구성되는 경험 말이다. 그로 인해 눈물이 나거나 분노와 통쾌함을 느끼며 마치 내가 그 사람이 된 것 같은 기분에 사로잡힌다. 이를 한마디로 표현한 것이 바로 '공감empathy'이다. 공감은 상대방의 감정을 헤아리기는 하되, 그것을 내 것처럼 느낄 수 없는 연민과는 다르다. 단순한 이해를 넘어서 상대방과 완전히 감정적으로 동화되는 것이라고 할 수 있다.

공감 능력은 오직 인간에게서만 나타나는 독특한 특징인데, 이로 인해 인간이 사회적인 관계를 형성하고 살 수 있다고 해도 과언이 아니다. 그렇다면 이러한 현상은 왜 나타나는 걸까? 왜 영화나 드라마를 보면서 내가 주인공이 된 것 같은 기분을 느끼고 주위 사람들의 희로애락에 덩달아 기쁘고 슬퍼질까? 특히나 나와 가까운 사람이 겪는 일이 남의 일 같지 않게 느껴지는 이유는 무엇일까? 그 비밀은 뇌 속의 '거울 뉴런mirror neuron'에 있다.

이탈리아 출신의 과학자 자코모 리촐라티Giacomo Rizzolatti는 원숭이를 대상으로 실험을 하는 과정에서 우연히 거울 뉴런을 발견했다. 원숭이의 두개골을 살짝 절개한 후 운동피질에 전극을 꽂고 특정 행동을 할 때 나타나는 뇌 활동의 변화를 측정하던 중이었다. 그러던 어느 날, 실험에 참여하는 연구자 중 한 명이 탁자에 놓인 음식을 먹기 위해 손을 뻗는 순간, 이를 바라보던 원숭이의 뇌에 연결된 장치에서 삑삑거리는 신호음이 들려왔다. 원숭이는 아무 것도 하지 않았는데도 먹이를 먹기 위해 팔을 뻗었을 때 활성화되는 뇌의 운동 영역이 반응한 것이다.

이를 통해 누군가가 먹을 것을 쥐는 모습을 보는 것만으로도 자신이 먹이를 쥘 때와 똑같은 반응이 원숭이의 뇌 안에서 일어난다는 것을 알게 되었고, 인간의 뇌도 이와 같은 반응을 보인다는 것이 밝혀졌다. 이후 추가적인 연구를 통해 이러한 반응을 일으킨 뇌의 영역을 찾아내어 거울 뉴런이라는 이름을 붙였다.

공감 능력은 선천적인 것일까?

이렇게 우연히 발견된 거울 뉴런은 인간의 사회적 특성을 이해하는 실마리를 제공한다. 우리는 거울 뉴런 덕분에 다른 사람의 감정을 이해하고 그들의 상황에 공감할 수 있다. 아기를 보고 웃으면 아기가 따라 웃는 것처럼, 단순히 행동을 모방할 뿐만 아니라 감정을 모방하는 작용도 한다. 상대방이 기뻐하는 모습을 보면 덩달아 즐거운 마음이 들고, 상대방이 고통스러워하면 함께 슬퍼지는 것이 모두 이 때문이다. 특히나 상대방이 나와 아주 가깝거나 친근한 사람일 때 거울 뉴런은 더욱 활발하게 반응한다.

거울 뉴런이 발견된 이후 인간의 공감 능력에 대한 실험이 여러 차례 진행되었다. 한 실험에서는 한 쌍의 연인들을 모집한 후 여성은 MRI 기계에 들어가고 남성은 그 옆에 앉게 했다. 그리고 각자의 손가락에 전기 충격 장치를 부착한 후, 남성과 여성에게 번갈아 전기 충격을 가했다. 먼저 남성에게 전기 충격을 가하자 남성은 괴로워했다. 여성은 거울에 비친 컴퓨터 화면을 통해 그 모습을 볼 수 있었는데, 고통스러워하는 애인을 본 여성에게서는 고통 중추인 전대상피질과 뇌섬엽이 활성화되는 반응이 나타났다. 여성에게 전기 충격을 가했을 때에도 역시 전대상피질과 뇌섬엽 영역이 움직임을 보였다.

이 실험 결과를 통해 사랑하는 사람이 고통을 받는 것을 볼 때와 자기 자신이 고통을 받을 때 동일한 영역이 활성화된다는 것을 알 수 있다. 전자는 사랑하는 사람이 고통스러워하는 모습을 바라보면서 느끼는 것이므로 심리적인 통증이고, 후자는 자신에게 직접 가해지는 물리적인 통증이다. 심리적인 통증을 느낄 때 활성화되는 부위와 물리적인 통증으로 활성화되는 부위가 동일하다는 것은 심리적인 통증으로도 물리적인 통증을 느낄 수 있다는 의미가 된다. 마음에 아주 큰 상처를 입었을 때 정신적으로뿐만 아니라 실제로 가슴에 통증을 느끼는 것도 바로 이러한 이유 때문이다. 이로부터 실연을 당했을 때 아스피린을 먹으면 고통이 줄어드는지 여부를 관찰하는 실험이 진행되기도 했다.

다른 감정을 느낄 때도 거울 뉴런이 동일하게 반응할까? 이를 알아내기 위해 다른 실험이 진행되었다. 역겨운 냄새나 향기로운 향수가 담긴 컵을 여러 개 준비한 후, 배우들에게 그 냄새를 맡게 하고 그때의 표정을 3초 정도의 짧은 영상으로 제작하였다. 이후 피험자들에게 배우들의 모습을 영상으로 보여 주거나 직접 그 컵의 냄새를 맡게 했다. 그러자 역겨운 냄새를 직접 맡을 때와 역겨운 냄새를 맡은 배우의 표정을 영상으로 볼 때 모두 피험자들의 뇌섬엽이 활성화되었다. 연인 실험에서 고통을 느낄 때 활성화되었던 것과 동일한 부위이다.

전대상피질은 전두엽 바로 아래쪽에 있는 영역으로 뇌의 비서실장과 같은 역할을 한다. 뇌섬엽에는 도피질이라고 하는 미각 중추가 자리해 있다. 역겨운 음식을 먹거나 역겨운 행동을 보면 이 영역이 반응을 나타낸다. 자신이 직접 경험하는 것뿐 아니라 다른 사람이 역겨워하는 장면을 볼 때도 같은 반응을 보인다. 이러한 영역들이 타인의 행동을 보면서 마치 거울을 보는 것처럼 감정이 반응하는 거울 뉴런을 구성하는 것이다.

거울 뉴런은 모든 포유류, 심지어는 일부 조류에게서도 나타난다고 하지만, 인간만의 독특한 활용 방식은 인간을 다른 동물들과 확연히 구분 지어 준다. 거울 뉴런 덕분에 인간은 다른 사람의 마음을 읽을 수 있는 능력인 '마음 이론**Theory of Mind**'을 갖게 되었다. 이는 원만한 사회생활을 위해 꼭 필요한 능력이다.

다른 사람의 마음을 읽어 내는 재능은 어릴 때부터 형성된다. 이를 판별하기 위해 고안된 실험이 샐리앤 검사**Sally-Anne test**이다.

아이들에게 샐리와 앤이라는 인형이 등장하는 인형극을 보여 준다. 샐리에게는 바구니가 있고 앤에게는 상자가 있다. 샐리가 자기 바구니에 구슬을 넣은 다음 무대 밖으로 나간다. 그 사이에 앤이 샐리의 바구니에서 구슬을 꺼내 자기 상자에 담는다. 그 장면을 지켜보던 아이들에게 샐리가 돌아오면 어디에서 구슬을 찾겠느냐고 물어보면 4세가 안 된 아이들은 앤의 상자라고 대답한다. 반면에 4세가 넘은 아이들은 샐리의 바구니라고 대답한다.

이 테스트는 4세가 지난 아이들은 이미 상대의 마음을 읽을 수 있다는 사실을 보여 준다. 즉 샐리는 자신이 나간 사이에 앤이 구슬을 숨겨 놓은 것을 모르기 때문에, 구슬이 여전히 바구니에 있다고 생각한다는 것을 아이들이 인식하는 것이다. 이를 통해 아이들에게도 상대방의 입장에서 사고할 수 있는 능력이 있음을 알 수 있다.

공감 능력이 없으면 어떻게 될까?

거울 뉴런이 만들어 내는 인간만의 또 다른 특징은 앞서 설명한 대로 상대의 마음을 읽는 것을 넘어 그 감정을 내 것처럼 느끼는 능력이다. 이 때문에 인간을 '호모 엠파티쿠스Homo Empathicus', 즉 공감하는 인간이라고 부르기도 한다. 공감이야말로 인간을 다른 동물들과 구별해 주는 가장 커다란 특색인 것이다.

인간은 다른 동물들에 비해 나약하기 그지없는 존재이다. 그런데도 인간이 생존경쟁에서 살아남아 생태계의 최상위를 차지할 수 있었던 것은 인간이 진화의 수단으로 '사회화'를 선택했기 때문이다. 여러 사람들이 서로 무리를 이루고 그 안에서 다양한 관계를 맺는 것으로 부족한 부분을 메워 온 것이다. 다른 사람의 감정에 공감하고 서로를 동일시하는 과정에서 형성된 믿음을 바탕으로 인간은 발전해 왔다. 그러니 공감이야말로 인간이 세상을 지배하고 인간답게 살 수 있도록 만들어 준, 신이 내린 축복이 아닐 수 없다.

그런데 공감 능력이 결여된 사람들을 만날 때가 있다. 이런 사람들은 도저히 이해할 수 없는 행동을 하곤 하는데, 피도 눈물도 없이 잔인한 짓을 저지르는 사이코패스나 소시오패스가 한 예이다. 사이코패스는 공감 능력 자체가 결여된 사람이다. 소시오패스는 타인이 느끼는 감정을 이해는 하지만 자신의 것처럼 느끼지는 않는다. 느낀다 해도 중요하게 여기지 않는다. 최근에는 나르시시스트도 여러 사람들의 입에 오르내리고 있다. 이들이 사이코패스나 소시오패스와 다른 점은 공감 능력은 있지만 선택적으로 차단하거나 사용하지 않는다는 것이다. 나르시시스트는 자기중심적이고 우월감을 많이 느끼며 자존감 방어에도 뛰어나기 때문이다. 공감은 초점을 자기 자신에서 타인으로 이동시키는 과정이기에, 나르시시스트는 이를 자아의 위협으로 받아들이는 것이다. 이렇게 다른 사람의 감정을 읽고 이해하는 능력이 떨어지면 정상적인 사회생활이 어려워진다.

이와는 사뭇 다르지만, 아스퍼거 증후군Asperger's syndrome이라는 것이 있다. 이 병을 앓는 사람들은 다른 사람과 의사 소통을 하는 중에 공감하는 얼굴 표정이나 동의하는 몸짓을 보이지 않는다. 따라서 대화가 원만히 이루어지지 않는 경우가 많다. 영화 〈이미테이션 게임〉의 주인공인 앨런 튜링Alan Turing이 아스퍼거 증후군을 앓았을 것으로 추정된다. 이런 사람들이 다른 사람과 함께 있거나 대화를 나누는 일을 싫어하는 것은 아니다. 다만 생각과 감정 사이에 단절이 생기기 때문에 인지적 공감cognitive empathy과 감정적 공감emotional empathy이 함께 이루어지지 못한다. 인지적 공감은 다른 사람의 마음이나 관점을 이해하는 능력이고, 감정적 공감은 타인의 감정을 자신의 것처럼 느끼거나 감정적으로 반응하는 능력이다. 실제로 아스퍼거 증후군 환자의 뇌를 촬영해 보면 공감 상황에서의 뇌의 활성화 정도가 보통 사람의 반에 지나지 않는다.

동물에게는 상대의 감정을 읽고 그것을 자신의 내부에서 재구성할 수 있는 능력이 없다. 반려견을 야단치면 주인이 화가 났다는 것을 눈치채기는 하지만, 무엇 때문에 화가 났고 그래서 어떻게 해야 하는지는 알지 못한다. 그래서 동물은 공감 능력이 없다고 하는 것이다. 그러나 사람은 가슴 아픈 상황을 이해하고 기쁜 일을 함께 나눌 수 있다. '슬픔은 나누면 반이 되고 기쁨은 나누면 배가 된다'라는 말이 있다. 굳이 억지로 애쓰지 않아도 공감 능력을 잘 활용하는 것만으로도 좋은 인간관계를 이어 나갈 수 있다. 상사나 부하 직원, 직장 동료들과의 관계도 물론이다.

거울 뉴런과 공감은 아무 상관이 없다?

이제부터는 지금까지의 논의를 뒤집는 이야기를 해야겠다. 뇌과학은 아직도 발전 중이다. 밝혀진 것보다 밝혀지지 않은 것이 훨씬 더 많다. 이는 곧 초기에 정립된 가설이 시간이 지나면서 잘못된 것으로 밝혀지는 일이 종종 있다는 뜻이다. 게다가 뇌과학 이론은 화학이나 물리학 법칙처럼 절대적이지 않다. 예외도 많고 사실과 다른 것들도 있다.

그 중 하나가 거울 뉴런과 공감에 관한 주장이다. 내가 뇌과학을 공부하기 시작한 10여 년 전만 해도 거울 뉴런 덕분에 공감 능력이 생긴다는 주장이 많은 지지를 받았다. 수많은 논문이 폭발적으로 쏟아져 나오고, 뇌과학계에서는 거울 뉴런이 대단한 발견처럼 여겨졌다. 세계적인 신경과학자 중 한 명인 라마찬드란 박사는 거울 뉴런을 "DNA 이후의 가장 위대한 발명"이며 "문명화의 기반”이라고 언급할 정도였다. 많은 책이 거울 뉴런과 공감의 관계를 당연한 사실처럼 다루었고, 학술 잡지 등에도 관련된 글이 많이 발표되었다. 하지만 최근에는 거울 뉴런을 연구하는 연구자의 수가 크게 줄어들었고, 연구 방향도 바뀌고 있다.

최근 신경과학계 연구 추이는 거울 뉴런은 인간의 뇌에서 직접적으로 측정하기 어렵고, 이것이 타인의 의도를 이해하거나 마음 이론 같은 고차원적인 인지 기능을 독립적으로 담당한다고 보기는 힘들다는 쪽으로 수정되고 있다. 거울 뉴런 하나로 공감을 비롯해 언어나 문화 등 복잡한 사회 인지 기능을 모두 설명하는 것은 과장이라는 데에 공감대가 형성된 것이다. 거울 뉴런은 단순히 타인의 행동을 모방하거나, 다른 사람이 하는 행동을 보면서 ‘만약 내가 저렇게 행동한다면 내 몸과 마음은 어떤 상태가 될까?’ 하고 가상으로 실행해 보는 기능 정도로 그 의미가 축소되고 있다. 공감이 아니라 모방에 일부 관여하는 수준이라는 것이다. 그래서 이제는 신경과학자들 사이에서도 거울 뉴런이 공감 능력의 기반이 된다는 식의 주장을 찾아 보기 어렵다.

우리는 아직 진실을 모른다. 다시 10년 후에는 거울 뉴런이나 공감에 대한 이론들이 사실로 밝혀질 수도 있다. 아무튼 뇌과학이 아직도 먼 길을 가야 하는 것만은 틀림없는 사실이다.

이불 속에 숨어서라도
무서운 영화를 보게 되는 이유

쫄깃한 긴장 뒤의 안도감을 즐기는 뇌

나는 공포 영화는 질색을 한다. 판타지 영화는 기회가 되면 종종 보기도 하지만, 적극적으로 찾아보지는 않는다. 주로 잔잔한 드라마나 감동이 있는 영화, 미스터리나 스릴러를 좋아한다. 시각적인 자극보다는 시나리오를 중시해서 다른 사람들에게는 다소 밋밋하고 지루한 영화를 재미있게 보는 편이다.

그러다 보니 사람들이 공포 영화를 보는 이유를 모르겠다. 좀비나 귀신, 유령 등이 나오는 영화는 특히 더 그렇다. 잔인한 살인 장면을 볼 때 드는 불쾌하고 역겨운 기분, 심장이 오그라들 것만 같은 긴장과 초조, 불안 같은 불편한 감정이 싫어서 어쩔 수 없는 경우가 아니라면 공포 영화는 보지 않는다. 그러나 놀랍게도 공포 영화는 어느 정도 흥행이 보증된다. 정말 형편없이 만든 영화가 아니고서는 웬만하면 제작비는 건질 수 있다. 그리고 공포 영화를 즐겨 보는 사람도 많다. 심지어는 일부러 폐가나 유령의 집을 찾아 소름 끼치는 체험을 하는 호러 마니아나 스릴 시커thrill seeker도 있다.

공포 영화를 볼 때 신체에서는 스트레스 반응이 일어난다. 공포를 느끼면 두려움을 담당하는 편도체가 스트레스 축이 활발하게 움직이도록 명령을 내린다. 교감신경계가 활성화되면서 에피네프린epinephrine을 분비해 혈압이 높아지고 맥박과 호흡이 빨라지며 가슴이 두근거린다. 침이 바짝바짝 마르고 땀이 나기도 한다. 말 그대로 심장이 쫄깃해지는 것이다. 배출된 땀은 체표면에서 증발되면서 열을 빼앗아 가기 때문에 시원함을 느끼게 된다. 무더위가 극성인 한여름에 방송사마다 납량 특집으로 공포물을 내보내는 이유도 이 때문이다.

그런데 계절을 가리지 않고 공포 영화를 즐기는 이유는 비단 더위를 쫓기 위해서만은 아닌 것 같다. 그렇다면 사람들은 무엇 때문에 공포 영화를 보는 것일까? 고대 철학자인 아리스토텔레스는 사람들이 내면에 숨겨진 부정적인 감정을 분출하기 위해 무서운 이야기나 연극을 즐긴다고 생각했다. 즉, 카타르시스를 느끼기 위해서라는 것이다. 인간은 내면에 공격적인 성향을 감추고 있는데, 공포 영화에 나오는 잔인한 폭력이나 살인 등의 장면을 보는 것은 그러한 공격적인 성향을 분출하는 효과를 낸다. 따라서 역설적으로 마음의 평온을 찾게 된다.

다른 측면에서, 두려움과 쾌감이라는 상반된 감정을 동시에 안겨 주는 공포 영화가 서로 반대되는 정서를 동시에 보유하려는 우리 마음의 경향성을 충족시키기 때문에, 사람들이 공포 영화에 열광한다고 보는 이론도 있다. 유명한 심리학자 중 한 사람인 펜실베이니아 대학교의 리처드 솔로몬Richard Solomon 교수는 '정서의 반대 과정 이론'을 통해 사람은 서로 대립하는 두 정서를 동시에 느끼는데, 처음에 우세했던 정서는 시간이 갈수록 약해지고 반대로 열세였던 정서는 강해진다고 주장했다. 예를 들어 자이로드롭이나 롤러코스터처럼 무서운 놀이기구를 탈 때, 처음에는 두려움이 강하게 밀려오지만 안전하게 놀이기구에서 내리고 나면 쾌감을 느낀다. 시간이 지날수록 두려움은 줄어들고 쾌감은 강해져 놀이기구를 자주 찾게 된다는 것이다.

사람들은 공포 영화를 보는 동안에는 불안과 공포 등 고통을 느끼지만, 그 고통이 지나고 나면 다행히 그것이 실제 상황이 아니었고 안전한 현실 세계로 돌아왔다는 안도감을 경험한다. 더불어 신체적으로도 공포 영화를 보는 동안 활성화되었던 교감신경이 약화되고 부교감신경이 우세하게 작용해 긴장이 풀리고 혈압과 맥박이 제자리를 찾으며 편안함을 느낀다. 이렇게 심리적 고통 후에 찾아오는 안정감을 즐기고 싶은 상반되는 감정이 공포 영화를 찾게 만드는 원인 중 하나라고 볼 수 있다.

예측할 수 없는 공포가 주는 짜릿한 쾌감

이러한 심리는 쾌감이 주는 보상과도 관련되어 있다. 쾌감을 느낄 수 있는 행동을 하면 뇌에서 도파민이 분비된다. 그로 인해 측좌핵을 포함한 선조체가 활성화되면 뇌는 쾌락과 보상을 느낀다. 공포 영화를 좋아하는 사람들은 자극을 추구하는 경향이 있는데, 이들은 자극을 회피하려고 하는 사람들과는 이를 받아들이는 방식이 다르다. 미국 내슈빌에 있는 밴더빌트 대학교의 심리 정신학과 겸임교수인 데이비드 잘드David Zald 박사는 자극 추구자와 자극 회피자의 뇌는 보상 및 쾌락 물질인 도파민 처리에 있어 근본적인 차이가 있다고 주장한다.

34명의 자원자를 대상으로 새로운 것에 대한 선호도를 평가하는 설문지를 작성하게 한 후 뇌를 스캔한 결과, 자극 추구자의 뇌에는 도파민의 브레이크인 자가수용체가 자극 회피자에 비해 적게 존재한다는 사실이 확인되었다. 즉 도파민으로 인한 쾌락적인 감각을 제어할 수 있는 수용체가 상대적으로 적어 도파민이 주는 즐거움을 더 크게 느낀다는 것이다.

그런데 공포 영화가 도파민의 분비와 무슨 관련이 있을까? 공포 영화를 보는 동안에는 스트레스 호르몬인 코르티솔cortisol이 분비되는데, 코르티솔은 선조체의 도파민 시스템과 상호작용해 기분을 변화시킨다. 에모리 대학교에서 정신의학과 행동과학을 가르치는 그레고리 번스Gregory Berns에 따르면 코르티솔은 도파민과 상호작용할 수 있으며, 이를 통해 만족감을 만들어 낸다고 한다. 코르티솔은 스트레스에 의해, 도파민은 새로운 자극에 의해 만들어지는데, 이 두 가지를 합친 스트레스 자극을 통해 새로운 만족감을 얻을 수 있다는 것이다.

한편 보상 중추를 이루는 선조체는 계획에 없던 보상, 즉 기대하지 않았던 일이 일어날 때 더 강하게 반응한다. 우리가 서프라이즈 선물을 받으면 더욱 큰 기쁨을 느끼는 이유도 바로 이 때문이다. 그래서 예측할 수 없는 사건이 일어나면 기대 심리가 자극되어 선조체가 더욱 활성화된다.

이는 쥐를 이용한 실험에서도 확인할 수 있다. 쥐들이 일정 길이의 통로를 지나면 그 보상으로 먹이를 얻을 수 있도록 훈련시킨 다음, 한 그룹은 통로를 지날 때마다 매번 먹이를 주고 다른 한 그룹은 열 번에 세 번꼴로 먹이를 주었다. 충분한 학습이 이루어진 다음에는 더 이상 먹이를 제공하지 않았다. 그럼에도 쥐들은 한동안 계속 통로를 오갔다. 학습 기간 동안에 매번 먹이를 받은 쥐들은 먹이가 없어지자 통로를 지나다니는 행동을 빠르게 포기한 반면, 30퍼센트의 확률로 먹이를 받은 쥐들은 꽤 오랜 기간 동안 그 행동을 반복했다. 어쩌다 한 번씩 먹이가 지급되었기 때문에 언제 먹이가 다시 나타날지 몰라 미로를 탐색하는 행동을 멈출 수 없었던 것이다.

공포 영화에는 '점프 스케어jump scare'가 많이 사용된다. 점프 스케어란 예상치 못한 상황에서 갑작스럽게 사물이나 사람 혹은 귀신 등이 불쑥 튀어나와 관객들을 소스라치게 놀라게 하는 연출 기법을 말한다. 공포 영화를 보다가 갑작스럽게 비명을 지르는 경우가 여기에 해당한다. 그런데 관객들을 깜짝 놀라게 하려면 예측을 할 수 없어야 한다. 언제 어떤 장면이 등장할지 모르기 때문에 큰 예측 오차가 생기고, 이것이 도파민이 분비되는 보상 학습 회로의 업데이트 신호로 작용해 다음에 무엇이 나올지를 더 강박적으로 예측하게 만든다.

안도감도 마찬가지로 작용한다. 공포 영화가 관객들에게 실질적으로 위험한 상황을 만들지 않는다는 것은 누구나 안다. 그래서 소름끼치게 무섭고 위협적인 장면이 등장해도 그것만 지나가면 안도할 수 있는 상황이 찾아오고, 거기에서 또다시 쾌감을 느낀다. 아무 생각 없이 방심하고 있는 순간에 심장이 덜컹 내려앉는 무서운 장면이 나타나면 극도의 공포심을 느꼈다가, 그 순간이 지나면 다시 안도감이 찾아든다. 즉 공포와 안도감이 예측할 수 없이 반복되는 것이다. 따라서 갑자기 훅 들어오는 공포와 그

것이 지난 후에 느껴지는 안도감은 그것들을 모두 예상할 수 있는 경우에 비해 훨씬 크다. 이러한 즐거움도 공포 영화를 즐기는 하나의 요인이다.

지나친 공포는 트라우마를 남긴다

사람들이 공포 영화를 즐기는 이유를 설명하려는 학자들은 많았지만, 하나로 명확하게 단정하는 이론은 찾기 어렵다. 다만 공포 영화가 정서에 미치는 영향이 크다는 것만은 확실하다. 일례로, 공포 영화는 수면 장애의 원인이 될 수 있다. 감정을 인식하고 조절하는 변연계의 기능이 완전히 발달하지 않은 어린아이들의 경우, 공포 영화를 보거나 유령의 집 등 무서운 체험을 하게 되면 감정 조절이 어려워질 수 있다. 공포를 자체적으로 걸러서 받아들일 수 있는 정신적 대처 자원이 부족하여 자율신경계가 균형 있게 대처하지 못하는 것이다.

우리는 충격적인 사건을 겪고 나면 그 기억을 잘 잊지 못한다. 공포 영화를 보는 동안 분비되는 호르몬은 편도체와 해마로 이어지는 회로를 통해 장기 기억을 공고히 해 트라우마를 형성할 수 있다. 일반화할 수는 없지만, 외국에서는 어린이가 공포 영화를 보고 난 후 외상 후 스트레스 장애를 겪은 사례도 있고, 공포 영화

를 보거나 무서운 놀이기구를 타다가 심장마비로 사망한 사람들
도 있다. 심신이 건강한 사람에게 그런 위험은 별로 없지만, 그래
도 공포 영화는 적당히 즐기는 게 좋을 듯싶다.

거친 말과 욕설은
뇌를 어떻게 바꿀까?

뇌 발달을 위협하는 언어 습관

요즘 우리 사회는 욕에 꽤나 무뎌진 느낌이다. 일상적인 대화에 욕이나 비속어가 섞이는 경우가 너무 많다. 쓰는 사람도 듣는 사람도 별 신경을 쓰지 않는 것 같다. 특히 아이들의 언어는 무서울 정도로 거칠다. 서로 싸우는 상황이 아닌데도 비속어는 물론 원색적인 욕설도 난무한다.

영화나 드라마도 마찬가지이다. 현실감을 살린다는 핑계로 언제부터인가 욕설이 안 들어가는 작품은 찾아보기 어렵다. 폭력배들이 등장하는 영화는 처음부터 끝까지 욕으로 도배를 하다시피 한다. 상대적으로 제재가 약한 유튜브에서는 정제되지 않은, 차마 입에 담기도 힘든 말들이 거침없이 흘러나오기도 한다. 청소년들의 거친 언어 습관은 이런 매체의 영향을 받은 탓이 아닐까 싶어 안타깝기만 하다.

그런데 이렇게 거친 말을 자주 사용하면 뇌에는 아무런 영향이 없을까? 감정적으로 한창 예민한 시기에 거친 말을 자꾸 내뱉는 것이 혹시나 뇌 발달에 어떠한 작용을 할 수도 있지 않을까? 그렇다. 우려하는 것처럼 욕설은 여러 가지 문제를 일으킨다.

국내의 한 연구진이 대학생들을 대상으로 부모나 주변 사람들의 언어적 학대를 비롯한 말과 관련된 부정적 경험이 어떤 영향을 미치는지 살펴보았다. 연구진은 특히 욕설이나 모욕, 반복되는 비난과 같은 언어폭력을 경험한 학생들이 자신을 어떻게 바라보고 타인과 어떻게 관계를 맺는지에 주목했다. 그 결과 언어적 학대를 자주 경험한 학생들은 자존감이 낮아지고, 지속적으로 '나는 틀렸을지도 모른다'라는 자기 의심에 시달리며, 다른 사람이 자신을 비난하거나 부정적으로 볼 것이라는 대인 불안이 커졌다.

또한 다른 사람들과 관계를 맺을 때에도 쉽사리 위축되거나 사람들을 신뢰하기 어렵다고 느끼며, 그로 인해 사회적인 상호작용을 피하려는 경향이 강해졌다. 연구진은 이를 두고 부정적인 말의 경험이 감정적 상처를 남길 뿐만 아니라, 개인의 사회성이나 정신 건강, 정체성 형성 과정 전체에 나쁜 흔적을 남길 수 있다고 해석했다. 어린 시절에 부정적인 말을 많이 들은 아이들은 성인이 되어서 타인과의 원만한 인간관계 형성에 어려움을 겪을 수 있다는 의미이다.

더 심각한 문제는 아이들의 언어 습관이 뇌 발달에 큰 영향을 미친다는 것이다. 인간의 뇌는 20퍼센트 정도만 발달한 상태에서 태어나 영유아기와 아동기, 사춘기 등을 거쳐 단계적으로 성장한다. 그리고 유전적인 요인 못지않게 환경이 이러한 뇌 발달을 크게 좌우한다. 때로는 유전적인 요인보다 환경적인 요인이 더 큰 영향을 미칠 수도 있다. 욕설뿐만 아니라 특정 아이를 따돌리면서 무시하거나 모욕, 모멸, 협박이 담긴 말을 하는 것도 심심치 않게 이슈가 되곤 하는데, 이러한 주위 환경이 아이들의 뇌 발달을 가로막는 요인이 될 수도 있다.

〈미국 정신과학 저널American Journal of Psychiatry〉에 발표된 연구 결과에 따르면, 18세에서 25세 사이의 젊은 성인들을 조사한 결과 중학교 때 친구들에게서 욕설 등 언어폭력을 당한 아이들은 뇌량corpus callosum의 발달이 미흡했다. 뇌량은 좌뇌와 우뇌를 연결하는 다리 역할을 하는 부위로, 좌우 뇌의 균형 있는 활용과 상호 간의 유기적인 협조를 돕는다. 이 부분이 손상을 입으면 좌뇌의 지각 능력과 우뇌의 감각 능력이 원활하게 오가지 못하여 사회성과 언어 발달에 지장이 생긴다. 또한 뇌가 고루 발달하지 않으며 성인이 되었을 때 분노나 우울증, 화, 적대심, 분리 장애 등을 겪을 가능성이 훨씬 높은 것으로 나타났다. 뇌 발달이 가장 활발하게 이루어지고 감정적으로 예민한 시기에 받은 상처가 성인기의 정신 장애가 되는 것이다.

언어폭력이 뇌에 미치는 물리적 영향

가정에서의 언어폭력도 심각한 문제이다. 자녀에게 자주 화를 내고 욕을 하거나 해서는 안 될 말을 내뱉는 부모들이 있다. 특히나 스스로 감정 조절이 어려워지는 사춘기에 이르면 부모와 자식 간에 갈등이 고조되어 부지불식간에 그런 말을 하는 경우가 많다. 명시적으로 욕을 하지는 않더라도 비아냥거리거나 무시하거나 모멸감을 주는 언사를 하는 부모들도 있다. 예를 들어 "너는 커서 뭐가 되려고 그러니?", "그런 식으로 하다간 지방 대학도 못 가겠다", "네가 그렇지 뭐" 하고 말하는 것이다. 다행히 요즘 젊은 부모들은 나이 든 세대와 많이 달라졌지만, 여전히 부모의 언어폭력에 노출되는 아이들이 남아 있다.

가정에서의 부정적인 언어 사용 역시 뇌 발달에 나쁜 영향을 미친다. 부모가 험담을 퍼붓는 경우 아이들은 성장하면서 공격적인 행동을 보이거나 우울증에 빠질 가능성이 높은 것으로 나타났다. 미국 피츠버그 대학교 연구팀이 펜실베이니아 주에 사는 13세에서 14세 사이의 청소년 976명과 그들의 부모들을 2년 동안 추적 조사하였다. 그중 45퍼센트의 어머니와 42퍼센트의 아버지가 가혹한 언어로 아이들을 훈육하였는데, 그 자녀들은 2년 이내에 우울증이나 비행 등의 문제 행동을 보인 것으로 조사되었다. 가정환경이 아이들의 미래 모습을 결정짓는 데 중요한 역할을 한 것이다.

최근에도 비슷한 연구 결과가 발표되었다. 영국 리버풀 존무어스 대학교의 연구진이 어린 시절에 경험한 신체적, 언어적 학대가 성인이 되었을 때 어떤 차이를 만드는지 조사해 보았다. 그러자 신체적 학대 없이 언어적 학대만 경험한 경우에도 불안이나 우울, 자기 비난, 삶의 만족도 저하가 뚜렷했다. 특히나 장기간의 언어폭력은 신체적 폭력 못지않게 정신 건강에 큰 영향을 미쳤다. 물리적으로 드러나지 않는다고 쉽게 퍼붓는 거친 말들은 시간이 지날수록 더 깊은 흉터가 되어 개인의 정체성과 대인 관계를 망치는 결과를 낳을 수 있다.

하버드 의과대학의 마틴 타이처Martin Teicher 교수도 폭력적인 언어가 뇌에 미치는 영향에 관한 연구에서 유사한 결과를 얻었다. 어린 시절 언어폭력을 당한 경험이 있는 성인 554명의 뇌를 조사한 결과, 일반인에 비해 뇌량과 해마 부위가 크게 위축되어 있었다고 한다. 언어폭력이 스트레스 수준을 높이고 이로 인해 코르티솔이 과다하게 분비되어 해마가 작아지는데, 그 크기는 일반 사람들과 6.5퍼센트포인트나 차이가 났다.

해마는 학습이나 기억, 감정과 관련된 부위로, 손상되면 기억력과 학습 능력이 떨어지는 것은 물론, 쉽게 불안해지고 우울증 발생 확률도 두 배 이상 높아진다. 또 꾸준히 새로운 신경세포를 만들어 내는 영역이기 때문에, 해마에 문제가 생기면 신경 재생이 어려워져 정신 질환에 시달릴 가능성이 증가한다. 실제로 이 실험에 참가한 이들의 상당수가 우울증이나 환각 증세, 다중 인격성을 보였다. 다른 연구 결과에 의하면 가정에서의 언어폭력이 불안정한 행동이나 잦은 화, 자아도취적인 행동, 충동 조절 장애, 편집증 등의 증상을 불러올 가능성이 높다고 한다. 이러한 증상이 잦아지면 규율을 어기거나 공격적인 모습을 보이기도 한다.

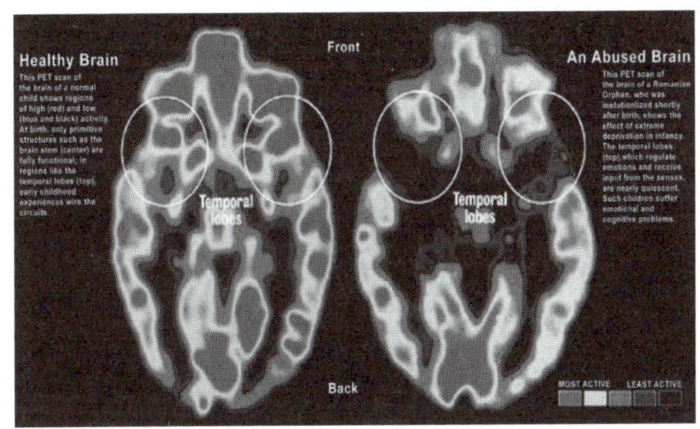

정상적인 뇌(왼쪽)에 비해 학대당한 뇌(오른쪽)는
뇌 활동이 전반적으로 저조함을 알 수 있다.

하버드 의대 심리학과 최지욱 교수와 카이스트 정범석 교수 등으로 구성된 연구팀은 어린 시절 부모로부터 언어적 학대를 경험한 청년들의 뇌의 백질 구조가 어떻게 달라져 있는지 조사했다. 백질은 신경세포 간의 연결을 담당하는 축삭 부위인데, 연구진은 특히나 언어 처리와 감정 조절에 중요한 신경 회로에 주목했다. 그 결과 부모의 반복된 언어폭력을 경험한 청년들은 그렇지 않은 사람들과 비교하여 전전두엽과 감정 관련 영역을 연결하는 백질 경로에서 이상 소견을 보였다. 이 영역들은 감정을 조절하고 타인의 말과 감정을 해석하는 데 관여하는데, 언어폭력 피해자들에게서 이 경로들이 약화되거나 발달이 미세하게 저해된 흔적이 관찰되었다. 이는 어릴 적에 받은 말의 상처가 뇌의 연결 구조에까지 흔적을 남길 수 있음을 의미한다. 이 연구는 직접적인 물리적 폭력 없는 언어적 공격만으로도 신경 발달에 영향을 줄 수 있음을 뇌 영상에 기반해 처음으로 증명한 초기 증거로 평가된다.

또 다른 연구에서는 어린 시절 부모로부터 언어폭력을 당한 사람들의 베르니케 영역wernicke's area과 브로카 영역broca's area이 손상된 것이 확인되었다. 베르니케 영역은 문자를 읽거나 귀로 들은 말을 해석할 수 있게 하는 감각 언어 영역이고, 브로카 영역은 발음을 할 수 있도록 하는 운동 언어 영역이다. 베르니케 영역이 손상을 입으면 말은 유창하게 하지만, 무슨 말을 하는지 알아들을 수 없게 된다. 브로카 영역이 손상되면 읽고 듣는 데는 지장이 없는 반면, 발음을 제대로 못하고 생각을 언어로 표현하는 것이 어려워진다. 두 영역은 말을 할 때 함께 작동하기 때문에 손상되면 이해력과 표현력이 현저히 떨어질 수밖에 없다.

이러한 언어 영역의 손상은 비단 언어를 이해하거나 구사하는 능력뿐 아니라 학습 능력에도 영향을 미친다. 또한 자신의 감정을 조절하고 통제하는 능력, 다른 사람들과 관계를 맺고 유지하는 사회적 능력 등의 전반적인 저하로 이어져 정상적인 사회생활이 힘들어진다. 앞서 부모로부터 언어폭력을 당하며 자란 아이들의 많은 수가 비행 청소년이 된 것도 바로 이러한 이유 때문이다.

충격적인 것은 이러한 결과가 신체적인 학대나 성폭력을 당한 아이들에게서 나타나는 변화와 거의 동일하다는 것이다. 직접적으로 손찌검을 하지 않았다고 해도 반복적으로 비아냥거리거나 무시, 폭언, 협박 같은 언어폭력을 일삼는 것은 신체적인 폭력에 버금가는 효과를 낳는다. 이를 통해 거친 말이나 욕설이 아이들에게 얼마나 큰 영향을 미치는지 알 수 있다.

따돌림을 당하면 뇌는 어떻게 될까?

따돌림하는 것도 뇌 발달에 큰 영향을 미친다. 최근에는 학교뿐만 아니라 직장에서도 따돌림 문제가 나타나고 있다. 이렇듯 부모나 형제, 친구 등 주변 사람에게 무시당하는 것은 뇌 발달에 지장을 준다.

　따돌림을 당했을 때 몸과 마음에는 어떠한 변화가 나타날까? 미국의 심리학자인 케네스 윌리엄스Kenneth Williams는 집단에서 무시당했을 때 느끼는 고통을 연구하기 위해 컴퓨터상에서 서로 공을 주고받는 게임을 개발하였다. 컴퓨터로 프로그래밍된 다른 플레이어 두 명과 함께 게임을 진행하는 참가자들에게 상대방이 컴퓨터가 아니라 실제 사람이라고 믿게 만들었다. 컴퓨터 플레이어들은 처음에는 참가자를 게임에 끼워 주다 일정 시간이 지나면 배제시켰다. 참가자에게 공을 던져 주지 않고 자기들끼리만 공을 주고받는데, 물론 이는 사전에 의도된 것이었다.

　이후 나오미 아이젠버거Naomi Eisenberger 교수 등은 동일한 게임을 진행하는 동안 참가자의 뇌 상태를 fMRI로 촬영하였다. 참가자가 게임에서 배제될 때 뇌의 등쪽 전대상피질dorsal Anterior Cingulate Cortex, dACC과 뇌섬엽이 활성화되었는데, 이는 사회적 고통이 신체적 통증과 유사함을 의미한다. 반면에 측좌핵의 활성은 감소하여 보상 처리 회로가 억제되는 것으로 나타났다.

　실험이 끝난 후 참가자들은 소외감을 강하게 느꼈다고 밝혔다. 그들 중 일부는 눈물을 글썽이며 자신이 잘못한 것을 찾으려 하기도 했다. 예를 들면 자신이 공을 너무 세게 던진 탓에 나머지 사람들(실제로는 컴퓨터이지만)이 자신을 따돌린 것이 아닌가 하고 자책한 것이다. 또 어떤 참가자들은 지나치게 큰 소외감에 화를 내기도 했으며, 캐치볼 상대자가 사람이 아니고 컴퓨터라는 설명을 듣고서도 분을 풀지 못했다. 이 결과로 아이들이 또래 친구들에게 따돌림을 당했을 때 받을 상처가 얼마나 클지 미루어 짐작할 수 있다.

욕설, 언어폭력, 무시, 따돌림. 어쩌면 아무 생각 없이 재미로 할 수 있겠지만, 당하는 사람에게는 씻을 수 없는 상처를 남긴다. 그러니 아이들에게 화가 날 때는 나의 언어가 아이들의 미래에 어떤 영향을 미칠지 다시 한 번 생각해 보아야 한다. 솟구치는 화를 그대로 배설하면 그것이 화살이 되어 아이들에게 깊은 상처를 주니, 한순간만 참고 화를 누그러뜨려 보자.

도러시 놀테Dorothy Nolte의 시 〈아이들은 생활 속에서 배운다〉의 일부를 옮긴다. 깊이 되새기며 읽어 보면 좋을 듯싶다.

비난을 받고 자라면 비난하는 것을 배우게 되고
적대감을 받고 자라면 싸움을 배우게 되며
공포감을 느끼고 자라면 불안함을 배우게 된다.
하지만
격려를 받고 자라면 자신감을 배우고
관용을 받고 자라면 인내를 배우며
칭찬을 받고 자라면 감사를 배운다.

눈앞에서 사람이 바뀌어도
못 알아채는 이유

사소한 변화를 알아차리지 못하는 뇌

TV나 영화를 보다 보면 간혹 작은 실수를 발견할 때가 있다. 예를 들어 여주인공이 매고 있던 스카프나 커피를 마시던 컵, 테이블 위에 놓인 화병에 꽂힌 꽃이 갑자기 바뀌는 식이다. 이런 것을 흔히 '옥에 티'라고 부르는데, 명백한 실수임에도 일부러 눈을 부릅뜨고 찾기 전에는 잘 발견하지 못하는 경우가 대부분이다. 그래서 제작진들도 편집 과정에서 실수가 있는 것을 알아채도 바로잡지 않고 그냥 내보내기도 한다.

이러한 '옥에 티'는 왜 생기는 걸까? 가장 기본적인 이유는 촬영의 비연속성에 있다. 장면별로 나누어 촬영하다 보니 연속된 장면이라도 촬영 날짜가 다른 경우가 생긴다. 이때 가급적 동일한 배경이나 장면을 재현하려 애쓰지만, 사람이 하는 일이다 보니 간혹 사소한 부분이 달라지는 것이다. 때로는 미리 촬영해 둔 내용에 오류가 있어 재촬영을 하는 과정에서 없던 옥에 티가 생기기도 한다.

재미있는 것은 사람의 뇌가 이러한 변화를 잘 알아차리지 못한다는 것이다. 이런 뇌의 맹점을 이용한 마술도 있는데 우리도 한번 해 보자. 다음의 카드 중 마음에 드는 것을 하나 선택한 후 그 카드가 어떤 것인지 잘 기억해 두기 바란다.

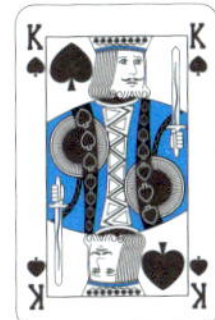

선택했는가? 지금 나는 초능력을 이용해서 여러분의 마음을 읽고 어떤 카드를 골랐는지 알아낸 후 그것을 없애 버렸다. 이제 이 꼭지의 맨 마지막으로 가서 확인해 보라. 놀랍게도 여러분이 고른 카드가 감쪽같이 사라졌을 것이다.

이 카드 마술에 숨겨진 비밀은 아주 간단하다. 다시 한 번 카드들을 잘 살펴보라. 앞서 보여 준 카드와 이 꼭지의 맨 마지막에 제시한 카드는 모두 다르다. 비슷한 카드들이 나열되어 있기는 하지만 같은 카드는 하나도 없다. 그러니 여러분이 고른 카드도 없을 수밖에 없다. 대부분의 사람들은 인간의 뇌가 완벽하다고 생각하겠지만, 사실 뇌는 허점 투성이이다. 그래서 이러한 사소한 꾀에도 금방 속아 넘어갈 수밖에 없다.

이와 유사한 실험은 상당히 많다. 대니얼 사이먼스와 크리스토퍼 차브리스가 쓴 《보이지 않는 고릴라》에 등장하는 사례를 인용해 보자. 사비나와 안드레아는 사람들의 정보 처리 과정이 얼마나 허술한지 파악하기 위해 한 가지 실험을 했다. 먼저 두 사람이 테이블을 사이에 두고 앉아 친구 제롬을 위한 깜짝 파티에 관한 대화를 나누는 1분짜리 영상을 제작했다. 영상에서 카메라는 전경을 비추기도 하고 두 사람 사이를 왔다 갔다 하기도, 한 사람의 얼굴을 클로즈업하기도 했다. 대화의 내용은 특별히 신경 쓸 만한 것이 없었다.

이후 피험자들에게 이 영상을 보여 주면서 집중해서 주의 깊게 보라고 주문했다. 영상이 끝나자마자 설문지를 나누어 주고 처음 시작할 때와 마지막 장면 사이에 물건의 위치나 인물의 자세, 의상이 갑자기 바뀌는 것 같은 이상한 차이를 느꼈는지 질문을 던졌다. 사실 그 영상 속에는 대화를 나누던 두 주인공의 의상이나 앉아 있는 자세가 바뀌거나, 테이블과 소품이 바뀌는 등 변화가 많았다. 카메라가 한 사람을 클로즈업하는 사이 스태프들이 사물을 바뀌치기하거나 다른 등장인물이 의상을 갈아입는 등 트릭을 쓴 것이다.

그러나 놀랍게도 피험자들은 그러한 변화를 전혀 눈치채지 못했다. 설명을 듣고 다시 한 번 주의 깊게 영상을 본 후에도 평균 두 개 정도를 찾아냈을 뿐이다. 피험자들을 바꾸어 가며 동일한 실험을 반복해도 결과는 크게 달라지지 않았다.

연인이 머리를 해도 못 알아보는 이유

의도적인 주의를 기울이지 않는 한 주위에서 일어나는 사소한 변화를 알아차리기가 쉽지 않다. 예를 들어 호텔 카운터에서 체크인에 필요한 서류를 작성하라고 요구한다. 손님이 그 서류를 작성하기 위해 고개를 숙이고 있는 사이에 직원이 다른 사람으로 바뀌어도 손님은 알아채지 못한다. 낯선 사람에게 길을 가르쳐 주는 동안 두 사람 사이에 커다랗고 불투명한 패널을 옮기는 사람들이 지나가도록 하고 그 사이에 길을 묻던 사람을 바꿔치기해도 모르는 경우가 대부분이다. 심지어는 대화 상대의 성별이 바뀌어도 그렇다. 이렇게 주변의 변화를 인식하지 못하는 현상을 '변화맹變化盲, change blindness'이라고 한다.

변화맹은 주변의 장면을 보는 방식 때문에 발생한다. 우리는 특정 장면을 연속적으로 보지 않는다. 눈은 특별히 흥미로운 대상에만 집중하여 그 정보를 뇌로 전달하고, 뇌는 그 장면에 대응하는 심상 지도를 만든다. 이때 무언가 새로운 것이 끼어들어 눈 운동을 교란해도 뇌는 눈치채거나 기억하지 못한다.

부주의맹inattentional blindness이라는 것도 있다. 실제로 존재하는 사물을 보지 못하는 현상이다. 하나의 대상에 과도하게 집중하여 다른 대상을 보지 못하는 것이다. 이와 관련된 재미있는 실험이 있다. 밤에 한 남성이 가로등 아래에서 400미터를 달리는 동안 20명의 피험자들에게 약 9미터 정도의 간격을 유지한 채 따라가면서 그 남성이 머리를 만지는 횟수를 정확히 세라는 과제를 부여했다. 남성은 초당 2.4미터 정도의 속도로 빠르게 달렸고 400미터를 다 달리는 데에는 2분 45초가량 걸렸다.

4분의 1쯤 달렸을 때 연구진은 남성이 달리는 길에서 8미터쯤 떨어진 갓길에 세 명의 남자가 싸우는 장면을 의도적으로 연출했다. 그리고 그중 두 명이 다른 한 명을 폭행하는 것처럼 보이도록 했다. 싸우는 도중 소리를 지르거나 기침을 하는 등 이들이 피험자들에게 적어도 15초 동안은 노출될 수 있도록 연출했다. 달리기가 끝난 후 20명의 피험자들에게 남성이 머리를 만진 횟수를 물었다. 이어 주변에서 남자들이 싸우는 장면을 목격했는지 물었다. 그러자 놀랍게도 20명 중 불과 7명만이 그 장면을 목격했다고 대답했다.

뇌는 전경에 몰입하면 배경을 놓치고, 배경에 몰입하면 전경을 놓치게 마련이다. 인간의 인지 체계는 한정된 주의 용량을 가지고 있다. 한 번에 모든 시각 자극을 처리하기에는 뇌가 치러야 하는 계산 비용이 너무 크기 때문에 전두엽과 두정엽이 협력해 어디에 주의를 둘 것인지를 결정한다. 선택적 주의selective attention가 이루어지는 것이다. 이는 의식적 인지와도 관련된다. 시각적으로 아예 입력이 안 되거나 불필요한 정보를 차단하는 것이 아니라, 목표를 달성하기 위해 의식적으로 한정된 방향으로만 주의를 기울인다는 뜻이다.

이러한 특성으로 인해 눈앞에 있는 것을 보지 못하는 현상이 바로 부주의맹이다. 이 역시 변화맹의 일종이라고 할 수 있다. 드라마나 영화 속 등장인물들의 옷이 달라지고 소품이 바뀌어도 우리는 그것이 달라지지 않았을 것이라 여기고 주의를 기울이지 않기 때문에 실수를 알아차리지 못하고 넘어가게 되는 것이다.

이러한 변화맹은 뇌가 작동하는 방식 때문에 일어난다. 뇌는 기본적으로 에너지를 최소한으로 사용하는 방식으로 움직이고자 한다. 누군가와 대화를 나누거나 영상을 볼 때도 모든 것을 일일이 정보로 받아들여 처리하지 않는다. 대략적인 정보만 받아들인 후 편의에 따라 뇌 안에서 재구성하여 처리한다. 그래야만 에너지 소모를 최소화할 수 있기 때문이다. 이때 주의를 집중해서 보는 영역은 시각을 통해 받아들이지만, 주의를 기울이지 않는 부분은 대략적인 정보를 바탕으로 '그럴 것이다' 하고 처리해 버린다.

때문에 그 부분에서 변화가 생겨도 눈치채지 못하는 것이다.

앞선 카드 마술에서도 마찬가지이다. 뇌는 모든 정보를 기억하지 않는다. 자신이 고른 카드의 서열이나 무늬, 색깔 등에는 주의를 기울이지만, 주변에 있는 카드는 대략적인 정보만 기억한다. 킹이 있었고 검은색이고 그 옆에는 빨간색 퀸이 있었다는 식으로 말이다. 그래서 카드가 모두 바뀌었음에도 불구하고 그 변화를 눈치채지 못하고 자신의 카드가 감쪽같이 사라졌다고 느끼는 것이다.

남성들은 여자 친구나 아내가 "자기, 나 뭐 달라진 거 없어?" 하고 물으면 바짝 긴장한다. 아무것도 달라진 게 없는 것 같아 어떻게 대답을 해야 할지 갈피를 잡을 수가 없다. 머리 모양을 바꾸었거나, 립스틱 색깔을 바꾸었거나, 혹은 옷 입는 스타일을 바꾸는 등 알아차리기 힘든 사소한 변화인 경우가 많다. 이런 작은 변화들은 정보를 연속선상에서 처리하려는 경향이 있는 인간 뇌의 특성상 알아차리기가 쉽지 않다.

그런데 의아하게도 여성들은 그러한 사소한 변화에 민감하다. 여성에게는 변화맹이 없는 것일까? 그렇지는 않다. 여성에게도 변화맹이 있다. 여성들 또한 드라마나 영화 속의 옥에 티를 발견하지 못하고 넘어가는 경우가 많다. 다만 여자 친구의 달라진 모습을 알아차리는 것은 또 다른 문제일 수 있다. 즉 여성과 남성의 뇌 활동이 다르기 때문이다. 여성과 남성은 뇌의 작동 방식이나 호르몬 작용이 다르다 보니, 사물을 인식하는 것에도 차이가 생긴다. 이러한 차이가 여성이 사소한 것도 놓치지 않게 만드는지도 모른다.

잘못된 선택도 합리화하려는 사람들

변화맹의 또 다른 유형으로 선택맹選擇盲, choice blindness이라는 현상도 있다. 사람들은 인지능력의 혼란을 겪게 되면 자신의 선택을 합리화하는 경향이 있다. 스웨덴의 라르스 할Lars Hall 박사는 피험자 120명에게 두 여성의 사진을 보여 준 후, 어느 쪽이 더 매력적인지 선택해 달라고 요구했다. 피험자가 하나의 사진을 고르고 나면 선택되지 않은 여성을 다른 여성으로 바꾸고 다시 둘 중에서 한 장의 사진을 고르도록 하는 과정을 15차례 반복했다.

그런데 그중 세 차례는 두 장 모두 새로운 사진을 보여 주었다. 하지만 놀랍게도 80퍼센트 이상이 자신이 고른 사진이 다른 얼굴로 바뀌었다는 사실을 알아채지 못했다. 더군다나 피험자들에게 본인이 고르지 않은 사진을 보여 주면서 "어째서 이 여자를 선택했나요?" 하고 묻자 미소가 아름답기 때문이라느니, 귀걸이가 매력적이라느니 하는 등 자신의 선택을 합리화하기 위한 말을 늘어놓았다. 처음에 자신이 고른 사진과 전혀 다른 사진임에도 그 변화를 알아차리지 못한 채 자신의 선택을 옹호하는 발언을 한 것이다.

투표에서도 이러한 선택맹의 경향이 드러난다. 스웨덴 총선을 앞두고 라르스 교수는 162명의 유권자를 대상으로 표를 줄 후보자를 결정했는지 물은 후 좌우 정치 성향을 가르는 대표적인 질문에 답하도록 하였다. 피험자들이 설문에 답한 후 연구팀은 몇 개 답안을 몰래 바꾸고 반대편의 선거 캠프로 데려가 그쪽의 정치 성향에 더 잘 어울린다며 자신의 선택을 설명하게 했다.

그러자 92퍼센트가 자신의 답변이 바뀐 것을 모르고 처음 선택과 다른 답변을 정당화하기 시작했다. 평소 반대하던 정책의 열렬한 지지자라며 입장을 바꾸는 사람도 있었다. 실험 이후 10퍼센트는 보수에서 진보로, 혹은 진보에서 보수로 성향을 바꾸었으며 19퍼센트는 기존 성향을 확신할 수 없다고 말했다. 결국 신념 역시 과장된 믿음이며, 자신의 행동을 지지하기 위한 행위에 지나지 않았음을 밝혀낸 실험이라고도 할 수 있다.

우리는 실제 생활에서도 종종 이와 비슷한 일을 겪는다. 예를 들어 옷을 사러 갔다가 마음에 드는 옷을 여러 벌 발견했다고 해보자. 모든 옷이 마음에 들지만 예산의 한계가 있어 다 살 수는 없으니 그중에서 가장 마음에 드는 것만 사게 된다. 그런데 우리는 일단 선택을 내리면 거기에 합리적인 단서를 붙이려고 노력한다. 즉 구매한 옷이 다른 대안보다 뛰어난 이유를 애써 찾거나, 다른 옷들의 단점을 찾는 식으로 자신의 선택을 합리화하는 것이다.

이는 아마도 무엇이든 오랫동안 일정하게 유지하려는 '항상성恒常性 유지 본능' 때문인지도 모른다.

지금까지 살펴본 것처럼 인간이 완벽하지 않은 이유는 뇌가 그렇게 작동하기 때문이다. 이러한 사실을 알고 나면 나의 행동이 100퍼센트 옳다는 확신을 갖기 어려워진다. 그럼에도 우리는 가끔씩 자신의 의견만을 밀어붙이는 사람들을 만난다. 자신은 분명 똑똑히 들었고, 똑똑히 보았으며, 논리적으로 완벽한 사고를 하기 때문에 자신의 고집대로 해야 한다는 것이다. 이 글을 읽는 여러분이 만약 그런 사람이라면 뇌의 특성을 이해하고, 틀릴 수도 있음을 인정하시라. 그것이 속 편한 인간관계를 만드는 길이다. 또한 다른 사람들에게 상처를 입히지 않는 방법이기도 하다.

3장

몸과 뇌는 연결되어 있다

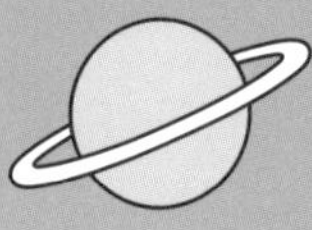

당신이 잠든 사이에
뇌에서 벌어지는 일들

밤새워 공부? 그게 다 헛수고인 이유

우리나라에서 대학은 단순히 고등교육기관 이상의 의미를 지닌다. 출신 대학은 학업 능력뿐만 아니라 지능, 타고난 역량, 미래 발전 가능성 등 개인의 잠재력 외에도 성실성이나 책임감, 심지어는 인성까지 판단하는 최우선적인 준거가 된다. 어느 대학을 졸업했는지가 평생 꼬리표처럼 따라다니는 사회적 현실에서 평가가 좋은 대학에 들어간다는 것은 성공의 사다리를 오를 수 있는 유리한 위치를 선점하는 것이나 다름없다. 따라서 많은 학생들이 자발적으로, 혹은 부모의 강요에 의해 눈에 불을 켜고 공부에 매진한다.

안타깝게도 공부할 것은 많은데 시간은 부족하다 보니 잠잘 시간을 줄여 공부에 매달리는 경우가 많다. 그래서 청소년들은 늘 수면 부족에 시달리곤 한다. 한 조사에 따르면 우리나라 청소년의 평균 수면 시간은 6.5시간에 불과하다고 한다. 국제수면협회가 권장하는 평균 8시간에 많이 모자라는 편이다.

매년 수능이 끝나고 성적이 우수한 학생들의 인터뷰를 볼 때면 그들이 빠짐없이 하는 말이 있다. "잠은 하루 7시간 이상 충분히 잤다"라는 것이다. 그런 말을 듣다 보면 '공부할 시간도 부족했을 텐데 어떻게 잠을 그렇게 많이 자면서 좋은 성적을 거둘 수 있었을까? 혹시 전부 거짓말은 아닐까?' 하는 의문이 들 수 있다. 하지만 뇌과학을 공부한 나는 그들의 말이 거짓이 아니라고 믿는다. 왜냐하면 잠과 학습 효과 사이의 관계를 다룬 많은 연구가 충분한 수면이 학습 효율을 높여 준다고 이야기하기 때문이다. 결론부터 말하자면, 잠을 충분히 자야 학습에 도움이 되고 잠이 부족하면 학습 효율도 덩달아 나빠질 수 있다.

많은 사람들이 잠을 단순히 지친 몸을 쉬고 신체 활동에 필요한 에너지를 재충전하는 휴식 정도로 인식하지만, 잠은 학습 효과에 지대한 영향을 미친다. UCLA의 앤드루 풀리니Andrew Fuligni 교수팀은 LA 지역 고등학생 535명을 대상으로 하루에 공부한 시간과 잠을 잔 시간, 그리고 다음 날 수업 시간에 겪은 문제나 시험 결과 등을 14일에 걸쳐 기록하도록 했다.

학생들이 제출한 기록을 검토한 결과, 늦게까지 잠을 안 자고 공부한 학생들은 다음 날 학교 수업을 이해하지 못해 어려움을 겪은 것은 물론, 숙제나 퀴즈, 시험 등에서 좋지 않은 결과를 받은 것으로 나타났다. 잠을 충분히 잔 경우에는 3~5일에 한 번꼴로 수업을 따라가는 것을 어려워한 반면, 평소보다 잠을 줄인 학생들은 다음 날 수업을 제대로 소화하지 못했다. 앤드루 교수는 밤 늦게까지 하는 공부가 생각만큼 효과가 없을 뿐 아니라, 오히려 더 비생산적이라고 지적한다.

이를 검증한 실험도 많다. 하버드 대학교 정신과 전문의인 로버트 스틱골드**Robert Stickgold** 박사는 새로운 것을 배우거나 연습할 때 쉬지 않고 밤을 꼬박 새우는 것보다 적당히 잠을 자면서 하는 것이 더 효과적이라고 주장한다. 그는 24명의 피험자를 모집한 후, 수평으로 줄이 쳐진 컴퓨터 스크린에 6분의 1초의 짧은 시간 동안 사선으로 막대 세 개를 보여 주고 그것이 어느 방향을 가리키고 있는지 답변하는 훈련을 실시했다. 이 훈련은 나흘 동안 계속 이어졌는데, 첫째 날 훈련이 끝난 후 피험자들을 두 그룹으로 나누어 한 그룹은 바로 잠을 자도록 했지만, 다른 한 그룹은 다음 날 훈련 시간까지 잠을 자지 못하게 하였다.

둘째 날과 셋째 날은 피험자들 모두 잠을 자도록 했고 나흘째 되는 날 학습 결과를 테스트했다. 그 결과 첫날 잠을 잔 그룹은 처음보다 성적이 훨씬 좋아졌지만, 잠을 못 잔 그룹은 큰 변화가 없었다. 스틱골드 박사는 이를 통해 잠을 제대로 자는 것이 학습에 절대적으로 중요한 요소이며, 잠이 기억을 굳게 만들어 준다고 주장한다. 잠을 충분히 자지 않으면 학습한 내용이 기억에 남지 않고 빠져나간다는 이야기인데, 밤새워 공부하는 것은 조금 과장을 보태서 밑 빠진 독에 물을 붓는 것이나 다름없는 일인 것이다.

자는 동안 재조립되는 기억

그렇다면 잠과 학습은 어떠한 관계가 있을까? 잠을 자는 동안 뇌도 휴식을 취할 것이라 생각하기 쉽지만, 사실은 그렇지 않다. 뇌는 쉬지 않고 일을 한다. 장기 기억을 형성하고 기억을 공고화하며 저장된 정보를 정교하게 다듬고 가공한다.

수면은 크게 렘수면REM: Rapid Eye Movement과 비렘수면non-REM으로 나뉜다. 렘수면은 각성 상태에 가까운 아주 얕은 수면이고, 비렘수면은 깊은 수면이다. 잠이 들기 시작하면 렘수면 단계를 지나 네 단계로 이루어진 비렘수면에 빠져든다. 4단계 비렘수면에 이르면 다시 렘수면 단계로 이동한다. 이렇게 잠을 자는 동안 렘수면과 비렘수면이 번갈아 나타나는데, 렘수면에서 시작해서 다시 렘수면으로 돌아오는 것을 수면 주기라고 한다. 하루에 8시간을 잔다고 할 때 수면 주기는 5~6회 정도 반복된다. 수면의 전반

부에는 비렘수면이 많은 비중을 차지하지만, 후반으로 갈수록 렘
수면이 길어진다.

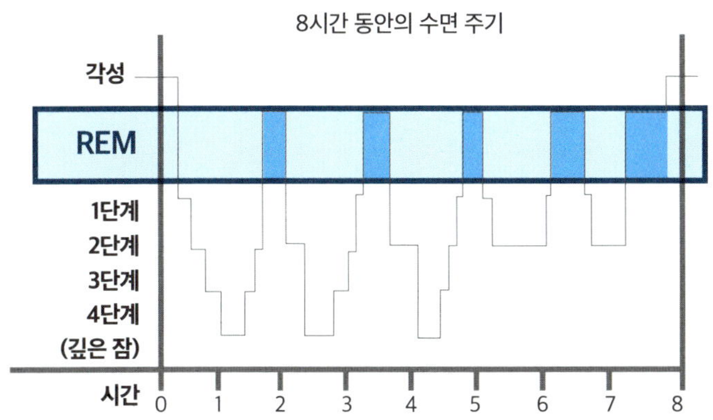

잠을 자는 동안 렘수면과 비렘수면이 여러 차례 반복된다.

왜 그럴까? 잠이 들자마자 깊은 수면을 취하고 일어날 때쯤 되
어서 얕은 수면으로 돌아오면 피로도 훨씬 풀리고 잠의 효율도 높
아지지 않을까? 왜 번거롭게 얕은 수면과 깊은 수면을 몇 차례씩
오가는 걸까? 게다가 왜 초반에는 깊은 잠이 많고 후반으로 갈수
록 얕은 잠이 많아지는 걸까? 바로 학습과 기억에 그 비밀이 있다.

이해를 위해 수면 전문가인 매슈 워커Matthew Walker의 비유를
들어 보자. 그에 따르면 잠은 찰흙 덩어리로 정교한 조각상을 빚
는 것과 같다고 한다. 커다란 찰흙 덩어리를 조각상으로 만들려
면 처음에는 불필요한 부분을 통째로 떼어 내야 한다. 그런 뒤에

몇몇 부위를 대략적으로 다듬는다. 이렇게 작업이 진행될수록 덩어리를 떼어 내기보다는 정교하게 매만지는 일이 늘어난다.

잠을 자는 동안 뇌에서도 이와 비슷한 일이 일어난다. 깨어 있는 동안 외부에서 받아들인 정보는 찰흙 덩어리와 같다. 비렘수면 동안에는 조각상을 만들기 위해 찰흙 덩어리에서 불필요한 부분을 덜어 내는 과정이 일어난다. 반면 렘수면은 덜어 내고 남은 정보를 정교하게 다듬는 시간이다. 신경학적으로 이야기하자면, 비렘수면 단계에서는 불필요한 정보가 기억 속에 남아 있지 않도록 신경 연결을 제거하고, 렘수면 단계에서는 그렇게 솎아 내고 남은 신경 회로의 연결을 강화한다. 그러다 보니 비렘수면과 렘수면이 번갈아 일어날 수밖에 없는데, 덜어 내야 할 정보가 많은 잠의 초반에는 비렘수면이 많고 후반으로 갈수록 세세하게 다듬기 위해 렘수면이 많아지는 것이다.

뇌가 외부에서 받아들이는 정보는 즉시 장기 기억으로 저장되는 것이 아니라 해마라는 단기 저장 창고에 보관된다. 그러다가 잠이 들면 적절한 검색 과정을 거쳐 기억할 것과 버릴 것을 구분하고, 보관이 필요한 것들만 대뇌피질로 옮겨 장기 기억으로 보관한다. 이때 찰흙을 덜어 내는 것과 마찬가지로 불필요한 정보들을 걸러 내는 일이 비렘수면 동안 벌어지는 것이다.

또한 비렘수면 과정에서는 장기 기억의 응고가 일어난다. 비렘수면 3~4단계가 되면 뇌파가 서로 비슷해지면서 느리고 긴 서파slow wave로 바뀌는데, 이 서파를 타고 해마에 있던 정보들이 대뇌피질로 옮겨진다. 또한 수면방추sleep spindle라는 뇌파가 일시적으로 방출되는데, 수면방추는 서파와 함께 기억을 더욱 강화하는 역할을 한다. 잠을 자는 동안 수면방추가 많이 생성되는 사람일수록 학습한 내용을 오래 기억할 가능성이 높다. 이 모든 것들이 비렘수면 단계에서 이루어진다.

깊은 잠이 부족해지면 해마에서 대뇌피질로 정보를 이송하는 작업이 효율적으로 이루어지기 어렵다. 애써 공부를 해도 장기기억으로 잘 남지 않는 것이다. 한 실험에서 참가자들에게 자료를 나누어 주고 학습하게 한 뒤 밤의 전반기나 후반기 중 한 시기에만 잠을 자도록 했다. 전반기에 자는 잠은 비렘수면이 대부분이고, 후반기에는 렘수면이 주류를 이룬다. 이후 시험을 실시하자 전반기에 잠을 잔 참가자들, 다시 말해 비렘수면을 많이 취한 참가자들이 더욱 많은 정보를 기억했다.

렘수면 단계에서는 정보를 서로 비교해 분류하고, 의미 있는 것들끼리 결합하거나 분리된 정보 사이의 연결성을 발견하여 가치 있는 정보로 변환하는 등 정보의 재처리가 일어난다. 이 과정에서 불필요한 정보는 쓰레기통에 버리기도 한다. 이러한 정보의 재처리 과정에서 우리는 꿈을 꾸게 된다. 대부분의 꿈이 렘수면 단계에서 나타나는 이유가 여기에 있다. 렘수면은 뇌 안에 방대한 정보 연합망을 구축하는 역할을 하기 때문에, 렘수면이 부족하면 정보를 정교하게 가공하고 재처리하지 못해 정보 이용 효율이 떨어진다. 즉, 정보의 창의적 활용이 불가능해진다.

매슈 워커 교수는 렘수면의 효율을 확인하기 위해 한 가지 실험을 했다. 피험자들에게 'PAELP'와 같이 뒤죽박죽 섞인 철자들을 제시하고 제대로 된 단어 'APPLE'를 찾아내는 실험이었다. 이 과정에서 연구팀은 밤새 네 번에 걸쳐 피험자들을 깨웠다. 두 번은 비렘수면 때, 그리고 두 번은 렘수면 때였다. 비렘수면 단계에서 깨어난 참가자들은 정답을 거의 맞추지 못했다. 하지만 렘수면 단계에서 깨어난 참가자들은 정답이 그냥 튀어나올 정도였다. 그 차이는 15~35퍼센트에 달했다. 이는 렘수면을 잘 할수록 정보를 가공하고 활용하는 능력이 높아짐을 보여 준다.

잠은 새로 습득한 정보를 보호하여 잊어버리지 않게 만들어 주는 응고작용을 하고, 거대한 정보 연합망을 구축함으로써 정보를 좀 더 창의적으로 활용할 수 있도록 한다. 잠이 부족하면 깊은 잠과 얕은 잠이 모두 줄어들고, 이는 기억과 학습 효율을 떨어뜨린다. 그래서 잠을 안 자고 공부하는 것은 밑 빠진 독에 물붓기가 될 수밖에 없다.

'오래' 대신 '제대로' 공부하는 법

하버드 의대의 찰스 차이슬러Charles Czeisler 교수에 따르면, 잠을 못 자고 24시간 내내 깨어 있으면 혈중 알코올 농도가 0.1퍼센트일 때와 비슷한 상태가 된다고 한다. 일주일 내내 하루에 4~5시간만 자는 경우에도 비슷한 수준의 인지 장애가 나타날 수 있다는 해석이 나온다. 예전에 '4당 5락'이라는 말도 있었지만, 이는 사실 술에 취한 상태에서 공부를 하는 것이나 마찬가지라고 할 수 있다.

밤에 잠을 제대로 못 잔다면 잠깐씩 낮잠을 자는 것도 좋은 방법이다. 독일 자를란트 대학교 신경심리학과의 악셀 메클링거Axel Mecklinger 박사가 대학생 41명을 대상으로 단일 단어 90개와 전혀 연관이 없는 두 단어 묶음 120개를 외우도록 하였다. 그리고 즉시 기억력 테스트를 실시했다. 이어 이들을 두 그룹으로 나누어 한 그룹은 90분간 낮잠을 자도록 하면서 뇌파측정장치를 통해 장기 기억에 관여하는 해마와 수면방추에서 방출되는 뇌파를 측정하였다. 다른 한 그룹은 낮잠을 자지 않고 영화를 보게 했다. 이후 다시 기억력 테스트를 실시한 결과, 낮잠을 잔 그룹이 영화를 본 그룹에 비해 5배나 많은 단어 묶음을 기억해 냈다. 수면 그룹의 뇌파 분석에서는 수면방추 뇌파가 많을수록 학습 능력과 기억력이 높아지는 것으로 나타났다. 이 실험을 통해 낮잠이 서로 연관이 없는 항목을 함께 기억하는 연관 기억을 향상시켜 주는 것을 확인할 수 있다.

지금까지 살펴본 것처럼 잠을 희생하면서 하는 공부는 생각만큼 효과를 내기 어렵다. 중요한 것은 절대적인 투입 시간이 아니라 보다 효율적으로 학습 방법을 관리하는 것이라고 할 수 있다. 때로는 적절한 수면과 휴식을 통해 학습 효율을 높이는 방법을 강구하는 것도 좋은 전략이 될 수 있다.

사람은 왜 가위에
눌리는 걸까?

가위 눌림, 그게 대체 뭐길래

한밤중, 앞이 안 보이는 칠흑 같은 어둠 속에서 누군가 나를 바라보는 것 같은 섬뜩한 느낌이 든다. 눈을 떠 보니 형체를 분간할 수 없는 검은 그림자가 천장에 매달려 있다. 눈 깜짝할 사이에 코 앞으로 다가와 손을 뻗어 목을 조르려고 한다. 싸늘한 냉기가 느껴진다. 손을 내밀어 그 검은 그림자를 물리치려고 하지만, 몸이 움직이지 않는다. 당황해서 버둥거려 보아도 도무지 손가락 하나 까딱할 수가 없다. 소리를 질러 도움을 요청하고 싶어도 목소리조차 나오지 않는다.

잠을 자다 보면 이런 이상한 경험을 할 때가 있다. 우리는 이러한 현상을 '가위에 눌린다'라고 한다. 나 역시 몇 번인가 가위에 눌린 경험이 있는데, 참으로 괴로운 일이다. 꿈인지 생시인지 아리송한 상황에서 분명 잠에서 깼다고 느끼고 몸을 움직이고 싶은데 아무리 애를 써도 손가락 하나 까딱할 수가 없다. 의식은 있는데 몸을 움직일 수 없고, 움직이려고 하면 할수록 오히려 점점 더 옥죄는 느낌에 미쳐 버릴 것만 같다. 차라리 다시 잠이라도 들면 좋으련만, 몸을 움직일 수 없으니 잠은 오지 않고 점점 괴로움만 더해 간다. 이대로 죽는 것 아닌가 하는 생각까지 들며 두려워진다. 그렇게 한참을 괴로워하다가 어느 순간 요행히 손가락을 움직일 수 있게 되면 비로소 해방되는 것이다. 가위가 풀리는 순간의 기쁨과 안도감은 정말 말로 다 할 수 없을 정도이다.

조사 방법에 따라 편차가 크긴 하지만, 적게는 인구의 5퍼센트에서 많게는 60퍼센트 정도까지가 가위에 눌려 본 경험이 있다고 한다. 한때 같이 근무했던 동료 직원 중 한 명은 꽤 자주 가위에 눌려 괴로울 지경이라고도 했다. 반면 살면서 단 한 번도 가위 눌림을 경험하지 않는 이들도 있다.

도대체 가위는 무엇이며 왜 자다 말고 갑자기 가위에 눌리는 것일까? 가위는 '가운데'를 뜻하는 순우리말로, '가위 눌린다'라는 말은 '몸의 가운데' 혹은 '가슴 가운데'를 눌린다는 말과 같다. 결론부터 이야기하자면 가위 눌림은 일종의 수면 장애이다. 다른 말로는 수면마비라고도 하는데 잠을 자다가 몸을 움직일 수 없는 상태가 되는 것을 말한다.

앞에서도 여러 번 언급한 것처럼, 잠을 자는 동안에는 의식 또는 무의식 상태에서 외부에서 받아들인 정보 중 가치 있는 것을 따로 분류해 장기 기억으로 저장하기 위해 뇌가 활발히 움직이며, 그 부산물이 바로 꿈이다. 이러한 활동은 렘수면 단계에서 일어나기 때문에 꿈 역시 대부분 렘수면 상태에서 나타난다. 간혹 비렘수면 단계에서도 꿈을 꾼다고 하지만 흔하지는 않다.

비렘수면은 깊은 수면을 하는 단계로 대뇌 신경의 가장 많은 부분이 활동하지만, 전반적으로 패턴이 단조롭고 신경 신호의 전달도 원활하지 못하다. 이때는 눈동자가 움직이지 않고, 우리의 의지대로 움직일 수 있는 수의근이 통제된다. 물론 때로는 몸을 뒤척이는 등 일부 수의근이 제한적으로 움직이기도 한다. 렘수면 단계는 낮은 수면을 하는 단계로, 근육을 전혀 움직일 수 없도록 마비가 된다.

뇌는 꿈을 꿀 때 몸을 마비시킨다

렘수면 단계에서 몸을 움직일 수 없는 이유는 꿈과 관련되어 있다. 꿈은 외부에서 받아들인 정보가 서로 섞이거나 결합되고, 때로는 이미 저장되어 있던 정보까지 끄집어내어 의미를 형성하는 과정이다. 그러다 보니 꿈에는 현실성이 전혀 없다. 앞뒤가 안 맞고 뒤죽박죽인 것은 물론, 야릇하거나 흉흉한 장면을 볼 때도 있다. 나쁜 사람들에게 쫓겨 달아나다가 높은 낭떠러지에서 떨어지는 꿈이나, 슈퍼맨 같은 영웅이 되어 온갖 불의를 물리치고 지구를 구하는 데 앞장서는 꿈 같은 것들이 그 예시이다.

꿈속에서 악당을 맞닥뜨려 힘껏 주먹을 휘두르거나 낭떠러지에서 뛰어내리며 위험한 상황에 휘말리는 와중에 몸이 움직이면 어떻게 될까? 꿈에서 취하는 행동들이 실제로도 나타나 집 안의 가구가 박살나거나 몸에 상처를 입는 등 큰 위험에 빠지게 될 것이다. 함께 자는 반려동물이나 갓난아이가 피해를 입을 수도 있다. 이러한 일을 방지하기 위해 뇌는 꿈을 꾸는 동안 몸을 마비 상태로 만든다. 꿈속에서 아무리 격렬하게 움직여도 실제 행동으로는 나타나지 않도록 안전 조치를 취하는 것이다.

캐나다의 신경과학자 존 피버John Peever와 퍼트리샤 브룩스 Patricia Brooks 교수에 의하면 꿈을 꾸는 동안 몸이 움직이지 못하게 하는 물질은 신경전달물질의 일종인 글리신과 GABA라고 알려진 감마아미노부티르산이라고 한다. 아미노산 계열의 신경전달물질에는 두 종류가 있는데, 한 가지는 글루탐산염glutamate과 같이 시냅스를 활성화시키는 흥분성 물질이고, 다른 하나는 글리신이나 GABA와 같이 흥분된 시냅스를 안정시키는 억제성 물질이다.

이 두 가지 신경전달물질은 시냅스에서 서로 균형을 맞추어 분비되어 몸을 안정된 상태로 일정하게 유지시키는 항상성에 관여하는데, 이 중 억제성 물질인 글리신과 GABA가 수면 중에 몸의 움직임을 억제한다. 근육으로 내려가는 신호를 차단해 몸이 꿈을 따라 움직이지 않도록 한다. 쥐를 활용한 실험에서 이 물질들을 억제하는 약물을 투여하자, 렘수면 동안 몸의 마비가 일어나지 않았다고 한다. 잠을 자는 동안 말을 하거나 돌아다니거나 주먹질을 하는 등의 렘수면 행동 장애REM sleep behavior disorder는 이 신경전달물질들이 제 기능을 못하기 때문에 발생한다.

그런데 간혹 한창 꿈을 꾸고 있는데 갑자기 의식이 돌아오는 경우가 있다. 렘수면은 아주 얕은 잠이다 보니 꿈을 꾸다 잠에서 깨기도 하는 것이다. 이때 때로는 의식이 돌아왔지만, 여전히 몸은 마비되어 움직일 수 없는 상황이 생긴다. 이것이 바로 수면마비, 즉 가위에 눌리는 현상이다. 무섭거나 불안한 내용의 꿈을 꾸다가 자극이 감당하기 어려운 수준에 이르면 예상치 못한 순간에 갑작스럽게 의식이 수면 위로 떠오르면서 꿈에서 깬다.

이때의 의식은 완전히 회복된 것이 아니라 꿈의 연장선상에 있다. 비몽사몽이라는 말처럼 꿈인지 생시인지 잘 구분이 안 가는 상태에 놓이는데, 따라서 꿈에서 보고 들은 것들이 사라지지 않고 환각이나 환청 상태를 만들어 내는 것이다. 저승사자가 머리맡에 앉아 있거나 검은 그림자가 목을 조르는 것 같은 느낌을 받는 이유도 바로 이 때문이다. 이상한 울음소리나 웃음소리가 들리는 것도 마찬가지이다. 몸이 마비되었으니 목소리가 나오지 않는 것은 당연하다. 소리를 낼 수도, 몸을 움직일 수도 없는 데다 환청과 환각마저 경험하게 되니 귀신이 온몸을 짓누르고 있는 것을 두 눈으로 똑똑히 보았다고 생각하는 것도 그다지 이상한 일은 아니다.

가위 눌림 외에도 수면 장애는 여러 가지 형태가 있다. 잦은 악몽을 꾸는 것, 자다가 갑자기 머리맡 또는 머릿속에서 폭발음이 들려 깨는 것exploding head syndrome, 잠자리에 들거나 잠에서 깰 때 벌레가 몸이나 벽에 기어다니는 모습이나 낯선 사람이 의자에 앉아 있는 모습 같은 환각을 보는 것, 주로 어린아이들에게서 나타나는 야경증, 가위 눌림과는 반대로 렘수면 중에 깨어나 소리를 지르고 주먹질을 하거나 흥분해서 뛰어다니는 렘수면 행동 장애, 자다 말고 일어나 미친 듯이 음식을 먹는 증상, 그리고 아주 흔히 나타나는 불면증 등이 있다. 잠을 깊이 못 자는 것도 수면 장애 중 하나이다.

우리가 잘 아는 몽유병도 수면 장애의 일종이다. 약 15퍼센트에 달하는 성인이 자다 깨어 이상행동을 보인다고 하는데, 몽유병은 일반적으로 뇌는 깊이 잠들었지만 몸이 어느 정도 깨어 있을 때 발생한다. 일반적으로 잠을 자는 동안에는 수의근이 마음대로 움직일 수 없어야 하지만, 억제성 신경전달물질이 제대로 분비되지 못하면서 수의근이 통제되지 않아 이곳저곳 돌아다니게 되는 것이다. 몽유병 환자들의 20퍼센트 가까이가 잠든 상태에서 돌아다니다가 상해를 입었다는 조사 결과도 있다.

오랜 기간 불면증에 시달려 온 나로서는 베개에 머리만 닿아도 정신없이 잔다는 사람들을 볼 때마다 부러움을 느끼지만, 이렇게 많은 수면 장애가 있는 것을 보면 그런 장애 없이 잠을 잘 자는 것만으로도 축복받은 일이라는 생각이 들지 않을 수 없다.

잠이 잘 오게 하는 뇌 습관

그렇다면 수면 장애는 왜 생기는 걸까? 흉한 꿈은 왜 꾸는 것일까? 뇌와 신체의 기능에 이상이 생긴 경우도 있지만, 스트레스를 비롯한 정서 상태와 관련되어 있는 경우도 있다. 여기에서 뇌와 신체의 이상을 논하기에는 한계가 있으므로 후자에 대해서만 살펴보자. 꿈을 꾸는 과정을 유추해 보면 수면 장애가 발생하는 이유를 대략 알 수 있다. 즉 심한 스트레스를 받아서 편도체가 지나치게 활성화되어 있고, 감정적으로 격해져 있는 경우 꿈에 좋지 못한 색채가 덧칠될 가능성이 높다. 이것이 심하면 악몽이나 가위 눌림으로 발전할 수도 있다.

여기에 설상가상으로 시각적으로 자극적인 영상을 보았다면 그 효과가 더욱 커진다. 예를 들어 공포 영화나 잔인한 폭력 영화 등을 보고 잔 날에는 영화 속 장면이 뇌 안에 남아 있다가 정보 처리 과정에서 편도체가 내보내는 불안하고 두려운 감정과 뒤섞여 악몽이 되고 가위 눌림으로까지 이어질 수 있다.

육체적으로 지나치게 피곤한 경우에도 가위에 눌릴 수 있다. 불규칙한 수면으로 극도로 피로한 상태가 되면 가위에 눌리는 빈도가 늘어난다. 가위 눌림이 잦아지면 수면의 질이 낮아지므로 피로감을 느끼게 되고, 기억력과 집중력이 낮아질 수밖에 없다. 이것이 더 심해지면 환청이나 환각 등으로 인해 불안 장애나 공황장애 등 정신 질환에 시달릴 수도 있다. 단순한 수면 장애인 줄 알았던 것이 심리적인 질환으로 전이될 수 있는 것이다.

그러므로 가위 눌림과 같은 수면 장애를 없애려면 잠자리에 들기 전에 공포 영화 등 시각적인 자극을 피하고 숙면을 취할 수 있는 루틴을 만드는 것이 좋다. 잠자리에 들기 한 시간 정도 전부터 조용하고 안정된 환경에서 잠자리에 들 준비를 하는 것이다. 각성을 불러일으키는 과도한 운동이나 텔레비전 시청을 줄이고, 음악을 듣거나 조용한 대화를 나누거나 잔잔한 책을 읽는 것이 좋다. 멜라토닌이 충분히 분비될 수 있도록 자극적인 불빛에 노출되지 않는 것도 중요하다. 당연히 야식도 좋지 않다. 그러나 무엇보다도, 규칙적인 수면을 습관화하고 될 수 있으면 스트레스가 없는 상태에서 잠자리에 들어야 한다.

이왕 꿈 얘기를 했으니 예지몽도 가볍게 살펴보자. 주변에서 예지몽을 꾼다는 사람들을 종종 마주친다. 꿈에서 본 일이 실제로 일어난다는 것인데, 정말 사람이 예지몽을 꿀 수 있을까? 이에 대한 과학적 답은 '아니다'이다. 안타깝게도 인간에게는 미래를 내다보는 능력이 없다. 따라서 꿈에서 미래를 본다는 것 역시 과학적으로 성립할 수 없는 가설이다. 그럼에도 몇몇 사람들이 예지몽을 꾼다고 주장하는 것은 아래의 몇 가지 이유 때문이다.

먼저 어떤 일을 겪고 난 후에 '어? 이거 꿈에서 본 것 같은데?'라고 느낄 때가 있다. 이런 현상은 과거 기억을 현재 상황에 맞게 재구성하기 때문에 일어난다. 대니얼 샥터 교수에 의하면 이는 일종의 기억 왜곡에 해당한다.

두 번째로, 꿈은 아주 많은 정보를 뒤섞어서 만드는데, 그중 일부가 나중에 실제 사건과 비슷해지면 우리는 연결 고리를 거꾸로 만들어 낸다. 하버드 대학교의 디어드레 배럿Deirdre Barrett 교수는 꿈이 현실의 단편들을 활용해 문제 해결이나 시뮬레이션을 수행한다고 보았고, 그중 어떤 것은 현실과 일치하여 예지몽처럼 보일 수 있다고 설명했다.

세 번째로, 칼 프리스턴Karl Friston의 예측 부호화 이론에 따르면, 뇌는 늘 미래를 시뮬레이션하며 오류를 줄이려 한다. 이 과정이 꿈에서도 작동하기 때문에 현실과 맞아떨어질 때 '예지몽 같다'라는 느낌이 드는 것이다. 통계학적인 설명도 있는데, 심리학자인 마이클 셔머Michael Shermer는 예지몽으로 정말 미래를 보는 것이 아니라, 수많은 꿈 중 극히 일부가 우연히 현실과 맞아떨어지는 확률적 현상이라고 설명했다. 사람은 매년 평균 1천 개 이상의 꿈을 꾸는데 그중 일부가 현실과 겹치는 것은 통계적으로 자연스럽다는 이야기이다.

가위에 눌리는 것도 예지몽으로 느껴지는 꿈을 꾸는 것도, 모두 현실이 아니라 뇌 안에서의 정보 처리 과정으로 인해 일어나는 일이라는 것만 알면 될 듯싶다.

시험 보는 날에는 왜 꼭 배가 아플까?

장이 '제2의 뇌'라고 불리는 이유

대학 입학시험이나 채용 면접과 같은 큰일을 앞두고 있던 순간을 떠올려 보시라. 아마 생각만으로도 가슴이 두근거릴지 모른다. 이렇게 긴장을 하면 배가 아파 오는 사람들이 있다. 그 때문에 중요한 일을 망치거나 곤란한 상황에 처하기도 한다. 그다지 예민하지 않은 사람이라고 해도 살면서 한 번쯤 해 보았을 법한 경험이다. 거기다 배가 아프면 기분마저 나빠지곤 한다. 왜 긴장을 하면 배가 아프고 기분이 나빠질까? 장과 감정, 장과 신체, 장과 정신 건강이 서로 연관이라도 있는 것일까? 여기에서는 그 물음에 대해 살펴보도록 하자.

우선 우리 몸에는 몇 개의 뇌가 있을까? 너무 뻔한 질문이라고 웃을지도 모르겠지만, 인간의 몸에는 '눈에 보이는 뇌'와 '눈에 보이지 않는 뇌', 이렇게 두 개의 뇌가 존재한다. 하나는 알다시피 머릿속에 들어 있는 뇌이다. 머릿속에 있는 뇌를 '제1의 뇌'라고 한다면 다른 곳에 있는 뇌는 '제2의 뇌', 혹은 '작은 뇌'라고 할 수 있다. 물론 이것은 실제 뇌가 아니다. 그럼에도 뇌라고 부르는 것은 그 역할이 뇌에 버금갈 만큼 중요하기 때문이다. 그렇다면 제2의 뇌는 무엇일까? 답은 바로 장腸이다.

장은 음식물을 소화시키고 영양분을 흡수하며 찌꺼기들을 몸 밖으로 내보내는 역할을 한다. 장이 없으면 신체와 뇌 활동에 필요한 에너지를 확보할 수 없고, 소화된 음식을 몸 밖으로 배출할 수도 없다. 그러면 몸속에 독소가 쌓여 각종 질병에 시달리게 된다. 따라서 장은 뇌 못지않게 중요한 역할을 한다. 음식물을 섭취하면 장은 그 성분을 분석하여 가장 적합한 분해 효소가 분비되도록 지령을 내린다. 만일 유독한 물질이 유입되면 재빨리 장액을 분비하여 배설물 형태로 몸 밖으로 내보내는데 이것이 바로 설사이다.

장에는 장관 면역 시스템이 갖추어져 있으며 그곳에 체내 면역 세포의 60~70퍼센트가 집중되어 있는데, 소량의 항체가 매일 몇 그램씩 만들어져 병에 걸리지 않도록 해 준다. 그중에서도 장관에서 활약하는 것은 B세포와 형질세포로, 외부에서 침투하는 미세한 위협을 막기 위해 항체를 만들고 몸속으로 흘려 보낸다. 또한 NK**Natural Killer**세포는 온몸을 순찰하는 선천적 면역 전사로, 바이러스에 감염된 세포와 막 돋아난 암세포를 찾아 제거한다.

장 속에는 30~40조 개 정도의 장내 세균이 있는데, 이는 인간의 세포 수와 비슷하거나 조금 더 많은 수준이다. 이 세균들은 역할에 따라 좋은 기능을 하는 유익균, 몸에 해를 끼치는 유해균, 그리고 회색분자인 중간균으로 나뉜다. 같은 균이라도 상황에 따라 유익하게도, 해롭게도 작용할 수 있지만, 대체적으로는 이렇게 분류한다. 유익균과 유해균의 숫자는 비슷하고 중간균의 숫자가 가장 많다. 이 균형이 깨지면 각종 질병이나 질환에 걸리게 된다.

우리가 쉽사리 병에 걸리지 않는 이유는 유산균이나 비피더스균과 같은 장내에 존재하는 유익균이 유해균과 영양을 두고 경쟁하거나 항균물질을 분비하는 등 장을 보호하고 있기 때문이다. 장내 세균이 살고 있는 대장은 뇌와 연결된 자율신경의 지배를 받는데, 스트레스에 민감하게 반응한다. 시험이나 면접을 앞두고 변비나 복통, 설사 증세를 보이는 이유도 불안을 느끼거나 스트레스를 받으면 자율신경이 대장을 자극하기 때문이다.

우리는 흔히 신경세포가 뇌에만 존재한다고 생각하지만, 1억 개 정도의 신경세포가 장에도 분포되어 있다. 뇌에 있는 860억 개가량의 신경세포에 비하면 극소수이지만, 장 신경계**Enteric Nervous System**를 이루며 뇌와 척수의 지배 없이도 자율적으로 활동한다.

따라서 장은 '작은 뇌' 혹은 '장뇌'라고 불릴 정도로 매우 중요한 역할을 한다. 장이 건강하면 뇌를 비롯한 신체 전체가 건강하지만, 장이 건강하지 못하면 뇌도 신체도 건강하지 못하다.

장 신경계에는 그물망처럼 생긴 신경망이 분포되어 있는데, 이들은 하나의 독립된 신경계처럼 작동한다. 스스로 알아서 소화기 내의 기계적, 화학적 환경을 감시하고 이를 통제하여 원활한 내장 운동이 이루어질 수 있도록 조정한다. 하지만 때로는 자율신경계가 장 신경계를 조율하기도 한다. 또한 세로토닌 등 장 호르몬을 직접 조절하고, 식욕을 억제하는 렙틴leptin이나 인슐린insulin 같은 호르몬의 작용과 반응에 영향을 미쳐 신체의 건강 상태를 조절한다. 나아가 아세틸콜린acetylcholine이나 도파민, 노르에피네프린norepinephrine, 산화질소 등 30여 가지 이상의 신경전달물질을 이용하는데, 대부분은 대뇌피질에 있는 신경전달물질과 동일하다.

세로토닌의 경우 뇌의 봉선핵에서 만들어지는 것은 불과 5퍼센트 남짓이고, 나머지 90~95퍼센트는 장에서 만들어져 장의 운동을 촉진하는 역할을 한다. 장에서 만들어지는 세로토닌은 장의 연동운동을 촉진하고 소화 촉진 물질의 분비를 조절하며 장의 감각을 조율하는 역할을 한다. 아쉽게도 장에서 만들어진 세로토닌은 혈액뇌장벽Blood Brain Barrier, BBB을 통과하지 못해 뇌에서 기분 조절 호르몬으로 쓰이지는 못한다. 장에서 세로토닌이 많이 분비된다고 해서 기분이 좋아지지는 않는 것이다.

쾌감이나 즐거움을 느끼게 해 주는 신경전달물질인 도파민 역시 장에서 많은 양이 만들어지는데, 근육 수축을 조절하는 신경 사이에서 신호를 전달하는 역할을 담당한다. 그 외 장의 연동운동을 조절하고 혈류와 염증 반응에도 관여한다. 장과 뇌 사이에는 장뇌 축gut-brain axis이 존재하며 장내 미생물, 장 신경계, 면역 반응, 미주신경, 장 호르몬, 염증 신호 등이 뇌의 감정과 스트레스 반응에 간접적 영향을 준다. 그러므로 장이 건강하지 못하면 감정 상태 역시 좋지 못할 가능성이 높다. 이를 두고 미국의 신경생물학자인 마이클 거숀Michael Gershon은 장을 '제2의 뇌'라고 하였고, 일본의 우에노 슈이치上野修一 교수는 "인생의 운명은 장이 결정한다"라고 말했을 정도이다.

장이 안 좋으면 기분도 나쁘다

뇌와 장은 서로 독립되어 각자 제 기능을 발휘하기도 하지만, 서로 밀접하게 연계되어 소통하기도 한다. 이 두 개의 뇌는 서로 협력하여 신체의 다양한 에너지 수요를 충족시키기 위해 소화를 조절한다. 장에서 보낸 신호는 뇌의 다양한 영역에 도달하는데, 뇌섬엽, 편도체, 해마, 전대상피질 등의 변연계와 전두엽 등이 주요 목적지이다. 모두 자의식이나 감정의 처리, 도덕, 불안 감지,

기억, 의욕 등과 관련 있는 영역이다. 서로가 긴밀하게 협조하며 움직이다 보니 장에 영향을 주는 것은 뇌에도 영향을 주고, 반대로 뇌에 영향을 주는 것이 장에도 영향을 미친다. 그래서 장이 불편하면 만사가 귀찮고 힘든 경우가 많다. 장이 안 좋은 상태가 오래 지속되면 정신 건강에도 영향을 미치고, 정상적인 생활을 하기 어려울 수도 있다.

만성적인 장 트러블은 장뇌 축을 통해 뇌의 정서 회로에 영향을 미친다. 또한 장 염증이 지속되면 체내에 염증 물질이 증가하고, 이것이 편도체, 해마, 전전두엽이 관여하는 뇌의 기분 조절 회로에도 신호를 보낸다. 따라서 장 트러블이 오래 지속되면 우울증이나 불안처럼 감정 상태에 문제가 생길 가능성이 높아진다.

과민성대장증후군 환자에게 우울과 불안이 동반되는 비율이 매우 높은 것도 같은 맥락에서 해석할 수 있다. 우울증에 걸린 쥐들은 모리스 수중 미로Morris water maze에 넣으면 조금 움직이다 금세 헤엄치기를 포기하고 만다. 모리스 수중 미로란 공간 기억을 평가하는 표준 행동 실험 장치이다. 먼저 쥐가 헤엄치기에 적합한 크기로 원형 수영장을 만들고, 바닥의 한쪽 구석에 대피용 발판을 만든 후 바닥을 들여다볼 수 없도록 불투명한 액체를 가득 채운다. 그다음 수영장에 쥐를 풀어 놓으면, 쥐는 물에 젖는 것을 무척 싫어해서 필사적으로 움직이다 발판을 발견하게 되고 그곳으로 헤엄쳐 간다. 이 훈련을 몇 번 되풀이하면 쥐는 학습 효과에 의해 대피용 발판이 있음을 알게 되고, 그것을 빠르게 찾아간다. 우울증이 있는 쥐들은 가만히 있으면 물속에 빠져 죽을 게 뻔한데도 움직이려 하지 않는다. 이때 체내 스트레스 물질의 수치도 높아진다. 이런 모습은 우울증 환자들에게서 나타나는 전형적인 증상과 일치한다. 이들에게 항우울제를 투여하면 이전에 비해 더 오랜 시간 헤엄을 친다.

만약 이런 쥐들에게 항우울제 대신 장에 좋은 유산균을 투여하면 어떻게 될까? 아일랜드의 존 크라이언John Cryan 박사팀은 '락토바실러스 람노서스 JB-1'이라는 장에 좋은 유산균을 우울증을 앓고 있는 쥐에게 투여하였다. 이 물질을 투여받은 쥐들은 장이 더 튼튼해진 것은 물론, 탐색적인 행동이 늘고 스트레스 상황에서 불안 반응도 낮아졌다. 우울증이 치료된 것은 아니지만, 불안 반응이 줄어들고 움직임이 많아진 것이다.

2013년에는 UCLA의 커스틴 틸리시Kirsten Tillisch 교수팀이 사람을 대상으로 장이 뇌에 미치는 영향을 연구했다. 건강 상태가 좋은 36명의 여성에게 발효 우유 기반의 프로바이오틱스를 4주간 섭취하도록 하고, fMRI를 이용해 뇌 기능과 정서 처리 테스트를 실시했다. 4주가 지나자 프로바이오틱스를 섭취한 집단은 전대상피질, 편도체, 뇌섬엽 등 정서와 통증, 신체감각을 담당하는 뇌 영역에서 정서적 자극에 대한 반응이 감소했다. 특히 감정과 통증을 담당하는 뇌 영역이 뚜렷한 변화를 보였는데, 스트레스 자극에 과하게 반응하던 뇌가 좀 더 차분하고 안정적인 반응 패턴을 보인 것이다. 이 결과를 통해 장의 건강이 신체와 정신 건강 모두에 영향을 미친다는 것을 알 수 있다. 장을 '제2의 뇌' 혹은 '작은 뇌'라고 부르는 이유도 이 때문이라 할 수 있겠다.

장은 다양한 뇌 질환과도 관련되어 있을 수 있다. 독일 프랑크푸르트 대학교의 하이코 브라크Heiko Braak 교수가 제시한 브라크 가설에 따르면, 알파시누클레인α-synuclein 응집체가 장 신경계에서 먼저 발생하고, 이것이 미주신경을 따라 장에서 뇌간으로 이동해 파킨슨병을 유발할 수 있다고 한다. 실제로 파킨슨병 환자의 장 점막에서 알파시누클레인 침착이 발견된 사례가 많다. 미주신경을 절제한 환자는 파킨슨병 발병률이 낮다는 연구도 있다. 이 가설은 100퍼센트 검증되지는 않았지만, 학자들 사이에서 강력한 지지를 받고 있다.

장은 팽창이나 스트레칭 같은 기계적 변화와 화학적 신호, 장 내 미생물의 대사산물, 호르몬, 신경 신호 등 장 신경계를 통해 각종 정보를 수집하고 그 정보를 바탕으로 뇌와 소통한다. 건강한 장은 일상적이고 중요하지 않은 정보는 뇌로 전달하지 않고, 장 뇌라고 불리는 자체 신경망을 통해 처리한다. 그러나 평소와 다른 문제나 중요한 일이 생기면 자동적으로 미주신경을 통해 뇌간으로 신호가 전달되고, 이후 시상을 비롯한 다양한 뇌 영역으로 전파된다.

뇌와 장이 긴밀하게 소통하고 협조하는 데에는 뇌 신경의 하나인 미주신경이 결정적인 역할을 한다. 미주신경은 심장이나 폐, 복부의 다양한 장기들에 퍼져 있는 부교감신경인데, 목과 인후두의 감각, 운동, 장기의 상태를 감지하는 신호 등 내장감각을 뇌로 전달한다. 미주신경은 장에서 횡격막, 폐와 심장 사이, 식도를 지나 뇌까지 이어진다. 뇌는 다른 장기들과는 달리 쉽게 접근하기가 어렵다. 두꺼운 두개골 안에 들어 있는 데다 뇌막으로 둘러싸여 있기 때문인데, 이는 몸에 침투한 각종 세균이나 미생물에 감염되는 것을 막기 위해서이다. 그러다 보니 누군가 알려 주지 않으면 뇌는 장에서 무슨 일이 일어나고 있는지 정확히 알 수 없다. 따라서 내장에 분포한 미주신경이 신체의 상태를 뇌에 전달하는 역할을 수행하는 것이다. 장에서 오는 신호의 약 80~90퍼센트를 뇌로 보내고, 뇌에서 장으로 10~20퍼센트 정도의 명령을 보내는 양방향 통로가 바로 미주신경이다.

장이 건강하지 못하면 미주신경이 피곤해질 수 있다. 한 실험에서 피험자의 장 안에 작은 풍선을 넣고 부풀리면서 fMRI 장비를 이용하여 뇌 사진을 찍어 보았다. 건강한 피험자의 뇌 사진에서는 이렇다 할 감정 변화가 보이지 않았지만, 과민성대장증후군 증세를 보이는 환자의 뇌 사진에서는 풍선이 팽창하자 불편한 감정을 관장하는 뇌 영역이 활성화되었다. 건강한 사람이라면 그냥 지나칠 수 있는 작은 정보가 과민성대장증후군을 앓고 있는 사람에게는 뇌에 보고될 만큼 큰 정보로 인식되고, 이는 감정적인 불편함으로 이어질 수 있는 것이다.

장을 돌보는 일은 곧 뇌를 돌보는 일

과민성대장증후군 환자들은 종종 배에 불편한 압박이나 가스가 찬 기분을 느끼고 설사나 변비 증상을 보인다. 또한 이들은 평균보다 자주 불안 장애나 우울증을 호소한다. 위에서 언급한 풍선 실험은 장과 뇌의 소통에 문제가 생길 때 속이 불편하거나 우울한 기분을 느낄 수 있음을 보여 준다. 장은 은연중에 뇌를 압박하여 정서 상태를 바꾸어 놓기도 한다. 즉, 장이 건강하면 기분도 좋아진다.

뇌와 장을 긴밀하게 소통하게 만드는 요인 중 하나는 스트레스이다. 외부에서 자극이 주어지면 뇌는 이에 대응하여 문제를 제거하려고 노력하고, 그 과정에서 에너지를 필요로 한다. 뇌는 전체 에너지의 20퍼센트를 사용하는데, 스트레스 상황에서는 더 많은 에너지를 요구한다. 그러면 뇌는 교감신경을 자극하여 장에 메시지를 전달한다. 메시지를 받은 장은 운동을 억제하고 장액이나 위산의 분비를 줄인다. 이때 장에서의 혈류 흐름도 줄어들어 영양분 흡수가 전체적으로 저하될 수 있다. 이렇게 장 운동을 줄여서 절약한 에너지를 뇌로 보내는 것이다. 그런데 만약 이 과정이 오랫동안 반복되면 장은 불쾌한 감정을 뇌로 전달한다. 만성적인 스트레스 상황에서 피로감을 느끼거나 소화 장애, 식욕 부진 혹은 배변 장애 등이 생기는 이유도 바로 이 때문이다.

장의 건강 상태가 나쁘면 뇌에도 영향을 미친다. 장의 건강 상태가 집중력이나 기억력 등 뇌 기능과 연관되는 것이다. 또한 감정을 관장하는 편도체나 대상피질 등 변연계에도 영향을 미쳐 감정 변화를 일으키며, 앞서 살펴본 것처럼 우울증이나 무기력증 등으로 발전될 여지도 있다. 스트레스에 대한 저항 능력이 저하되는 것도 문제가 될 수 있다. 게다가 면역 기능이 떨어져 각종 질병이나 질환에 쉽게 노출될 우려도 있다.

우리는 뇌의 중요성은 잘 알고 있지만, 자율신경에 의해 자동으로 움직이는 장에는 상대적으로 소홀한 면이 있다. 그러나 장이 불편하면 몸도 뇌도 편할 수가 없다. 장은 그냥 똥만 만들어 배출하는 하찮은 기관이 아니라, 우리 몸의 전반적인 건강과 정서 상태를 좌우하는 중요한 기관이다. 그러므로 장을 잘 관리하는 것이 뇌를 관리하는 것이라는 생각으로 좀 더 신경을 쓸 필요가 있다. 틈틈이 장 마사지 등을 통해 장을 어루만져 주고 더 관심을 갖는다면 장도 훨씬 즐겁게 일할 수 있지 않을까?

매운 음식을 먹으면 스트레스가 확 풀리는 이유

매운 음식이 주는 짜릿한 쾌감

불닭, 불족, 불짜장, 불짬뽕…. 언제부터인가 입에서 불이 난다는 의미의 접두어 '불'을 붙인 매운 음식이 유행하고 있다. 이외에도 실비 김치나 마라탕, 매운 만두처럼 얼얼한 매운맛을 자랑하는 음식들이 넘쳐 난다. 예능 프로그램에서는 매운 음식을 먹으며 고통스러워하는 장면을 심심치 않게 볼 수 있고, 매운 음식을 남김없이 먹는 도전에 나섰다가 실패하는 사람들의 모습도 볼 수 있다. 매운 음식의 인기는 해가 갈수록 높아져, 단순한 유행을 넘어 메가 트렌드가 되어 가고 있다. 심지어 'K-매운맛' 열풍이 외국에까지 퍼져 불닭볶음면 등이 전 세계적인 인기를 얻는 지경이다.

사람들은 왜 매운맛에 집착하는 걸까? 왜 고통으로 얼굴을 찌푸리고 다음날 아침 화장실에서 힘들어하면서도 매운맛을 즐기는 걸까? 매운 음식은 알고 보면 장점이 많다. 매운 음식에 들어 있는 캡사이신capsaicin은 나쁜 콜레스테롤이나 염증 수치를 낮추어 심장 건강을 유지해 준다. 매운 음식을 많이 먹는 사람들은 그렇지 않은 사람들에 비해 대체로 심장마비와 같은 질환에 적게 걸린다. 다수의 연구에 의하면 캡사이신은 암세포를 사멸시키고 전립선, 유방, 대장 등의 부위에서 암의 전이 속도를 늦춰 암을 예방하는 효과가 있다고 한다. 또한 신진대사를 촉진하고 칼로리를 태워 비만을 예방하고, 혈류 흐름을 높여 혈압을 낮춰 주기도 한다. 매운 음식이 건강에 도움이 되는 것이다. 하지만 이는 적당히 즐길 때의 이야기이고, 문제는 일반적으로 이런 이유로 매운 음식을 찾지 않는다는 데 있다.

사람들이 매운 음식을 즐기는 이유 중 하나는 '쾌감' 때문이다. 사람의 미각은 기본적으로 단맛, 짠맛, 쓴맛, 신맛 그리고 감칠맛의 다섯 가지 맛을 느끼도록 되어 있다. 매운맛이 여기에 포함되지 않는 이유는 미각이 아니라 통각이기 때문이다. 즉 '맵다'라는 느낌은 무언가에 부딪히거나 뜨거운 불에 데인 것과 비슷한 고통이다. 매운맛이 입안에 들어오면 혀가 감각을 느끼지 못할 정도로 마비되는 느낌이 든다. 매운맛이 강해지면 뒷골을 바늘로 찌르는 듯한 짜릿함과 통증이 함께 느껴지기도 한다.

매운맛이 주는 통증은 자율신경계인 교감신경의 반응과 관련되어 있다. 교감신경은 분노나 두려움, 불안, 고통과 같은 부정적인 감정을 느꼈을 때 활성화되어 아드레날린성 호르몬을 분비하고 에너지를 발산하는 과정을 촉진한다. 심장은 급작스럽게 뛰고 혈압은 높아지며, 동시에 호흡이 가빠지고 혈관이 수축되어 온몸의 털이 쭈뼛 선다. 몸에서는 땀이 흐르고 입이 바짝 마르며, 근육은 긴장되어 위험으로부터 재빠르게 벗어나거나 맞서 싸울 수 있는 준비 태세를 갖춘다. 내장 운동을 억제하여 소화가 잘 안 되고 배변과 이뇨 작용도 멈추게 된다.

매운 음식에 포함된 캡사이신은 통증 수용체를 자극해 뇌에 통증 신호를 전달하고 스트레스 반응을 유발하여 교감신경계를 활성화시킨다. 이 과정에서 교감신경의 자극을 받은 부신수질은 에피네프린epinephrine을 분비하는데, 이러한 반응은 비교적 짧은 시간 동안 지속된다. 우리 몸은 한쪽으로 치우치지 않도록 항상성을 유지하려는 경향이 있는데, 교감신경 활성으로 흥분 정도가 높아지면 시간이 지나면서 그 반응은 점차 가라앉고, 상대적으로 부교감신경의 활동이 회복된다. 부교감신경은 심박수를 낮추고 소화 기능을 촉진하며 신체를 안정 상태로 되돌리는 역할을 한다. 한편 통증 자극이 발생하면 뇌에서는 이를 완화하기 위해 엔도르핀endorphin과 같은 내인성 오피오이드가 분비된다. 엔도르핀은 '몸 안의 모르핀'이라 불릴 만큼 진통 효과가 강력하며, 통증을 줄이고 안정감과 쾌감을 유도한다.

결국 매운 음식을 먹을 때 나타나는 과정은 '통증-긴장-완화-보상'의 흐름으로 이해할 수 있다. 초기에는 통증과 함께 교감신경이 활성화되어 각성과 흥분이 증가하고, 이어 통증 완화를 위한 엔도르핀 분비와 함께 긴장이 서서히 해소되면서 쾌감이 동반된다. 사람들은 매운맛이 주는 고통 자체보다 그 이후에 찾아오는 상쾌함과 보상감을 경험하기 위해 매운 음식을 찾는 경우가 많다. 개인에 따라 이러한 보상 반응의 강도는 다를 수 있다. 매운 음식을 자주 먹거나 점점 더 강한 매운맛을 찾는 사람들은 통증 자극 이후에 나타나는 보상적 쾌감을 더 크게 경험하는 경향이 있다.

스트레스가 쌓였을 때 매운 음식을 찾는 이유도 이와 유사하다. 이미 긴장 상태에 있는 상황에서 매운 음식을 섭취하면 일시적으로 교감신경 반응이 강화되고 각성이 높아진다. 동시에 통증을 완화하기 위한 엔도르핀 분비가 일어나면서 긴장이 완화되고 기분이 전환된다. 이 과정에서 경험하는 상쾌함 때문에 마치 스트레스가 해소된 것처럼 느껴질 수 있지만, 이는 생리적 긴장과 완화 반응에 따른 일시적 효과에 가깝다.

스트레스를 받으면 왜 배가 고플까?

꼭 매운 음식이 아니라도 사람에 따라서는 스트레스를 먹는 것으로 풀기도 한다. 중요한 시험을 치르거나 짧은 시간 동안 고도의 집중력을 요구하는 일을 하고 난 후에 피곤이 몰려오고 허기가 지는 것을 느껴 봤을 것이다. 친한 친구와 심하게 다투거나 상사에게 심하게 꾸지람을 들은 뒤에도 허기를 느끼는 경우가 있다. 그래서 어떤 사람들은 많은 양의 음식을 먹는 것으로 스트레스를 해소하려고 한다. 당연히 섭취하는 음식의 양도 평소의 식사량보다 훨씬 많아진다.

왜 스트레스를 받으면 허기를 느낄까? 상식적으로는 맛있는 음식을 먹는 것으로 스트레스에 대한 보상을 받고 싶은 심리가 발동되기 때문이라고 생각할 수 있다. 심리적인 허기를 먹는 것으로 채우고 싶어 한다는 뜻이다. 하지만 스트레스를 받았을 때 허기를 느끼는 데에는 보다 과학적인 이유가 숨어 있다.

독일 뤼베크 대학교에서 스트레스가 미치는 영향을 알아보기 위해 간단한 시험을 보는 실험을 실시했다. 시험의 내용은 그리 중요한 것이 아니었다. 피험자들은 18~33세의 건강한 남성들이었는데, 시험에 앞서 혈액을 채취하여 스트레스 수준을 측정했다. 피험자들은 시험을 네 시간 앞둔 시점에서 똑같은 점심을 먹은 후 시험이 모두 끝날 때까지 음식물을 일절 섭취하지 못하도록 지시받았다. 시험을 보는 방에는 가구가 거의 없이 테이블만 놓여 있었다. 테이블 너머에는 흰색 가운을 입은 남녀 시험관이 앉아 있었고, 피험자는 그들 앞에 선 채로 테스트를 받았다. 의도적으로 카메라와 마이크를 설치해 피험자들의 긴장을 유도하였다.

피험자들은 몇 분 동안 자기소개를 하고 시험관들에게 자신의 장점을 설명하였다. 하지만 시험관들은 피험자들의 말을 건성으로 듣거나 차가운 눈빛으로 노골적인 불만을 드러내며 알 수 없는 내용을 기록하였다. 자기소개가 끝난 후에는 곧바로 수학 시험이 이어졌다. 피험자들은 17단계에 걸친 계산 문제를 풀어야 했는데, 답이 틀릴 때마다 앞에 앉은 시험관들에게 경멸 섞인 소리를 들으면서 계산을 처음부터 다시 해야만 했다. 모두 피험자들이 스트레스를 받도록 의도적으로 계획된 것이었다.

10분 동안 이렇게 힘든 상황을 겪게 한 뒤, 피험자들을 옆방으로 데려가서 다시 혈액을 채취해 스트레스 수준을 측정하였다. 단지 10여 분에 불과한 짧은 테스트였던 데다 시험 결과가 아무런 의미가 없음을 잘 알고 있으면서도, 시험을 치르고 난 후 피험자들의 혈액에서는 스트레스 호르몬인 에피네프린과 코르티솔 수치가 매우 높아졌다.

더불어 심장 박동수가 증가하고 불안, 떨림, 땀 흘림 등의 스트레스 반응이 나타났으며, 뇌의 신경세포에 에너지가 부족한 상태인 신경 당결핍neuroglycopenia 증상도 나타났다. 이는 언어 장애나 집중력 저하, 생각의 지체, 시야 흐림이나 어지러움, 힘 빠짐 등을 동반한다. 이러한 결과는 스트레스가 뇌의 에너지 고갈을 가져올 수 있다는 것을 말해 준다.

시험이 끝난 후 연구자들은 피험자들에게 보상 차원에서 풍성한 뷔페를 제공했다. 치즈, 소시지, 빵, 연어, 고기 샐러드, 머핀, 초콜릿, 오렌지 주스 등이 제공되었는데, 피험자들이 식사를 하는 동안 다시 한 번 혈액 채취가 이루어졌다. 이는 스트레스 상황에서 뇌가 얼마나 많은 에너지를 소모하는지 알아내기 위한 것이었다. 혈액 검사 결과, 스트레스를 주는 테스트를 불과 10여 분간 겪었을 뿐이지만, 피험자들은 평균적으로 34그램의 탄수화물을 섭취했다. 이는 하루에 인체에서 필요로 하는 탄수화물 200그램의 6분의 1에 해당하는 양이다. 스트레스를 받는 10분 동안 소비한 에너지가 상상을 초월할 정도로 많았던 것이다. 이렇게 영양분을 보충하자, 피험자들에게서 나타났던 떨림이나 땀 흘림, 피로, 탈진 등의 증상은 모두 사라졌다.

실험은 여기에서 끝나지 않았다. 시험에 참가한 또 다른 그룹이 있었는데, 이 그룹에게는 풍성한 식사 대신 채소와 저칼로리 드레싱을 끼얹은 샐러드 뷔페만 제공했다. 이 집단 역시 시험으로 인해 스트레스를 겪은 후라 배고픔을 느끼며 허겁지겁 샐러드를 먹었지만 기운을 되찾지 못했다. 샐러드 섭취 후 30분 정도가 지나서도 이 집단의 신경 당결핍 증상은 스트레스 경험 직후와 달라지지 않았다. 뷔페 음식에 포도당을 공급해 줄 수 있는 탄수화물이 없었고, 그로 인해 여전히 당이 부족한 상태가 계속되어 어지러움이나 집중력 저하, 언어 장애 등의 증상이 개선되지 않았던 것이다.

'당 떨어진' 뇌가 몸에 보내는 신호

앞서 살펴본 사례를 통해 잔뜩 신경을 쓰며 스트레스를 받으면 배고픔과 피로가 몰려오는 이유를 이해할 수 있다. 시험이 끝난 직후 피험자들이 34그램의 탄수화물을 섭취했다는 것은 시험을 보는 동안 그만큼의 에너지가 소모되었다는 뜻이다. 즉, 뇌에 에너지를 보충해 주어야 하는 상태라는 의미가 된다. 뇌는 에너지가 부족하다고 느끼면 에너지를 보충하기 위해 액션을 취한다.

뇌는 포도당을 유일한 에너지원으로 활용한다. 성인의 경우 하루에 120~130그램의 포도당을 소모한다. 작은 종이컵으로 한 잔 정도 되는 양이라고 보면 된다. 그런데 에너지가 부족해지면 뇌는 스트레스 시스템을 활용해 부족한 영양을 보충하려고 한다. 즉 뇌에 포도당이 부족해지면 시상하부-뇌하수체-부신샘으로 이어지는 스트레스 신경 경로를 통해 췌장에 인슐린 분비를 중지하라는 명령을 내린다.

인슐린은 포도당이 몸속으로 흡수될 수 있도록 도와주는 역할을 한다. 식사를 마치면 혈중 포도당 수치가 높아지는데, 이때 포도당이 세포막으로 흡수되도록 하는 것이 인슐린이다. 인슐린이 없으면 포도당이 세포 안으로 흡수되지 못한다. 거칠게 말하자면 당뇨는 인슐린이 부족해 포도당이 체내로 흡수되지 못하고 소변을 통해 배출되는 증상이라고 할 수 있다. 뇌가 인슐린의 분비를 중지하라는 명령을 내리면 인슐린의 양이 부족해지고 혈액 속의 포도당은 몸으로 흡수되지 못하고 혈류를 타고 뇌로 공급된다.

스트레스를 받으면 뇌는 많은 에너지를 소모할 수밖에 없고, 소모된 에너지를 빠른 시간 안에 보충하지 않으면 신체적인 부작용이 따르게 되므로 다른 신체 기관으로 돌아가야 할 영양소를 자신을 위해 사용하게 한다. 이때 혈류에 포함된 포도당이 부족하면 근육이나 지방, 간 등에 저장되어 있던 에너지가 혈액을 타고 뇌로 공급된다. 그마저 부족해지면 뇌는 음식을 보충하라는 명령을 내리는데, 그러면 '허기'를 느끼게 된다. 허기를 느끼면 외부에서 음식을 조달하여 섭취함으로써 부족한 포도당을 보충한다. 즉, 허기를 느낀다는 것은 뇌에 영양이 부족하다는 의미이다. 이것이 바로 스트레스를 받으면 배고픔을 느끼고 평소보다 많은 음식을 먹게 되는 이유이다.

이러한 작용을 이용해 돈을 버는 곳이 영화관의 간식 코너이다. 요즘 영화관에 가보면 간식 코너가 예전에 비해 훨씬 커지고 간식의 종류도 다양해진 것을 알 수 있다. 촬영 기술과 컴퓨터 그래픽 기술 등이 발달하면서 과거와는 스케일이 다른 공상과학 영화나 판타지 영화가 늘어나고 있다. 무언가 차분하게 생각하면서 감상에 빠질 수 있는 영화들은 상대적으로 적어지고, 상영 시간 내내 극도로 긴장하고 흥분하게끔 만드는 영화들이 많아졌다. 음향 효과도 관객들의 긴장을 유도하도록 과학적으로 만들어진다. 관객들은 그런 영화를 보면서 즐거워하고 한계효용체감의법칙에 따라 자극은 날이 갈수록 점점 그 강도를 높여 가고 있다.

이런 것들은 뇌의 입장에서 보면 모두 스트레스이다. 공포 영화를 보거나 판타지 영화를 보면서 느끼는 긴장감을 뇌는 즐거움이 아니라 스트레스로 받아들인다. 그러면 스트레스를 해소하기 위해 에너지를 집중적으로 소모한다. 이른바 '당이 떨어지는' 것이다. 이때 먹는 음식들은 부족한 당분을 보충해 줄 수 있어야 하므로 팝콘이나 추로스, 버터를 바른 오징어, 탄산음료 등 달달한 것들을 많이 찾게 된다. 공포 영화나 판타지 영화를 보면서 그런 것들을 먹지 않는다고 생각해 보라. 아마도 견딜 수 없을 것이다. 반대로 잔잔한 멜로 영화나 감동적인 드라마를 보면서 간식이 먹고 싶다는 생각이 드는 경우는 많지 않다. 결국 극장의 간식 코너가 성행하는 것은 최근 제작되는 영화의 장르나 형태와도 관련이 있어 보인다.

매운 음식이 주는 가짜 행복감

이처럼 스트레스는 매운 것이든 아니든 무언가 음식을 섭취하도록 만드는 요인이 된다. 하지만 음식을 통해 스트레스를 해소하는 것은 부작용도 있으니 주의해야 한다. 우선 매운 음식을 통한 스트레스 해소는 일시적일 뿐, 근본적인 해결책은 될 수 없다. 물론 순간적으로나마 쾌감을 느끼고 스트레스를 잊도록 만들어주므로 아무것도 하지 않는 것보다는 낫겠지만, 스트레스를 유발하는 근본 원인을 해결하지 않고 매운 음식으로만 일시적인 행복감을 느끼려고 한다면 이는 플라시보placebo, 즉 위약 효과와 다를 바 없다.

또한 엔도르핀은 신경전달물질로 행복감과 안정감을 느끼게 하고 고통을 완화시켜 주는 장점이 있지만, 중독이 될 수 있다는 단점도 있다. 스트레스 상황에 노출될 때마다 매운 음식으로 스트레스를 달래면 엔도르핀이 주는 쾌감에 점차 둔감해지고, 갈수록 더 매운 음식을 찾을 수밖에 없다. 스트레스로 신진대사가 저하된 상태에서 매운 음식의 섭취는 위산의 역류 등 부작용을 초래할 수 있다는 연구 결과도 있다.

매운 음식의 잦은 섭취는 신체와 정신 건강에도 영향을 줄 수 있는데, 특히 암 발생이나 인지 기능에 영향을 주는 것으로 밝혀졌다. 서울아산병원 김헌식 교수팀에 따르면, 매운 음식에 포함된 캡사이신 자체가 발암물질은 아니지만, 과도하게 섭취할 경우 인체 면역 세포인 NK세포의 기능이 떨어져 암 발생 위험이 커진다고 한다. 사우스오스트레일리아 대학교 연구팀이 15년간에 걸쳐 4,500여 명의 중국인들을 대상으로 한 연구에서는 매운 고추를 하루에 50그램 넘게 섭취한 사람들이 그렇지 않은 사람들에 비해 인지 점수의 감소 속도가 유의미하게 빨랐다는 결론이 나왔다. 또한 스스로 기억력이 나빠졌다고 느끼는 자기 보고 기억 저하 비율은 두 배 가까이 증가했다고 한다. 매운 음식을 지나치게 많이 먹는 것이 자칫 인지 기능의 저하와 치매 발병 위험으로까지 연결될 수 있다는 것이다.

이 연구들이 매운 음식이 암을 유발하거나 치매를 일으킨다고 단정하는 것은 아니고 가능성을 제시할 뿐이지만, 건강을 위해서는 지나치게 매운 음식을 즐기는 습관은 지양하는 것이 좋을 듯싶다. 앞서 말한 것처럼 스트레스가 허기를 유발하는 탓에 음식 섭취량이 늘어나 비만을 초래할 가능성도 있다.

스트레스를 받았을 때 먹는 것에 지나치게 의존하기보다는 심신을 이완하고 안정시키는 조치를 취해야 한다. 가장 좋은 방법은 스트레스 요인을 제거하는 것이지만, 말처럼 쉬운 것이 아니므로 일과 활동을 줄이고 억지로라도 휴식을 취하는 등 보다 적극적인 대응이 필요하다. 교감신경을 억제하는 데 도움이 되는 필수 아미노산과 비타민 D, B2, B12, 미네랄, 마그네슘, 아연 등이 포함된 음식을 섭취하는 것도 스트레스 해소에 도움을 줄 수 있다. 물론 긍정적인 태도를 바탕으로 스트레스 해소 방법을 명확히 알고 이겨 낼 수 있다는 생각을 갖는 것이 가장 중요하다.

운동을 하면
'공부머리'가 살아난다?

멍게가 자기 뇌를 먹어 치우는 이유

1982년 프로야구를 시작으로 축구, 농구, 배구, 씨름 등 다양한 종목에서 프로 리그가 출범하였다. 소득이 높아지고 여가 시간이 늘어남에 따라 프로스포츠에 대한 수요는 점점 커지고 있다. 일정 수준 이상의 실력을 인정받는 선수들의 몸값은 직장인과 비교할 수 없을 정도로 높다. 보고 있자면 격세지감을 느낀다. 프로야구가 출범하던 시절만 해도 운동은 머리가 나빠서 공부로는 성공할 가능성이 낮은 아이들이나 하는 것으로 인식되곤 했다. 그랬기에 운동선수들에 대한 인식도 그리 좋지 못했다. 하지만 지금은 가장 선망받는 직업 중 하나가 되었고, 자녀를 운동선수로 키

우고 싶어 하는 부모도 많아지고 있다.

　운동은 정말 머리 나쁜 아이들이 하는 걸까? 여전히 그런 편견에 사로잡혀 있는 사람이 있을지도 모르지만, 성공한 운동선수들은 대부분 머리가 좋다. 생활체육을 강조하는 외국에서는 과학자나 변호사, 의사, 교수 등의 직업을 가진 운동선수들을 쉽게 찾아볼 수 있다. 올림픽에 출전하는 선수들 중에도 그렇게 다른 직업을 가진 이들이 꽤 많다. 어릴 때부터 학교 공부보다는 운동에만 전념하는 엘리트 스포츠 위주인 우리나라의 특성상 어색하게 느껴질 뿐이다. 하지만 지금은 우리나라에서도 학업을 이수해야 경기 출전이 가능하도록 바뀌는 등 기본 교육에 충실할 것을 요구하고 있으니, 변호사 야구 선수나 의사 축구 선수, 교수 농구 선수 등이 나타날지 모를 일이다.

　공부를 잘하는 사람들이 운동마저 잘한다니, 부럽기만 하다. 운동과 공부 사이에 무슨 상관관계라도 있는 것일까? 운동을 열심히 하면 뇌도 같이 발달하는 것일까? 그렇다. 운동과 학습 능력은 아주 밀접한 관계가 있다. 뇌와 신체는 연결되어 있기 때문에 분리하여 생각할 수 없고, 몸을 움직이는 것은 뇌를 건강하게 만드는 최상의 방법이다.

　멍게는 유생 시절에는 바닷속을 헤엄치고 돌아다니며 먹이를 섭취하지만, 다 성장하면 바위에 달라붙은 채로 미립자를 걸러 영양을 보충한다. 따라서 한번 정착하면 그 자리에서 움직이지 않는다. 한 곳에 자리를 잡은 멍게는 제일 먼저 자신의 뇌를 먹어 치운다. 움직이지 않으니 움직임을 관장할 뇌도 필요 없기 때문이다. 이렇게 태어난 지 얼마 되지 않은 유생 시절에는 있던 뇌가 성체가 되면 사라진다.

멍게를 통해서도 알 수 있듯, 뇌는 신체의 움직임과 밀접한 관계가 있다. 신경과학자인 대니얼 울퍼트**Daniel Wolpert**는 테드**TED** 강연에서 "뇌의 궁극적인 목적은 환경에 맞춰 움직임을 만들어 내는 것"이라고 했다. 그의 말처럼 뇌에서 이루어지는 모든 일은 신체의 움직임을 위한 것이다. 따라서 만일 신체 움직임이 필요하지 않다면 뇌도 필요 없게 된다.

그렇다면 운동은 뇌에 어떤 영향을 미칠까? 1980년대까지만 해도 뇌에서는 새로운 신경세포가 만들어지지 않는다고 믿었지만, 1990년대 이후로 뇌에서도 새로운 신경세포가 꾸준히 생성되는 것이 관찰되었다. 해마의 치상회**dentate gyrus**라는 곳에서 끊임없이 새로운 줄기세포가 만들어지고, 이것이 신경세포로 발달하여 노화하는 뇌세포를 대체하는 것이다. 운동은 이렇듯 새로운 신경세포가 만들어지는 작용을 원활하게 해 준다.

운동을 하면 뇌도 튼튼해진다

미국 솔크 생물학 연구소의 프레드 게이지Fred Gage 박사는 여러 마리의 쥐를 두 그룹으로 나눈 후, 각각 쳇바퀴가 있는 우리와 쳇바퀴가 없는 우리에서 45일간 사육하였다. 쳇바퀴가 있는 우리에서는 쥐들이 원하는 만큼 자유롭게 운동을 할 수 있었지만, 쳇바퀴가 없는 우리에 갇힌 쥐들은 전혀 운동을 할 수 없었다.

45일이 지난 후 게이지 박사는 모리스 수중 미로를 이용하여 쥐들의 지능을 측정하였다. 쥐가 물에 들어간 후 헤엄쳐서 발판에 오르기까지 걸리는 시간과 거리를 측정한 결과, 똑똑한 쥐일수록 도달 시간과 이동 거리가 짧았다. 연구팀은 실험을 마친 쥐에게 BrdU라는 특수 물질을 투여한 후 뇌를 관찰했다. BrdU는 세포분열의 흔적을 추적하거나 새로 생성된 신경세포를 확인할 수 있게 해 주는 특수 물질이다. 뇌의 신경 가소성이나 신경 생성 연구에서 핵심 지표로 사용되곤 한다. 그 결과 모든 쥐의 해마에서 노란색으로 빛나는 신경세포가 발견되었다. 이는 쥐들의 뇌에서 새로운 신경세포가 만들어졌음을 나타낸다.

놀라운 것은 운동을 한 쥐의 해마에서는 운동을 하지 않은 쥐에 비해 신경 생성이 무려 15퍼센트나 더 활발하게 일어났다는 점이다. 즉 운동이라는 경험이 해마의 치상회 신경세포 수를 늘려 그 부피를 15퍼센트나 증가시킨 것이다. 이렇게 신경세포가 늘어난 쥐들은 상대적으로 짧은 시간에 발판을 찾아갔다. 이 실험을 통해 운동이 신경세포의 형성과 두뇌 회전을 촉진해 기억력과 인지 속도를 높여 준다는 것을 알 수 있다. 운동을 하면 머리가 좋아질 수 있는 것이다.

운동은 신체의 혈류 대사를 빠르게 만들어 주는데, 신체 내의 혈류가 증가하면 신경세포 활성화에 가장 중요한 네 가지 영양 요소인 BDNF, IGF1, VEGF, FGF라는 펩티드(두 개 이상의 아미노산 분자로 이루어진 화학물질) 호르몬이 방출된다. 이 호르몬들은 뇌 성장을 촉진하는 영양제라고 할 수 있는데, 이것들이 어떻게 작동하는지 살펴보도록 하자.

우선 BDNF는 뇌유래신경영양인자Brain Derived Neurotrophic Factor의 줄임말인데, 신경세포를 성장시키고 시냅스를 만드는 영양소이다. 또한 뇌가 학습한 내용을 기억하도록 하는 데 큰 역할을 담당한다. 시냅스 주변에 모여 있다가 운동으로 혈류가 왕성해지면 대량으로 방출되어, 표적이 되는 신경세포를 성장시키는 DNA의 스위치를 켜서 뇌를 튼튼하게 키워 주는 성장촉진제처럼 기능한다. 요즘에는 이런 성분이 포함된 영양제도 판매되고 있다.

IGF1은 인슐린유사성장인자Insulin-like Growth Factor 1를 줄인 것으로, 운동을 하며 근육을 움직일 때 간에서 방출된다. 보통 몸에서 만들어진 호르몬은 미생물로 인한 감염을 막기 위해 뇌의 검문소인 혈액뇌장벽에서 뇌로 들어갈 수 없도록 차단된다. 하지만 간에서 만들어진 IGF1은 혈액뇌장벽을 통과해 뇌 안으로 들어가 신경세포에 작용하여 포도당이 원활하게 공급되도록 돕는다. 또한 신경세포를 자극해 신경전달물질인 세로토닌의 생성을 돕고, 신경세포 표면에서 BDNF를 찾아내는 수용체의 수를 늘려 주며, 시냅스를 강화하는 막중한 임무를 수행한다. IGF1이 BDNF의 수용체를 늘려 BDNF의 효과가 높아지는 것이다.

신경세포를 새로 만들거나 새로운 신경세포에 에너지원을 공급하려면 혈액이 영양소와 산소를 뇌에 원활하게 공급해 주어야 한다. 이때 혈액을 실어 나르는 것이 모세혈관이고, 이 모세혈관을 만들 때 꼭 필요한 물질이 VEGF이다. VEGF는 혈관내피성장인자Vascular Endothelial Growth Factor의 줄임말로, 혈액뇌장벽을 열어 간에서 만들어진 IGF1이 뇌 안으로 침투할 수 있도록 도와준다. 운동으로 산소가 소비되어 근육 내에 산소가 부족할 때 VEGF가 방출되어 새로운 모세혈관을 만들어 내는 것이다. 또한 섬유모세포성장인자Fibroblast Growth Factor라고도 하는 FGF도 신경세포가 증식하는 데 필수적인 호르몬으로 시냅스를 강화하는 중요한 임무를 맡고 있다.

이렇게 운동은 직접적으로 학업 성적을 향상시키지는 못하지만, 학습 효과가 높아질 수 있는 기반을 만들어 준다. 씨를 뿌리기 위해서는 먼저 땅을 갈아야 하는 것처럼, 운동은 뇌가 학습한 내용을 잘 받아들일 수 있도록 뇌를 말랑말랑하게 만든다.

수학 공부하기 전에 운동을 하라고?

운동을 통해 학업 성적을 높인 사례는 꽤 많다. 미국 일리노이 주에 있는 센트럴 고등학교에서는 1교시 시작에 앞서 체육 수업을 실시하였다. 학생들은 자신의 최대 심장박동 수치의 80~90퍼센트 수준으로 달려야만 했다. 즉, 거의 전력을 다해 운동을 했다는 것이다. 이렇게 한 학기 동안 운동을 한 후 실시한 학기말시험에서는 0교시 체육 수업을 받지 않은 학생은 성적이 10.7퍼센트 향상되었지만, 0교시에 체육 수업을 받은 학생은 성적이 17퍼센트나 향상되었다.

일리노이 주에 있는 네이퍼빌 고등학교에서도 비슷한 성과를 거두었는데, 성적 향상이 우연이 아님을 증명하기 위해 네이퍼빌 고등학교는 1999년에 전 세계 38개국, 23만 명 학생들의 수학과 과학 성취도를 평가하는 팀스TIMSS에 참가했다. 네이퍼빌 고등학교 2학년의 97퍼센트가 참여한 결과 과학에서는 세계 최고의 자리를 차지했고 수학에서는 싱가포르, 한국, 대만, 홍콩, 일본에 이어 6위에 올랐다. 이전과 달라진 것은 단지 수업 전에 운동을 하도록 한 것뿐이지만 학생들의 성적이 극적으로 향상된 것이다.

덴마크와 네덜란드에서는 초등학교 저학년 학생들에게 수학 시간에 많은 신체 활동을 하도록 했다. 그 결과 신체 활동이 없었던 대조군에 비해 성적이 유의미한 수준으로 향상되었다. 스페인에서는 중학생들을 3개 그룹으로 나누어 1그룹은 주 4회의 평범한 체육 수업, 2그룹은 주 4회의 고강도 체육 수업을 받게 하고, 대조군은 기존대로 체육 수업을 주 2회만 받도록 하였다. 그 결과 고강도 체육 수업을 받은 2그룹은 인지능력과 학교 성적에서 대조군 대비 유의미한 향상을 보였다.

우리나라에서도 수도권 중학교 세 곳에서 0교시에 체육 수업을 진행하고 참여 여부에 따라 신체 활동량과 학업 성취도, 학습 태도와 정서 안정성 등을 조사하였다. 그 결과 체육 수업에 참여한 학생들이 신체 활동 수준이나 학업 성취도, 학습 태도와 정서 안정성 등 모든 측면에서 참여하지 않은 학생들에 비해 좋은 것으로 나타났다.

이러한 결과들은 운동이 학습 성과를 향상시키는 기반을 형성하는 데 큰 효과가 있음을 나타낸다. 운동을 한 후 fMRI를 이용하여 뇌를 촬영해 보면 해마의 혈류량이 크게 늘어났음을 알 수 있다. 혈액의 흐름이 빠르다는 것은 그만큼 뇌가 활발하게 활동하고 있다는 의미이다. 즉, 혈류량이 증가했다는 것은 해마에서 새로운 신경세포가 훨씬 더 많이 생겨나고 있는 증거가 된다. 운동을 통해 학습과 기억에 직접적으로 관여하는 해마에서의 신경세포 생성이 촉진되면서 새로운 내용을 학습할 때 그것을 수용할 수 있는 능력이 향상되는 것이다.

기억력과 집중력을 높이고 싶다면

운동은 체내 신경전달물질의 분비에도 변화를 가져온다. 운동을 하면 행복감을 느끼게 해 주는 엔도르핀 분비가 늘어난다. 엔도르핀의 증가는 학습에 알맞은 정서 상태를 만들어 준다. 또, 세로토닌도 이전보다 많이 분비되는데, 세로토닌은 각성 상태를 높여 주고 기분을 명랑하게 만든다. 또한 신체 활력을 높여 주고 정서적인 만족감을 느끼게 한다. 세로토닌이 부족하면 전전두엽의 기능이 약화되어 논리적인 사고를 하기 어려워지고, 판단력과 집중력 등이 저하된다.

도파민도 증가한다. 도파민은 주의를 한 곳에 집중시키고 만족감, 성취감 등을 느끼게 만들어 주는 신경전달물질이다. 도파민이 많아지면 학습에 집중하거나 몰입하기에 유리해진다. 운동을 하면 노르에피네프린의 분비 역시 늘어난다. 노르에피네프린은 긴장 상태에서 분비되는 교감신경계 물질로 각성 상태를 길게 유지하는 역할을 한다. 뇌가 더 빨리 일할 수 있도록 돕고 기분을 띄워 주며, 집중이 잘 되도록 만들어 주는 것이다.

운동은 소뇌의 기능 또한 향상시킨다. 소뇌는 생각의 협응이나 정보 처리, 체계적인 사고 같은 것들을 관장한다. 운동을 하면 소뇌의 혈류 흐름이 빨라지고 활성도가 높아져 정보 처리 속도와 흡수 속도가 빨라지게 된다.

또한 운동은 스트레스 저항 능력에도 도움이 된다. 스트레스로 인해 신경세포가 사멸하는 것을 막아 신경세포 간 시냅스가 형성될 가능성을 높인다. 이렇게 되면 학습 효과도 함께 좋아진다. 요즘 학생들은 점점 더 과중한 스트레스에 짓눌리고 있다. 이러한 상황에서 무조건 책상 앞에 앉아 공부만 하라고 다그치기보다는 잠깐씩 짬을 내어 운동을 시키는 것이 스트레스 완화에 효과적이다.

나아가 운동은 불안감을 해소하는 효과도 있다. 한 연구팀이 자주 불안감을 느끼면서도 따로 운동을 하지 않는 사람들을 모집했다. 이들을 무작위로 두 그룹으로 나눈 뒤 2주간 6번, 한 번에 20분씩 운동을 하도록 했다. A그룹은 최대 심박수의 60~90퍼센트를 유지하면서 러닝머신을 달리게 했고, B그룹은 최대 심박수의 50퍼센트 수준이 되도록 천천히 러닝머신 위를 걷게 했다. 2주가 지난 후 양쪽 그룹 모두 불안 민감성이 줄어들었는데, 높은 강도로 운동을 한 그룹에서 효과가 더 빠르고 강하게 나타났다.

집중력이 낮거나 공부에 어려움을 겪는 아이를 비싼 돈을 주고 학원에 보내는 것보다 하루 한 시간 정도씩 운동을 시키는 것도 괜찮은 방법이다. 앞선 결과들이 보여 주듯, 운동을 하면 학습에 대한 의욕이 생기고 뇌도 그에 최적화되어 학습 효과가 높아질 수 있기 때문이다.

몸과 뇌는 밀접한 관련이 있다. 몸을 잘 움직여 주면 뇌를 활성화시킬 수 있고, 활성화된 뇌는 새로운 학습 내용을 받아들일 여력이 많아진다. 그러니 아이들을 숨 쉴 틈도 없이 학원으로만 돌리는 대신 땀을 흠뻑 흘릴 정도로 운동할 수 있는 기회를 만들어 주는 것도 효과적인 학습 전략의 하나가 될 것이다.

고스톱은 정말 치매 예방에 도움이 될까?

늘어나는 치매 환자들

의학 기술이 발달하면서 인간의 평균 수명도 급속히 늘어나고 있다. '100세 시대'라는 말이 등장할 정도이다. 그러나 불행하게도 수명이 늘어나면서 치매 환자의 숫자도 늘고 있다. 통계에 따르면 65세 이상 인구의 5~8퍼센트, 80세 이상의 15~25퍼센트가 치매를 앓고 있으며, 85세가 넘어서면 그 비율이 30~40퍼센트에 이를 정도라고 한다. 고령화사회를 넘어 초고령사회를 향해 빠르게 달려가는 우리나라의 경우, 치매 환자가 앞으로 더욱 늘어나 심각한 사회 문제를 야기할 것으로 예상된다. 이 글을 쓰는 나를 비롯하여 누구든 치매에 걸릴 가능성이 있기 때문에 안심할 수 없다.

　일부 의사들은 치매를 예방하기 위해 고스톱과 같은 활동을 하는 것이 좋다고 이야기하기도 한다. 그래서인지 노인 회관에 가면 어르신들이 모여서 고스톱을 치는 모습을 어렵지 않게 찾아볼 수 있다. 그런데 고스톱을 치는 것이 정말 치매 예방에 도움이 될까? 어느 정도는 도움이 될 수 있겠지만, 그것만으로는 충분하지 않다. 나이 든 사람들 스스로 치매의 무서움에 대해 인지하고 그것을 예방하기 위한 적극적인 노력이 필요하다.

　우선 치매가 무엇인지부터 알아보자. 치매는 후천적이며 지속적인 신경 퇴행성 질환인데, 크게 네 가지 종류로 나눌 수 있다. 가장 흔하게 볼 수 있는 것이 우리가 알츠하이머라고 알고 있는 치매이다. 베타 아밀로이드β-amyloid 혹은 아밀로이드 베타 플라크라고 하는 변형된 단백질이 분해되지 않고 뇌 속에 침착하면서 시냅스를 파괴하고 신경 회로의 연결을 끊어 놓는 것이다. 사고력이나 판단력, 기억력 등을 담당하는 대뇌피질의 세포들이 점차 소실되면서 기억 능력, 언어 능력, 방향이나 시간을 인지하는 지남력 등이 상실되는 증상이 나타난다. 아침을 먹었는지 도무지 기억이 나지 않거나, 외출했다가 집을 찾아오지 못하는 것 등이 이로 인한 증상이다. 알츠하이머병의 원인은 아직 밝혀지지 않았지만, 학습과 기억에 관여하는 신경전달물질인 아세틸콜린의 감소, 또는 당뇨에 의해서도 발생할 수 있다.

두 번째는 루이소체형 치매이다. 알파시누클레인이라는 단백질이 비정상적으로 뭉쳐 루이소체lewy body라는 구조물을 형성하고, 이것이 대뇌피질이나 변연계, 뇌간 등 뇌의 여러 영역에 축적되면서 발생하는 퇴행성 질환이다. 역시 정확한 원인은 아직 밝혀지지 않고 있는데, 이 치매에 걸리게 되면 하루에도 몇 번씩 좋았다 나빴다를 반복하는 인지 기능 변동, 환시, 경직이나 느린 움직임, 파킨슨병 증상 등이 나타나며 렘수면 행동 장애도 동반한다. 렘수면 행동 장애는 렘수면 상태에서 몸이 움직이고, 때로는 꿈의 내용을 몸으로 나타내는 수면 장애이다. 주먹을 휘두르고 옆사람을 발로 차거나 침대에서 떨어지는 등의 증상이 나타난다.

세 번째는 전두측두형 치매이다. 이 병은 타우tau라는 단백질로 만들어진 픽체pick body가 신경세포 안에 축적되어 세포 기능을 방해하고, 이로 인해 전두엽과 측두엽의 뇌세포가 위축되는 양상을 보인다. 이 경우에는 기억력보다 성격이나 행동 변화가 먼저 나타난다. 사회적 판단력이 붕괴되고 고집을 부리거나 집착이 늘어나며, 타인에 대한 공감 능력이 감소한다. 감정 억제가 잘 이루어지지 않아 충동적으로 행동하거나 폭력성을 드러내기도 한다.

마지막으로 뇌혈관성 치매가 있다. 이는 혈관성 손상, 즉 혈관 막힘이나 허혈, 미세 출혈 등이 누적되어 나타난다. 뇌경색이나 뇌졸중 등으로 인해 뇌의 동맥이 막히고 영양분이나 산소가 원활하게 공급되지 않아 신경세포가 사멸하거나 붕괴되면서 발병한다. 작은 혈관이 막히면 손상되는 뇌세포의 수가 적기 때문에 당장은 증상이 나타나지 않지만, 이것이 누적되면 결국 치매로 발전한다. 이 병에 걸리면 의욕이 없어지고 감정 표현이 줄어들어 조용해지는 경우도 있고, 반대로 화를 내거나 충동을 억제하지 못하기도 한다. 몸의 움직임이 둔해지기 때문에 종종걸음을 걷는 등 신체 움직임에도 변화가 나타난다.

여기서 한 가지 짚고 넘어가야 할 것이 있다. 치매는 정확한 의학적 용어가 아니라는 것이다. 치癡와 매呆는 모두 '어리석다'라는 의미의 한자어인데, 당사자들이 치욕스럽게 여길 수 있을 뿐만 아니라, 증상에 대한 정확한 표현이 아니다 보니 치료에도 혼란을 줄 수 있다. 그래서 최근에는 치매 대신 증상을 정확히 표현할 수 있는 용어를 사용하는 경우가 많다. 일본에서는 인지증認知症, 대만에서는 실지증失智症, 홍콩에서는 뇌 퇴화증, 미국에서는 주요 신경 인지 장애 등으로 부르고 있다. 우리나라에서도 치매를 뇌 인지 저하증 등의 새로운 용어로 바꾸어야 한다는 논의가 진행 중이다.

치매가 무서운 이유는 환자 당사자뿐 아니라 주변 사람들의 삶까지 파괴하기 때문이다. 집안에 치매 환자가 한 명이라도 있으면 모든 가족들의 삶이 정상적으로 굴러가기가 어렵다. 그로 인한 정신적인 고통이 너무나 심해 극단적인 선택을 하는 사람들도 있을 정도이다. 그만큼 치매는 자신은 물론 주위 사람들을 힘들게 만들고, 막대한 사회적 비용을 야기한다. 시간이 지날수록 치매 환자가 점점 증가할 것으로 예상되는 만큼 예방에 힘을 기울여야 한다.

노화 속도를 늦추는 두뇌 훈련

치매를 예방할 수 있을까? 뇌과학을 공부한 입장에서 보자면, 예방할 수 있다. 그렇다면 치매 예방을 위해서는 어떻게 해야 할까? 위에서도 잠깐 언급했지만, 치매는 개인이 그 위험성을 인지하고 적극적으로 노력하는 것이 가장 중요하다. 알츠하이머병과 같은 질병은 잠복기를 거쳐 발현하는 데까지 10여 년 이상의 꽤 오랜 시간이 걸리지만, 최근에는 30대나 40대에도 증상이 나타나는 사람들이 많아지고 있다. 따라서 젊다고 해서 무조건 안심할 것도 못 된다. 나이에 관계없이 꾸준히 노력하는 수밖에 없다.

치매를 예방하기 위해 가장 신경 써야 할 것이 적극적으로 정신 활동을 하는 것이다. 사회봉사에 참여하거나 많은 사람들과 함께 어울리고, 독서 등을 통해 뇌를 지속적으로 활용하는 것이 필요하다. 의사들이 고스톱을 치라고 하는 것도 고스톱이 사고력과 판단력 등 뇌 활동을 활발하게 하기 때문인데, 그 정도의 뇌 활동으로 치매가 예방된다면 이렇게까지 사회적으로 큰 이슈가 되지 않았을 것이다. 그보다 훨씬 적극적인 정신 활동이 필요하다. 이러한 정신 활동은 놀랍게도 치매가 진행된 상태에서도 뇌가 정상적으로 작동할 수 있도록 해 준다.

켄터키 대학교의 데이비드 스노든David Snowdon 교수팀은 678명의 가톨릭 수녀들을 장기간 추적하며 뇌가 어떻게, 그리고 왜 노화하는지를 살펴보았다. 생활양식이나 교육 수준, 건강 접근성 등이 비교적 균질한 집단이었기에 역학적인 신호가 더 뚜렷하게 보일 수 있다는 판단에서 수녀들을 연구 대상으로 삼은 것이었다. 연구팀은 임종 후에 뇌를 기증받기로 약속했다.

이 연구를 통해 밝혀진 사실이 몇 가지 있는데, 그중 한 가지는 젊은 시절에 자서전에 쓴 문장에 담긴 생각의 밀도와 수십 년 뒤의 인지 기능이 놀라울 정도의 연관성을 보였다는 것이다. 젊은 시절에 생각의 밀도가 높은 수녀일수록 노년 인지가 좋았고, 치매의 위험으로부터 안전했다. 반면 생각의 밀도가 낮은 수녀들은 노년의 인지 기능이 상대적으로 나빴고, 치매에 걸릴 위험도 컸다. 이 연구를 통해 젊은 날의 언어 능력과 평생의 배움, 가르침, 정서 등과 노년의 인지 기능이 서로 촘촘히 얽혀 있다는 결론을 얻을 수 있다.

그중 베르나데트라는 가명으로 알려진 한 수녀의 이야기는 놀라움을 안겨 준다. 임종 후 뇌를 부검해 본 결과, 베르나데트 수녀는 알츠하이머병이 심각한 수준에 이른 상태였다. 하지만 놀랍게도 임종할 때까지 어떠한 증상도 보이지 않았다. 놀라운 사례는 또 있다. 메리 수녀 역시 임종 후 진행된 부검에서 알츠하이머성 플라크와 신경섬유 매듭이 상당량 발견되었다. 병리학적으로는 분명 치매 증상이 뚜렷하게 나타났어야 하지만, 일상생활에서는 전혀 그런 모습을 찾아 볼 수 없었다. 매년 치른 인지 검사에서 항상 최상위권 점수를 유지했으며, 매우 명확한 언어를 구사했다. 100세를 바라보는 나이에도 독서를 즐기고 명확한 사고를 유지하여 주변 사람들 모두 "믿을 수 없을 정도로 정신이 또렷했다"라고 평할 정도였다.

다른 사례도 있다. 런던에서 은퇴한 어느 교수는 체스 두기를 좋아하여 꾸준히 실력을 연마하였다. 그러던 어느 날, 일곱 수 앞을 내다볼 수 있었던 체스 실력이 퇴화하여 네 수 정도만 보이는 것을 알아차렸다. 그는 걱정이 되어 대학 병원 신경과 교수를 찾아갔지만, 특별한 이상은 발견되지 않았다. 치매 여부를 판별하기 위한 종합 검사를 무난히 통과하였고, 뇌 스캔도 정상이었다. 이후 그는 죽는 날까지 체스를 두고 책을 읽으며 음식을 요리하고, 컴퓨터를 새로 배우기도 하였다. 몇 년 후 그는 뇌와 무관한 원인으로 사망하였는데, 부검 결과 알츠하이머병 말기였던 것으로 판명났다.

베르나데트 수녀나 메리 수녀, 런던의 은퇴 교수가 놀라운 것은 그들이 이미 알츠하이머병에 의해 뇌가 심각하게 손상된 상태였음에도 죽을 때까지 별다른 증상 없이 건강하게 살았다는 것이다. 〈뉴욕타임스〉의 기자였던 바버라 스트로치Barbara Strauch는 이를 '인지적 비축분cognitive reserve'이라고 명명했다. 평소 꾸준하게 공부를 하고 뇌를 활용하면 뇌가 필요할 때 차출하여 사용할 수 있도록 더욱 강하고 효율적인 연결망이나 복구 시스템을 비상용으로 비축해 둔다는 개념이다. 이러한 인지적 비축분 덕분에 알츠하이머병에 걸렸음에도 특별한 증상 없이 건강한 삶을 살 수 있었다는 것이다. 이렇게 인지적 비축분을 갖기 위해서는 꾸준히 공부하고 고도의 정신 활동을 통해 뇌를 단련해야 한다.

의학 저널 〈랜싯The Lancet〉이 조사한 '치매를 불러올 수 있는 14가지 요인'에는 '교육 기회의 부족'이 포함되어 있다. 교육을 많이 못 받을 경우 치매에 걸릴 확률이 높아진다는 것이다. 어린 시절에 교육 기간이 짧을수록 인지적 비축이 약해져 노년기의 저항력이 떨어진다는 것인데, 이는 여러 학자들이 반복적으로 증명한 사항이다. 1980년대 말에 중국 상하이에 거주하던 사람들을 대상으로 조사한 바에 따르면 교육을 전혀 받지 못한 사람들이 초등학교나 중학교 교육을 받은 사람들에 비해 치매에 걸릴 확률이 유의미한 수준으로 높았다. 1998년에 진행된 연구에서는 학교교육을 전혀 받지 못한 집단이 중등교육 이상을 받은 집단에 비해 2~3배 높은 치매 발병률을 보였다.

사실 생각해 보면 당연한 이야기이다. 공부는 뇌의 기능을 최대로 활용하는 활동이다. 무언가를 배우고, 정보를 받아들여 기억하고, 그것을 인출하여 활용하고 응용하는 과정에서 뇌의 거의 모든 영역을 활용하게 된다. 새로운 것을 학습하면 뇌 안에서는 새로운 신경 회로가 만들어지고 그것을 자주 사용하면 신경 회로의 연결은 더욱 강화된다. 특히나 학습을 잘하기 위해서는 작업 기억이 뛰어나야 하는데, 여기에는 전두엽과 해마가 관여한다. 그런데 노화의 영향을 가장 많이 받는 부위가 이 두 영역이다. 따라서 학습을 하면 전두엽과 해마를 활성화해 노화 속도를 늦출 수 있다. 결국 교육 기회가 부족하면 뇌를 활성화할 기회 역시 그만큼 놓치는 셈이다.

정리하면 적극적이고 수준 높은 인지적 훈련을 많이 할수록 뇌를 알츠하이머병과 같은 질병으로부터 더 안전하게 보호할 수 있다. 나이가 들어서도 적극적으로 새로운 지식을 배우면 뇌를 건강하게 유지할 수 있고 치매 예방에 도움이 된다. 일본 NHK 방송에 따르면 문자를 읽거나 쓸 수 없는 것이 치매 위험으로 이어진다고 한다. 고스톱과 같은 활동이 어느 정도는 뇌를 보호하는 효과가 있겠지만, 할 수 있다면 그보다 수준 높은 방법으로 뇌를 활용하려는 노력이 필요하다.

치매를 예방하는 생활 습관

인지 활동 외에 치매를 예방하기 위해 유산소운동과 식습관 개선 등 생활 습관에도 신경을 써야 한다. 유산소운동은 뇌로 가는 혈관을 확장시켜 산소와 혈류의 양을 늘려 준다. 신선한 산소 공급은 뇌 활동에 필수적이며, 혈류를 통해 공급되는 영양분은 전기적, 화학적 에너지의 원천이 된다. 또한 유산소운동은 신체의 물질대사를 촉진하고 스트레스에 대한 저항성을 높여 주어 심신을 건강한 상태로 유지할 수 있도록 해 준다.

무엇보다 유산소운동이 중요한 이유는 일생 동안 지속되는 신경세포의 생성을 촉진하고, 뇌세포의 수가 줄어드는 것을 방지하는 역할을 하기 때문이다. 인간의 뇌세포는 평생에 걸쳐 끊임없이 생성되는데, 운동을 하지 않으면 새로 생성된 세포가 쉽게 사라진다. 그러나 유산소운동을 하면 해마에서 생성되는 신경세포가 사멸하지 않고 살아남아 필요한 영역에 쓰이는 과정이 촉진된다. 따라서 운동은 뇌의 노화를 늦출 수 있다. 또한 나이가 들면서 점차 효율이 떨어지는 가소성과 뇌의 수초화를 유지시켜 주어, 뇌를 젊은 상태로 유지할 수 있게 해 준다.

식습관도 치매 예방에 중요한 역할을 한다. 세계적인 장수 국가로 알려진 일본인들의 식습관을 살펴보면, 대체로 적게 먹는다는 것을 확인할 수 있다. 소화는 성행위 다음으로 에너지를 많이 소모하는 활동이다. 과식을 하면 소화 활동에 많은 에너지를 소모하게 되고, 뇌 활동은 그만큼 저하될 수밖에 없다. 또한 비만이나 고혈압, 당뇨 등 각종 질환에 걸릴 가능성이 상대적으로 높아지고 그러한 질환들은 다시 뇌에 영향을 미친다. 포화 지방이 뇌의 인지 기능을 저하시킨다는 연구 결과도 있다. 그러므로 적은 양의 음식을 여러 번 나누어 먹는 습관이 필요하다.

알칼리성 음식이나 탄수화물, 지방, 단백질의 균형 잡힌 식단도 중요하다. 복합 탄수화물은 뇌가 에너지원으로 활용하는 포도당을 공급하는 주요 연료이며, 단백질은 뇌의 각성과 기억을 단단하게 해 주는 응고화 작용을 돕는다. 비타민 A, B, E 등은 기억과 회상 작용에 도움을 주는데, 특히 비타민 E는 뇌의 산소 사용을 촉진하는 역할을 한다. 세포 내에서 에너지를 만들어 내는 공장이라고 할 수 있는 미토콘드리아의 세포벽을 파괴하는 물질을 중화시켜 주고, 뇌졸중이나 치매를 유발하는 염증을 막기도 한다. 또한 혈관 막힘을 예방하는 역할도 한다.

일본이나 스페인의 장수 마을에 나타나는 또 다른 특징 중 하나는 채소와 생선을 많이 먹는다는 것이다. 이러한 식품에는 비타민 E와 DHA, EPA, 오메가 3와 같은 몸에 좋은 지방과 리놀레산 등이 풍부하게 들어 있다. 그러므로 균형 잡힌 식단을 통해 뇌 활동에 좋은 영양을 섭취하는 것이 바람직하다.

이외에도 술이나 담배를 줄이고 수면을 충분히 취하는 것 등도 중요하다. 뇌 안에 축적된 노폐물은 잠을 자는 동안 뇌척수액을 이용한 물청소를 거친 후 뇌막 림프관을 통해 체외로 배출된다. 이를 글림프 시스템glymphatic system이라고 하는데, 수면이 부족하면 뇌 안의 노폐물을 몸 밖으로 배출하는 활동도 줄어들 수밖에 없다. 나이가 들면 깊은 잠을 자기 어렵고 수면의 질이 안 좋아지기는 하지만, 가급적 올바른 수면 습관을 통해 잠을 충분히 자려고 노력하는 것이 좋다.

치매는 환자 자신도 괴롭게 만들지만 더욱 고통스러운 건 주변의 가족들이다. 그러므로 가장 바람직한 것은 나이 들어서 치매에 걸리지 않도록 스스로 조심하고 예방하는 것이다. 적극적인 인지 활동과 운동, 식습관 조절, 그리고 생활 습관 개선 등을 통해 건강하고 행복한 노년의 삶을 준비해야 한다.

뇌를 깨우고 싶다면
껌을 씹어야 한다

껌 씹기에 대한 오해

2020년대 초반에 우리나라 국민들을 분노에 휩싸이게 만든 유명한 '껌 사건'이 있었다. 코로나19로 인해 한 해 늦게 개최된 2020년 도쿄 올림픽 야구 동메달 결정전이 열리던 날, 우리나라는 도미니카공화국에 경기 내내 앞서다가, 8회에만 무려 5점을 내주고 역전패 위기에 처했다. 이때 더그아웃에 있던 한 선수가 잠깐 카메라에 잡혔는데, 마치 경기를 포기한 듯한 표정으로 껌을 입 밖으로 내놓고 질겅질겅 씹고 있었다. 이 장면이 방송을 통해 전국에 중계되자 사람들은 그 선수를 향해 온갖 비난과 욕설을 퍼부었다. '절박함이 없다', '인성이 글러 먹었다', '다시는 안 봤으면 좋겠다', '국가대표에서 퇴출시켜라' 등 마음에 큰 상처를 남기기에 충분한 말들이었다. 경기를 중계하던 스타 출신 해설 위원도 "저런 모습을 보여서는 안 된다"라며 비판할 정도였다. 해당 선수는 이기던 경기를 역전당해 동메달도 놓칠 상황이 되자 화가 난 국민들의 분풀이 대상이 되어 뭇매를 맞았다. 훗날 너무 긴장이 되어 긴장을 풀기 위해 껌을 씹었다고 해명했지만, 그날의 행동은 사람들의 머릿속에 그 선수에 대한 부정적인 인식을 심어 놓기에 충분했다.

우리나라에서 껌은 늘 천덕꾸러기 취급을 받았다. 이유 없이 억울한 대접을 받는 기호식품으로 자리 잡았다. 특히 어려운 자리나 윗사람 앞에서 껌을 씹는 것은 상당히 예의에 어긋난 행동으로 여겨졌다. 그래서인지 드라마나 영화에서도 주로 조직폭력배 등 질이 좋지 않은 사람들이 껌을 씹곤 한다.

왜 그럴까? 껌이 사회적으로 통용될 수 없는 금지 물질이라도 되는 것일까? 아니면 그 안에 섭취해서는 안 되는 유해한 성분이라도 들어 있는 걸까? 추측해 보건대, 껌을 씹느라 계속 입을 오물거리며 턱을 움직이는 행동이나, 딱딱거리는 소리가 점잖지 못해 보이기 때문이 아닐까 싶다. 혹은 어른들 앞에서 음식물을 입에 넣고 말을 하면 안 된다고 교육받아 온 탓에, 껌을 씹는 것이 예의 없는 행동처럼 보이는지도 모른다. 아무튼 세상이 많이 달라졌고 사람들의 의식도 과거에 비하면 상당히 개방적으로 바뀌었지만, 여전히 사람들 앞에서 껌을 씹는 것은 예의 바른 행동이 아닌 것처럼 여겨진다. 때로는 껌을 씹는 사람의 인성마저 수준 낮아 보이게끔 만든다. 그러니 누구든 잘 보이고 싶은 사람 앞에 서는 절대로 껌을 씹어서는 안 된다는 불문율이 있다.

씹는 행위가 가져다 주는 이로움

껌에 대한 인식은 이렇듯 부정적이지만, 사실 껌 씹기에는 놀랍도록 긍정적인 효과들이 숨어 있다. 제일 먼저 껌을 씹으면 턱 근육과 두피 근육의 운동이 활발해져 뇌가 활성화된다. 뇌에서 신체로 이어지는 신경 중 약 50퍼센트가 턱관절을 지나가는데, 이 부위를 움직이는 것은 신경조직의 연결을 촉진하고, 뇌도 따라서 활성화된다. 또한 껌 씹기는 뇌로 가는 혈류량을 적게는 25퍼센트에서 많게는 40퍼센트까지 증가시킨다. 혈류량이 늘어난다는 것은 그만큼 뇌에 산소와 영양이 풍부하게 공급된다는 것을 의미한다. 이는 주의력과 집중력, 기억력 향상에 도움이 된다.

세인트로렌스 대학교 연구팀은 학생들을 대상으로 껌 씹기와 인지 기능의 상관관계에 관한 연구를 진행하였다. 즉, '껌 씹기가 기억력이나 주의력, 처리 속도 같은 인지 기능에 영향을 주는가'를 알아보기 위함이었다. 100여 명의 대학생을 세 그룹으로 나누고 한 그룹은 시험을 보기 전과 시험을 보는 도중에 껌을 씹게 하고, 한 그룹은 시험을 보기 전에만 5분 동안 껌을 씹게 하였으며, 다른 한 그룹은 통제 집단으로 껌을 씹지 않도록 하였다. 그리고 지능을 측정하는 테스트를 실시하였다.

그 결과 시험을 보기 전에 껌을 씹은 학생들은 통제 집단에 비해 몇 가지 과제에서 소소한 인지 향상을 보였다. 비록 그 효과는 그리 길지 않아, 약 15분에서 20분 정도 유지되었을 뿐이지만 말이다. 반면에 시험을 보는 도중에도 계속 껌을 씹은 그룹은 오히려 주의가 분산되어 성적이 떨어지는 경향이 나타났다. 장기적인 효과는 없지만, 잠깐 동안의 껌 씹기는 긴장을 해소하고 집중력을 높여 단기 기억 향상에 도움을 준다는 것을 알 수 있다.

껌 씹기가 단기 기억 향상에 도움이 되는 이유는 해마에서의 신경 생성과 관련이 있다. 다소 딱딱한 음식을 씹을 때 해마에서는 신경 재생이 촉진된다. 일본의 한 연구팀이 쥐들을 두 그룹으로 나눈 후 일정 기간에 걸쳐 한 그룹은 부드러운 사료를 먹이고 다른 한 그룹은 딱딱한 사료를 먹였다. 이후 세포분열 여부를 확인할 수 있는 화학물질을 투여한 후 해마의 신경이 새로 만들어지는 것을 살펴보았다. 그 결과 부드러운 사료를 먹인 쥐는 새로운 신경세포 형성이 미흡한 반면, 딱딱한 사료를 먹인 쥐는 신경세포 형성이 활발하게 일어났다. 기억이나 학습 과제에서 더 나은 성적을 보였고, 씹는 행동이 증가한 만큼 해마에서의 혈류 개선이 관찰되었다. 반면에 부드러운 사료만 먹은 쥐는 해마에서 새로운 신경세포가 적게 만들어졌고, 모리스 수중 미로와 같은 공간 기억 과제의 수행 능력도 떨어졌다.

연구팀은 이러한 결과를 두고 저작 활동이 감소하면 해마의 기능이 저하될 수 있다며 충분한 씹기 활동이 신경 생성을 돕는다고 설명했다. 저작근이 활발하게 움직이면 뇌간에서 시상, 해마로 연결되는 신경 회로가 활성화되고, 뇌유래신경영양인자가 증가해 활력과 기억력 유지에 도움이 된다는 것이다.

씹는 행위는 또한 스트레스에 대한 저항력을 높여 주기도 한다. 음식물을 꼭꼭 씹는 것만으로도 현대인들이 일상적으로 시달리고 있는 만성 스트레스가 조금 해소될 수 있다. 실험용 쥐에게 암을 유발하는 물질을 투여하고, 뒤집어 놓은 채 움직이지 못하도록 하는 구속 스트레스 실험을 시행하면 만성 스트레스 증상이 나타난다. 만성 스트레스는 면역 기능을 억제하고 NK세포를 감소시켜 종양 성장을 가속화한다. 실제로 스트레스만 준 쥐들에게서는 종양 발생이 유의미한 수치로 증가했다.

그런데 구속 스트레스 중 쥐들이 씹을 수 있는 막대기를 제공하면 스트레스 호르몬인 코르티솔의 분비가 줄어들고 면역계의 억제가 완화되며 위궤양이나 궤양성 병변이 감소했다. 구속 스트레스를 가하는 동안 저작 활동을 허용한 쥐들의 종양 크기와 발생률은 통제군에 더 가까웠다. 스트레스 상황에서 씹는 행동이 생리적 스트레스를 완화시킨다는 것이 입증된 것이다. 코르티솔은 스트레스 반응 시 분비되는 물질로 과다하게 분비되면 신경세포를 파괴하는 등 부작용을 일으키지만, 적당한 수준에서는 신진대사를 촉진하고 인슐린을 차단한다. 이로 인해 뇌로 가는 포도당의 양을 늘려 주어 뇌에 충분한 영양이 공급되도록 도와주는 역할을 한다.

뇌의 혈류를 증가시켜 뇌를 활성화시키고 스트레스에 대한 저항력을 높여 주면 집중력도 따라서 높아지는 효과를 얻을 수 있다. 영국 노섬브리아 대학교의 심리학자인 앤드루 스콜리Andrew Scholey 교수에 의하면 껌 씹기는 뇌를 각성시키고 일부 작업 기억 역량을 향상시켜 준다고 한다. 또한 영국 카디프 대학교의 심리학자인 앤드루 앨런Andrew Allen과 앤드루 스미스Andrew Smith의 연구에서는 껌을 씹은 참가자들이 주의력이 향상되었고 스트레스나 피로감이 줄어든 것 같다는 자기 보고를 한 비율이 높았다. 이 덕분에 껌을 씹은 그룹은 난해한 문제를 접했을 때 반응 속도가 빨랐고, 기분도 가장 좋은 것으로 나타났다.

항간에는 껌을 씹으면 살이 빠진다는 이야기도 있었다. 하지만 이는 과장된 것이다. 껌 씹기와 식욕 간의 상관관계에 대한 연구는 다수 이루어졌는데, 공통적으로 껌을 씹으면 아주 약하긴 하지만 식욕을 억제하는 효과가 있다고 한다. 특히 단맛이 강한 식품에 대한 섭취 욕구가 감소하고 총 칼로리 섭취량도 실험 조건에서 약간 줄어드는 경향을 보였다. 스트레스를 받았을 때 껌을 씹으면 단 음식을 찾는 일이 줄어들 수 있다는 것이다. 하지만 체중을 감소시킨다든지 포만 중추를 활성화시켜 식욕을 억제하는 등의 효과는 기대하기 어려운 것으로 보인다. 미약한 식욕억제 효과가 있을 뿐이다.

음식을 꼭꼭 씹어 먹으면 병에 안 걸린다?

우리가 매일 하는 저작 활동은 질병을 늦춰 주는 효과도 있다. 다수의 연구 결과에 의하면 음식물을 꼭꼭 씹어 먹는 사람은 그렇지 않은 사람에 비해 치매에 걸릴 확률이 낮은 것으로 나타났다. 일본과 스웨덴 등지에서 노년층을 대상으로 진행된 연구에서 저작 기능이 떨어진 노인들이 공간 기억이나 작업 기억, 인지 속도 측면에서 더 낮은 점수를 보였다. 씹는 기능의 저하는 해마의 위축과 관련이 있을 수 있고, 이로 인해 알츠하이머병에 노출될 가능성도 높아진다는 주장이다.

주의 깊게 보아야 할 것은 나이가 들어서 치아가 약해지거나 일부 빠져 음식을 잘 씹지 못하게 되면 치매에 걸릴 확률이 높아진다는 사실이다. 일본 후쿠시 대학교의 곤도 가츠노리近藤克則 교수팀이 아이치 현에 사는 65세 이상의 건강한 남녀 4,425명을 무작위로 뽑아서 4년 동안 추적 조사한 결과, 치아가 20개가 안 되는 사람들은 20개 이상인 사람들에 비해 치매에 걸릴 확률이 1.9배나 높다는 결과를 얻었다.

튜브 등으로 영양물질을 위로 직접 주입하거나, 액체로만 영양을 공급받았을 때 치매 증상을 보였던 노인 환자들이 다시 음식을 씹어 삼키기 시작하면 정상으로 돌아왔다는 사례가 여럿 보고되고 있다. 그러므로 음식을 꼭꼭 씹어 먹는 것이 중요하다. 아직 치아가 건강한 편이라면 곡류나 견과류 등을 하루에 조금씩 씹는 것도 좋다. 죽이나 쉐이크처럼 씹을 필요가 없는 음식은 가급적 줄이는 것을 추천한다.

저작 활동은 치매뿐만 아니라 다른 질병의 예방에도 효과적이다. 단정적으로 이야기하기는 어렵지만, 당뇨 역시 씹는 것을 통해 예방할 수 있다고 한다. 음식물을 천천히, 많이 씹을수록 식사속도는 느려지고 포만감을 빨리 느끼며, 그로 인해 음식 섭취량은 줄어든다. 그렇게 되면 탄수화물 흡수 속도가 완만해져 급격하게 혈당이 상승하는 것을 막을 수 있다. 장과 뇌를 잇는 축의 반응이 달라져 혈당 조절이 안정되는 경향도 보이는데, 식사를 천천히 하고 30회 이상 씹은 그룹은 혈당 상승 폭이 작았다는 연구결과도 있다.

씹는 행위는 운동과 감각을 담당하는 두정엽과 운동을 계획하고 조절하는 전두엽, 그리고 이와 관련된 연합 영역을 활성화시커 전반적으로 신체 기능을 향상시키는 데에도 관여한다. 저작 활동은 단순히 입 근육을 움직이는 것이 아니라, 감각 입력과 운동 계획, 자세 조절 등을 포함하는 복합적인 뇌 활동이다. 그래서 저작 활동을 할 때 체감각피질과 운동피질, 전두엽의 일부 영역, 그리고 신체 공간 정보를 처리하는 두정엽 등이 활성화되는 것을 관찰할 수 있다.

그래서 나이가 들어 씹는 힘이 약해지면 낙상 위험이 증가한 다는 이론도 있는데, 일본과 북유럽의 고령층을 대상으로 한 연구에서 저작 능력이 약한 노인일수록 균형을 유지하는 능력이 저하되고 보행 안정성이 감소하며, 낙상의 위험이 증가하는 현상이 반복적으로 관찰되었다. 하지만 한편으로는 저작 능력이 약해서 넘어지는 것이 아니라, 저작 능력이 약한 사람에게 전신 쇠약이 동반되는 경우가 많으므로 저작 활동이 저하된다고 해서 무조건 신체 기능이 떨어진다고 단정할 수는 없다는 의견도 있다.

우리 사회는 껌을 씹는 행위를 그다지 좋게 보지 않는 경향이 있지만, 껌 씹기에는 이렇게 많은 효과가 있다. 따라서 필요할 때 잠깐씩 껌을 씹는 것도 나쁘지 않다. 또한 껌이 아니라도 음식물을 잘 씹어 먹는 것도 중요하다. 견과류나 곡류, 나물과 같이 조금 딱딱하거나 질긴 음식들을 꼭꼭 씹어 먹으면 뇌 건강을 유지하는 효과가 있다. 그렇다고 지나치게 딱딱한 음식, 예를 들어 말린 오징어나 문어와 같은 음식은 오히려 역효과를 나타낼 수 있다고 하니 가급적 그런 음식은 피하는 게 좋다.

마지막으로 한 가지 더 언급하자면, 음식물을 지나치게 많이 씹는 것은 오히려 좋지 않다. 의식하지 못한 상태에서 음식물을 계속 씹는 것은 치매의 초기 증상일 수 있으니 주의가 필요하다.

4장

달라진 시대 요즘 뇌 사용법

영상 콘텐츠만 계속 보면
뇌는 어떻게 될까?

텔레비전을 몰아낸 다채로운 영상들

시대가 바뀌면서 여유 시간을 보내는 패턴도 달라지고 있다. 불과 20~30년 전만 해도 저녁 식사를 할 때나 식사를 마친 후에 텔레비전 앞에 앉아 가족끼리 도란도란 이야기를 나누며 드라마나 예능 프로그램을 보는 일이 많았지만, 이제 그런 모습은 찾아보기 힘들어졌다.

지금은 텔레비전의 자리를 스마트폰이나 태블릿 등 개인 IT 기기들이 대신하고 있다. 그에 따라 거실에 가족이 다 같이 모이는 대신, 각자의 공간에서 자기 취향에 맞는 콘텐츠를 찾아 소비하는 패턴으로 변화했다. 방송미디어통신위원회가 실시한 〈2024

방송매체 이용행태 조사〉 결과에 따르면 텔레비전 이용률은 꾸준히 감소하고 있는 반면 스마트폰 이용률은 증가하여, 스마트폰과 텔레비전 간 매체 이용 격차는 3배 이상으로 확대되었다. 텔레비전 시청자의 대부분이 나이 든 사람들이고, 젊은 사람들이 텔레비전을 보는 시간은 점점 더 짧아지고 있다. 지상파 실시간 방송을 시청하는 사람들 중 70퍼센트가 50대 이상이라고 하니, 텔레비전은 젊은 세대와는 한참 멀어진 듯싶다.

그렇다고 영상 콘텐츠 자체에 대한 수요가 사라진 것은 아니다. 오히려 시청할 수 있는 콘텐츠의 종류나 숫자는 과거와는 비교할 수 없이 많아졌다. 스마트폰 이용자의 41.8퍼센트가 1분 내외의 짧은 영상인 숏폼을, 39.4퍼센트가 시리즈 드라마나 영화, 예능 등을 시청할 수 있는 OTT를, 그리고 26.2퍼센트가 실시간 스트리밍 방송을 시청한 것으로 나타났다. 콘텐츠 포맷의 확장으로 동영상에 대한 수요는 오히려 증가했다. 그런 것들을 시청하는 플랫폼이 텔레비전에서 IT 기기로 바뀌었을 뿐이다.

이렇게 시대가 달라지면서 텔레비전은 한 가지 오명을 벗게 되었다. 바로 '바보상자'이다. 텔레비전이 동영상 시청의 주요 수단이었던 시절에는 온갖 안 좋은 비난을 감수해야만 했다. 텔레비전을 장시간 시청할 경우 주체적인 사고 능력이 저하되고, 공부나 독서 등 생산적인 활동 대신 드라마나 오락 프로그램에 빠져 시간을 낭비한다는 우려가 많았다. 게다가 텔레비전에 빠져들면서 가족 구성원 간의 대화가 줄어든다는 지적도 있었다. 방송사들이 시청률을 높이기 위해 제작하는 폭력적이고 선정적이거나 지나치게 말초적인 자극을 주는 콘텐츠가 시청자들의 지적 수준을 저하시킨다는 지적도 있었다. 이 모든 것들을 싸잡아 한마디로 표현한 것이 바로 '바보상자'라는 별명이었다.

그런데 이제는 누구도 텔레비전을 바보상자라고 부르지 않는다. 요즘 우리가 보는 콘텐츠의 수준이 높아졌기 때문일까? 절대 그렇지 않다. 오히려 주체적인 사고 능력을 더욱 저하시키고, 시간을 더 낭비하도록 만들며, 가족들 간의 대화를 단절시키고 지적 수준을 낮추는 영상들이 넘쳐나고 있다. 더 이상 사람들이 텔레비전 앞으로 모여들지 않으니 텔레비전을 바보상자라고 부를 필요도 없어진 것뿐, 요즘은 그 자리를 스마트폰이나 태블릿 같은 IT 기기들이 대신하고 있다.

'바보상자'보다 무서운 영상 콘텐츠의 덫

텔레비전이 주도권을 잡고 있던 시절에는 방송국이나 방송국의 의뢰를 받은 외부 제작사에서만 콘텐츠를 만들었다. 따라서 콘텐츠의 질이 어느 정도는 보장되었다. 방송국 내부의 제작 프로세스와 시청자들로 구성된 외부 집단의 모니터링 결과 등이 반영되어 나름 신뢰할 만한 콘텐츠가 만들어진 것이다.

하지만 요즘은 다르다. 검증되지 않았거나 신뢰할 수 없는 콘텐츠가 너무 많이 쏟아졌다. 특히, 특별한 자격이나 제약 없이 콘텐츠를 만들 수 있는 유튜브가 발달하면서 수없이 많은 콘텐츠가 우후죽순 쏟아져 나온다. 그중에는 과거 지상파에서는 감히 볼 생각조차 못했던 자극적인 콘텐츠도 포함되어 있다. 그로 인해 바보상자라고 불리던 텔레비전 이상으로 좋지 않은 콘텐츠 시청 환경이 조성되었다.

이 글을 읽는 여러분 중에는 달라진 콘텐츠 환경에 잘 적응하고 있다고 장담하는 이들도 있을 것이다. 유튜브나 OTT, 혹은 실시간 스트리밍 영상을 통해 지식을 습득하고 비판적인 시각을 유지함으로써 새로이 등장한 IT 기기들을 유익하고 건전한 방향으로 활용하고 있다고 말이다. 일부 콘텐츠는 정말로 유익할 수도 있다. 하지만 부지불식간에 시청자에게 잘못된 인식을 심어 주거나, 왜곡되고 편향된 사고를 하게 만드는 영상도 많다. 문제는 보는 사람이 그것을 잘 깨닫지 못한다는 것이다.

제일 먼저 생각해 보아야 할 것은 사고의 편향과 왜곡이다. 스탠퍼드 대학교의 샨토 아이엔가Shanto Iyengar 교수와 미시간 대학교의 도널드 킨더Donald Kinder 교수는 피험자를 여러 그룹으로 나누고 그들에게 조작된 저녁 뉴스 프로그램을 보여 주었다. 첫 번째 집단에는 미국의 국방 문제를 중점적으로 다룬 프로그램을,

두 번째 집단에는 공해 문제를, 세 번째 집단에는 경제 문제를 주로 다룬 프로그램을 보여 주었다. 뉴스 시청이 끝나고 설문을 실시한 결과, 피험자들은 각자가 본 뉴스가 국가가 직면한 가장 시급하고 중대한 문제라고 생각하는 경향을 보였다. 대중매체의 의제 설정agenda-setting 효과와 프라이밍priming 효과를 실험적으로 입증한 것이다.

이를 두고 하버드 대학교의 정치학자인 버나드 코언Bernard Cohen은 "대중매체는 사람들이 어떤 식으로 생각하도록 만드는 데는 그다지 성공적이지 못하지만, 무엇에 관해 생각해야 할지 의제를 던져 주는 데 있어서는 매우 효과적이다"라고 하였다. 가끔 우리나라 정치판에서도 누군가 프레임을 만들면 모두가 거기에 사로잡혀 정작 중요한 이슈는 놓치는 문제가 생기곤 하는데, 이런 것들이 콘텐츠의 영향력으로 사고에 편향이 생기는 사례라고 할 수 있다. 물론 이 실험은 아주 오래전에 텔레비전 시청자들을 대상으로 한 것이기에, 요즘 영상 콘텐츠의 파급 효과는 제대로 설명하지 못 할 수 있다. 하지만 2024년에 벌어진 약 45년 만의 비상계엄 선포가 당시 대통령이 일부 극우 세력의 유튜브에 지나치게 몰입한 때문이라는 이야기도 있는 만큼, 영상 콘텐츠로 인한 편향된 사고의 확산은 오히려 더 심각해지지 않았나 싶다.

왜곡된 시각을 심는 것도 문제이다. 최근 제작되는 드라마만 보아도 그렇다. 등장인물들은 모두 잘생겼고 성격도 좋으며 돈도 많다. 남자 주인공은 대부분 재벌 2세에 자상하면서도 정의감에 불타는 인물이다. 거기다 회사에서는 전략 기획 실장 등의 중책을 맡고 있기까지 하다. 드라마 주인공뿐 아니라 연예인이나 사회 유명 인사들의 모습도 크게 다르지 않다. 늘 멋지고 부유하고 부러워할 만한 측면만 부각된다. 그 뒤에 숨은 어두운 면은 잘 드러나지 않는다.

각종 영화나 드라마에 등장하는 일명 PPL이라고 불리는 간접광고는 은연중에 소비를 부추기는 역할을 한다. 노골적인 PPL은 특히 더 그렇다. 이러한 콘텐츠는 사람들에게 부의 개념을 현실과는 다르게 왜곡하여 전달하며, 상대적 박탈감을 키울 수도 있다. 그러한 것들이 반복되다 보면 뇌 안에 왜곡된 사고가 자리 잡게 된다. 각종 콘텐츠가 사고 능력을 저하시키는 것은 물론, 사고를 왜곡되거나 편향된 방향으로 이끌 수도 있는 것이다.

비만을 불러오는 영상 콘텐츠의 큐

또 다른 문제도 있다. 우리가 유튜브나 OTT 등을 통해 보는 영상 중 일부는 비만을 불러올 위험을 내포하고 있다. 유튜브에는 많은 양의 음식을 앉은 자리에서 뚝딱 해치우는, 일명 '먹방' 콘텐츠가 넘쳐 난다. 요리나 맛집 관련 콘텐츠도 헤아릴 수 없이 많다.

이런 영상을 보다 보면 허기를 느끼고 음식을 찾게 된다. 미국에서 어린 시절 주말마다 평균 6시간 이상씩 텔레비전을 본 사람들을 20년 후에 조사해 봤더니, 어린 시절에 텔레비전을 적게 본 사람들에 비해 확실히 체중이 많이 나간다는 연구 결과가 발표되었다. 이는 유년기의 텔레비전 시청 습관이 성인이 된 이후의 체중과도 밀접한 연관이 있음을 말해 준다. 마찬가지로, 유튜브나 OTT에서 음식 관련 콘텐츠를 접할 때마다 배달 어플리케이션으로 음식을 주문한다면, 당연히 비만으로 이어질 수밖에 없다.

일리노이 대학교의 심리학자들이 학부모들의 동의를 얻어 서너 살 아이들이 다니는 어린이집에서 실험을 실시하였다. 오전의 일정한 시간에 간단한 아침 뷔페를 차린 후, 식사 시간이 되었다는 신호로 항상 똑같은 음악을 들려주었다. 그러자 아이들은 음악이 울리면 식사가 제공된다는 것을 알게 되었다. 파블로프가 개를 대상으로 실험한 고전적 조건화 반응이라고 할 수 있다. 그렇게 열흘 가까이 동일한 패턴을 반복하자 아이들은 처음 몇 박자의 음악을 듣자마자 뷔페 테이블로 달려가 음식을 먹기 시작했다.

일정한 시간이 지나자 연구팀은 실험 방식을 바꾸었다. 뷔페 테이블을 개방하기 직전에 아이들이 가장 좋아하는 음식을 양껏 제공하였다. 그리고 잠시 뒤 아이들에게 익숙한 음악을 들려주자, 아이들은 변함없이 뷔페 테이블로 달려가 아침을 먹었다. 이미 배가 부른 상태인데도 습관적으로 음식을 먹은 것이다.

생체의 행동을 특정한 방향으로 이끄는 계기가 되는 자극을 '큐cue'라고 한다. 음식에 대한 큐가 주어지면 편도체 뉴런은 복내측 시상하부를 자극하여 음식물을 섭취하도록 만든다. 이전에 얼마나 많은 음식을 먹었는지, 그래서 배가 부른지 여부와는 상관없이 자극이 주어지면 습관처럼 먹을 것을 찾는 것이다. 일리노이 어린이집에서의 실험은 이를 분명히 나타내 준다. 익숙한 음악은 식사에 대한 큐가 되고, 분명 직전에 배부르게 음식을 먹었음에도 아이들은 다시 뷔페 테이블로 달려가게 된다.

유튜브나 OTT를 통해 제공되는 콘텐츠에는 수많은 큐가 들어 있다. 예일 대학교의 제니퍼 해리스Jennifer Harris 교수와 동료들은 7~11세 아동 118명을 대상으로 큐가 음식 섭취에 미치는 영향을 조사하였다. 피험자들에게 인기 있는 아동 프로그램을 시청하도록 하고 중간에 광고를 삽입했다. 한 집단이 본 광고에는 30초짜리 식품 광고 네 편이 포함되어 있었지만, 다른 집단이 본 광고에는 식품 광고가 없었다. 식품 광고는 어린이들이 많이 보는 프로그램에 실제로 등장하는 것들이었다.

프로그램을 시청하는 동안 두 집단 모두 큰 그릇에 담긴 치즈 크래커를 제공받았다. 프로그램이 끝난 후에 아이들이 먹은 간식을 조사해 본 결과, 식품 광고를 본 아이들이 그렇지 않은 아이들에 비해 무려 45퍼센트나 많은 음식을 섭취하였다. 성인을 대상으로 한 실험에서도 비슷한 결과를 얻었다. 이를 통해 먹방이나 맛집, 요리 등을 다룬 영상을 시청하면 실제로 음식을 섭취할 확률이 높아진다는 것을 알 수 있다.

뇌를 멍청하게 만드는 영상 콘텐츠

홈쇼핑 같은 것도 훌륭한 큐가 된다. 요즘은 숏클립이나 쇼핑 라이브 등을 통해 자신도 모르게 홈쇼핑에 노출될 가능성이 높다. 홈쇼핑 방송을 보다 보면 사지 않으면 안 될 것 같은 구매 충동을 느끼게 된다. 그렇게 구매 버튼을 누르고 나면 선조체에서 일어난 보상 작용 덕분에 기분이 좋아진다. 물론 다음날 아침에는 후회하지만 말이다. 이런 과정이 반복되면 자신도 모르는 사이에 쇼핑 중독이 될 수 있다.

모방도 큰 문제이다. 영상 콘텐츠가 무분별하게 확산되면서 폭력적인 장면이나 행동을 모방하는 사례가 늘어나고 있다. 최근에는 '기절 챌린지'와 '크로밍 챌린지'라는 것이 숏폼 플랫폼을 타고 확산되어 사회적 문제로 대두되기도 했다. 두 가지 모두 이전에는 국소적 유행에 그쳤던 것들이다. 하지만 2020년대 들어서 틱톡 등 SNS의 확산과 함께 영상이 대규모로 확산되기 시작했고, 그것을 보고 '나도 한 번'이라는 생각으로 따라하는 사람들이 증가했다. '기절 챌린지'는 친구나 주변 사람이 일시적으로 의식을 잃는 순간을 연출하거나 그런 상황이 실제로 일어난 영상을 올리는 것인데, 말 그대로 기절할 때까지 친구의 목을 조르는 끔찍한 행위가 담겨 있다. '크로밍chroming 챌린지'는 탈취제나 헤어스프레이 등에서 나오는 가스를 들이마신 뒤 발생하는 환각 상태를 영상으로 찍어 올리는 것을 말한다.

이러한 것들은 모두 누군가 자극적인 영상으로 많은 조회수를 얻고 싶은 욕심에 SNS로 끌고 들어온 것이 시작이었다. 플랫폼이 제공하는 알고리즘에 의해 자동 증폭되고 여러 사람들에 의해 폭발적으로 모방되었다. 챌린지라는 말처럼 너도 나도 그런 행위를 모방하며 순식간에 불특정 다수의 사람들에게 번져 가는 문제가 발생하고 있다.

새벽 늦게까지 영상을 보다가 수면 부족으로 힘들어하는 경우도 비일비재하다. 뇌는 깨어 있을 때보다 수면 상태에서 더 활발하게 움직이는데, 숏폼 영상을 보느라 잠을 못 자면 뇌에 손상을 가져올 수 있다.

이렇듯 지나친 영상 시청은 사고를 억제하고 음식을 비롯한 각종 큐에 무방비 상태로 노출되게 만들어 신체적, 정신적 건강을 위협한다. 특히나 어린이들은 영상 콘텐츠를 더욱 멀리해야 한다. 일본 도호쿠 대학교의 과학자들이 하루 평균 두 시간씩 영상을 시청하는 5세에서 18세 사이의 아동 275명의 뇌를 MRI로 촬영해 본 결과, 동영상을 오래 시청할수록 전두극피질frontopolar cortex의 회백질이 많아진다는 것을 발견했다. 전두극피질은 전전두엽의 가장 앞쪽 끝에 위치한 영역이다. 미래 계획 수립이나 복잡한 문제 해결, 자기 성찰과 관련된 능력인 메타 인지 등 고차원적인 인지 기능을 담당하는 것으로 알려져 있다.

아이가 성장하는 동안 전두극피질의 가지치기가 이루어지는데, IQ가 높은 아이일수록 전두극피질의 두께가 얇은 것으로 나타났다. 영상 시청 시간이 길수록 전두극피질의 회백질 부피가 큰 것을 연구팀은 가지치기가 비효율적으로, 혹은 느리게 이루어지고 있다고 해석했다. 이와 더불어 지나친 영상 시청은 충동 억제나 감정 조절, 이성적인 사고 등을 관장하는 전두엽의 발달을 방해해 어린아이들의 뇌 발달에 안 좋은 영향을 미친다는 연구 결과도 있다.

우리는 영상 콘텐츠가 넘쳐 나는 시대에 살고 있다. 포털에서도, 인스타그램 같은 SNS에서도 쉽게 접할 수 있다. 마음만 먹으면 몇 시간씩 꼼짝 않고 볼 수도 있다. 하지만 수많은 영상 매체들이 앞서 언급한 것과 같은 문제들을 안고 있다. 요즘 같은 시대에 남들 다 보는 영상 콘텐츠를 아예 보지 않을 수는 없다. 하지만 과유불급이라는 말처럼, 지나친 것은 모자라는 것만 못하다. 그러니 어느 정도는 선을 지키며 시청하는 것이 바람직하다고 할 수 있다.

뇌는 아무것도 안 할 때
가장 창의적이다

멍 때리기 대유행의 시대

요즘 멍 때리기가 유행이다. 그저 무언가를 멍하게 바라보며 아무 생각도 하지 않고 편안하게 쉬는 것을 '멍 때린다'라고 한다. 비속어이기는 하지만, 젊은 세대 사이에서 꽤 유행이고 그 종류도 무척이나 다양하다. 캠핑장 같은 곳에서 불을 피워 놓고 쳐다보는 것은 '불멍'이라고 하고, 비 오는 풍경을 바라보는 것은 '비멍'이라고 한다. 공원이나 숲속에서 초록의 나무들을 바라보는 '숲멍', 촛불이 타오르는 모습을 바라보는 '촛불멍' 혹은 '캔들멍', 바닷가 파도나 강물의 흐름, 심지어는 세탁기 안에서 물이 돌아가는 모습을 지켜보는 '물멍' 등 무엇이든 이름만 붙이면 된다.

멍 때리기는 2010년대 중반쯤부터 사회적으로 유행하기 시작했다. 2014년 10월 27일, 서울 시청 앞 잔디 광장에서 '멍 때리기 대회'라는 아주 이색적인 행사가 열렸다. 9세의 어린아이에서부터 50세의 어른에 이르기까지 다양한 연령대의 참가자 50명은 세 시간 동안 넋을 놓고 아무 생각도 하지 않았다. 즉, 멍을 때렸다. 이 행사는 매년 이어지고 있으며, 지금까지 도쿄, 베이징 등 해외를 비롯한 여러 곳에서 30여 차례 넘게 개최되었다. 이후 캠핑이나 글램핑 문화가 확산되면서 '불멍'이라는 신조어가 유행의 급물살을 타기 시작했고, 다른 형태의 멍 때리기도 함께 퍼져 나갔다.

멍 때리기는 왜 유행이 된 걸까? 남자들이라면 군대에서 가장 많이 들었고 그래서 가장 싫어하는 말 중 하나가 "정신 안 차리지!" 또는 "아무 생각 없지?"일 것이다. 그처럼 나이 든 세대는 멍 때리는 것을 그리 좋아하지 않았다. 언제부터인지 우리 사회는 잠시만 한눈을 팔아도 경쟁에서 뒤처질 만큼 빠르게 변화하고 있다. 그렇게 빠르게 변화하는 세상에서 살아남기 위해서는 늘 해야 할 일에 집중하며 또렷한 의식 상태를 유지해야 한다. 이런 상황에서 멍하게 앉아 있는 모습은 나이 든 사람들에게는 답답하고 한심하게 느껴지는 모양이다. 실제로 멍 때리기 대회 초기에는 주변을 지나던 관람객들이 "젊은 사람들이 일은 하지 않고 넋 놓고 있다"라며 핀잔하는 경우도 많았다고 한다.

하지만 세대가 바뀌고 생활환경이 달라지면서 멍 때리기는 우리 생활 전반으로 퍼져 나가고 있다. 멍 때리기가 나쁘다고 생각하는 사람은 이제 거의 없다. 이렇게 멍 때리기가 급속히 유행하는 이유 중 하나는 우리에게 휴식이 필요하기 때문일 것이다. 멍 때리기 대회를 주최하는 단체도 "멍 때리는 것은 뇌가 쉬고 싶다는 의미이며, 우리 몸에 꼭 필요한 활동"이라고 강조한다.

정말 멍 때리기가 우리에게 필요할까? 아무 생각 없이 넋 놓고 있는 시간이 눈코 뜰 새 없이 바쁘게 돌아가는 현대인의 삶에 어떤 도움이 될까? 그러다 다른 사람들에 비해 뒤처지는 것은 아닐까? 많은 사람들이 이런 걱정을 할 것이다. 하지만 멍 때리는 것이 오히려 뇌의 생산성을 높이는 데 큰 도움이 될 수 있다는 연구 결과들이 앞다투어 발표되고 있다.

MIT 교수였던 데이비드 포스터David Foster 박사팀은 쥐가 미로를 통과하는 훈련을 하는 도중 먹이를 발견하고 휴식을 취할 때의 뇌를 촬영하였다. 그러자 쥐의 뇌에서 신경세포들이 미로 학습을 하는 동안 반응했던 순서와 반대로 활성화되는 것을 발견했다. 쥐가 방금 경험한 경로와 사건을 마치 되감기하듯 정리한 것이다. 이는 깨어 있는 상태에서도 과거 경험을 재구성해 기억과 학습을 공고히 하는 과정이 일어날 수 있음을 시사한다. 이들의 연구는 학습이 집중해서 몰입하는 순간에만 이루어지는 것이 아니라, 아무것도 하지 않고 가만히 있는 순간에도 계속된다는 것을 과학적으로 증명한 것이라고 할 수 있다.

뇌는 외부에서 정보를 받아들이는 동안에는 그것들을 정리하지 않는다. 잠시 일을 멈추거나 차를 한잔 마시며 이야기를 나누는 등 휴식을 취할 때가 정보를 정리하는 시간이다. 이는 마치 물류 창고에 물건이 들어오는 것과 비슷하다. 그래서 쉬지 않고 일만 하면 정보를 쓸모 있게 정리할 수 없다. 잠시 틈을 내어 쉬면서 정리하는 시간을 갖는 것이 오히려 더 효율적일 수 있다.

일에만 몰두하면 창의력을 잃는 이유

휴식은 창의적인 사고를 기르는 데에도 결정적인 도움을 준다. 사람마다 다를 수는 있겠지만, 일반적으로 일을 잘한다는 것은 정해진 패턴이나 프로세스를 그대로 따라서 하는 것이 아니라 기존에 없던 해결법을 찾아내고 다른 사람이 미처 하지 못했던 생각을 떠올려 접목하는 등 새로운 길을 개척하는 것을 의미한다. 창의력 역시 여러 가지로 정의 내릴 수 있겠지만, 서로 무관해 보이는 것들을 연결하고 새로운 패턴을 발견하며 그 안에서 기존에 없던 새로운 생각을 떠올리는 것이라고 할 수 있다.

그런데 바쁘게 일하다 보면 당장 눈앞에 닥친 일을 처리하기 위해서 익숙한 방식에 의존하게 된다. 그것이 일이 잘못되거나 실패할 위험을 최소화하는 방법이기 때문이다. 낯선 산에 오를 때 길을 잃지 않기 위해서 이미 다져진 길을 따라가는 것과 같다.

하지만 많은 사람들이 지나다녀 판판해진 길은 편할지는 모르지만 그곳에서 값진 물건을 발견할 수는 없다. 귀한 산삼을 발견하기 위해서는 사람들이 다니지 않은 길을 찾아다녀야 한다. 낯선 길을 뚫고 익숙하지 않은 환경을 주의 깊게 관찰해야 남들이 발견하지 못한 귀한 것들을 발견할 수 있다. 쉴 틈 없이 바쁘게만 지내는 것은 낯선 길을 피해 이미 다져진 길만 다니는 것과 다를 바 없으며, 그 대가로 창의력이라는 귀한 산삼을 발견할 가능성을 포기하는 것이나 마찬가지이다.

사람의 뇌는 영역에 따라 그 역할이 나누어져 있다. 전 부위가 동시에 움직이는 것이 아니라 주어지는 자극과 해결해야 할 과제에 따라 적합한 부위끼리 힘을 합쳐 문제 해결에 기여한다. 예를 들어 눈으로 어떤 물체를 바라보면 귀 옆의 측두엽 부근에서 형태를 인지하고 머리 윗부분에 자리한 두정엽에서 공간과 경로를 해석하여 뇌 뒤편에 있는 시각피질과 함께 정보를 종합적으로 처리한다. 이렇게 복합적인 정보를 전부 모아야만 전두엽에서 어떠한 물체가 어떠한 방향으로 움직이는지를 판단할 수 있다.

일을 할 때도 그와 관련된 영역이 함께 활성화된다. 공간 감각과 관련된 일은 전두엽이나 두정엽이, 언어와 관련된 일은 전두엽과 언어 중추 등이 협력하여 일을 처리한다. 그런데 집중해야 할 일이 끝나고 아무 생각 없이 휴식을 취할 때에는 방금 전까지 활발하게 활동하던 영역이 아닌 다른 영역이 활성화된다. 일을 할 때는 서재의 불을 켜 두고 거실의 불은 꺼 두었다가, 휴식을 취하러 나올 때는 거실의 불을 켜고 서재의 불을 끄는 것처럼 말이다. fMRI를 이용하여 뇌 활동을 측정해 보면 집중할 때와 휴식을 취할 때 주로 활동하는 뇌 부위가 다르다는 것을 알 수 있다. 이렇게 쉴 때 활성화되는 영역을 디폴트 모드 네트워크Default Mode Network, DMN라고 부른다. 여러 개의 영역이 관련되어 있어 네트워크라는 이름이 붙었다.

디폴트 모드 네트워크는 뇌의 주요 허브를 연결한 신경망으로 창의력과 밀접한 관련이 있다. 뇌 안에는 다른 곳보다 신경망이 집중되는 부위가 존재한다. 미국과 같이 영토가 광활한 나라에서는 뉴욕이나 시카고, LA 같은 큰 도시에 대형 공항을 두고, 그보다 작은 도시에는 작은 규모의 공항을 두어 마치 자전거 바퀴처럼 항공망을 연결한다. 이때 항공기들이 몰려드는 큰 도시의 공항을 허브라고 할 수 있다. 이처럼 뇌에도 다른 부위보다 신경망이 집중되는 부위가 있는데, 이 부위가 두뇌 허브이고 허브들을 연결한 신경 회로가 디폴트 모드 네트워크이다.

뇌는 멍 때릴 때 제일 열심히 일한다

디폴트 모드 네트워크는 내측 전전두피질medial prefrontal cortex, 후방대상피질posterior cingulate cortex, 쐐기앞소엽precuneus, 하두정소엽inferior parietal lobule, 그리고 해마 및 해마곁이랑parahippocampal cortex으로 이루어져 있다.

전전두피질은 추론, 감정 조절, 계획 활동, 단기 기억, 관련 정보를 상기하는 일 등 고차원적인 인지 기능을 담당한다. 후방대상피질은 정서 및 주의 조절의 내적 측면에 관여하며, 내적 사고의 전환 과정에도 기여한다. 특히 자전적 기억과 자아 관련 정보 처리에서 DMN의 핵심 허브 역할을 한다. 쐐기앞소엽은 자아 성찰, 자전적 기억, 상상과 같은 내부 사고를 담당하며, 과제에 집중할 때는 활동이 감소하지만 휴식을 취할 때 활발해진다. 하두정소엽 역시 자기 관련 정보 통합과 의미 처리에 관여한다. 여러 차례 언급했지만, 해마는 뇌가 쉬는 동안 활성화되는 부위 중 하나로 단기 기억을 대뇌피질로 전달해 장기 기억으로 저장하는 데 중요한 역할을 한다.

디폴트 모드 네트워크가 가동되면 뇌는 상당히 많은 에너지를 소모한다. 무엇인가 해결해야 할 일에 주의를 기울여 인지 활동을 하면 뇌의 주의 네트워크가 활성화되면서 에너지를 소비하는데, 이때 사용하는 에너지는 생각보다 많지 않다. 오히려 아무것도 하지 않는 디폴트 모드 네트워크 상태일 때 에너지를 더욱 많이 소비한다. 산소와 혈당을 운반하는 혈액이 디폴트 모드 네트워크로 더 많이 몰리고, 더 많은 포도당과 대사 물질을 소비한다.

왜 그럴까? 이는 디폴트 모드 네트워크 상태에서도 뇌가 집중할 때만큼 활발하게 움직인다는 것을 뜻한다. 그렇다면 아무 생각도 하지 않는 순간에 뇌는 어떤 일을 하는 것일까?

디폴트 모드 네트워크 상태일 때 뇌에서는 자전적 기억이나 상상, 미래에 벌어질 일에 대한 시뮬레이션 등 내부적 사고가 일어난다. 주의를 집중하던 일에서 벗어나 한가로운 시간을 보낼 때 디폴트 모드 네트워크는 이러한 활동을 통해 통찰력 있는 해법을 찾고 창의적인 생각을 떠올린다.

종합하면 무엇인가에 집중하면 그 과제의 해결에 필요한 주의 네트워크가 활성화되고 디폴트 모드 네트워크는 숨을 죽인 채 때를 기다린다. 그러다가 하던 일에서 벗어나 업무와 동떨어진 생각을 하거나 일을 잠시 잊고 멍하게 있으면 주의 네트워크가 비활성화되면서 디폴트 모드 네트워크가 깨어난다. 주의 네트워크와 디폴트 모드 네트워크가 마치 시소처럼 한쪽이 활성화되면 다른 쪽이 잠잠해지는 식으로 반대로 움직이는 것이다. 하지만 완전히 반대로 움직이는 것은 아니며, 특정한 창의적 과제에서는 상호작용이 일어날 수도 있다.

아무리 고민해도 답이 나오지 않는다면

왕이 낸 숙제를 풀기 위해 아르키메데스는 몇날 며칠을 끙끙대며 고민했지만, 사무실에서는 절대 그 문제를 해결할 수 없었다. 모든 것을 포기하고 지친 몸을 쉬기 위해 목욕탕에 찾아간 순간 번개처럼 그의 머리에 '부력'의 개념이 스치고 지나갔다. 프랑스의 수학자였던 앙리 푸앵카레Henri Poincaré는 정수론과 자율 방정식 문제로 골치를 앓고 있었는데, 이는 그 누구도 풀지 못한 난제 중 하나였다. 그러던 어느 날, 그는 하던 일을 모두 포기한 채 여행을 떠나기 위해 버스에 올랐다. 그 순간 번개처럼 그의 머릿속에 한 가지 아이디어가 떠올랐다. 그는 이로부터 영감을 얻어 문제를 한 치의 오차도 없이 해결했다.

이런 사례에서 볼 수 있듯이 창의적인 아이디어는 책상 앞에서 머리를 싸매고 고민한다고 떠오르지 않는다. 안타깝게도 하루 종일 고민해도 해결책이 떠오르지 않을 때가 있다. 이럴 때 밤잠을 안 자고 끙끙대 봐야 소용이 없다. 가장 좋은 방법은 몰입하던 일에서 벗어나 푹 쉬는 것이다. 훌륭한 예술 작품을 감상하든 좋아하는 음악을 듣든, 아니면 그림을 그리든 일에서 잠시 벗어나는 것이 좋다. 그저 멍하니 앉아 있는 것도 도움이 된다. 인간의 뇌는 활발한 활동을 할 수 있도록 진화했지만, 뇌가 정상적으로 작동하기 위해서는 휴식이 필요한 것이다.

영국의 사회심리학자이자 창의성과 문제 해결 연구의 선구자인 그레이엄 월러스Graham Wallas에 따르면 창의적 사고는 문제를 탐색하고 자료를 수집하는 '준비preparation', 문제를 잠시 제쳐 두고 다른 일을 하는 '잠복·부화incubation', 번뜩이는 아이디어가 떠오르는 순간인 '조명·통찰illumination', 그리고 그 아이디어를 실제로 검증하고 다듬는 '검증verification'의 4단계를 거쳐 일어난다. 빈둥거리며 사고를 숙성시키는 동안 좋은 아이디어가 떠오를 수 있다는 것이다. 그는 "가장 뛰어난 생각은 애써 붙잡을 때가 아니라 놓아줄 때 찾아온다"라고 말했다. 앞서 언급한 푸앵카레 역시 "무의식은 쉬지 않는다. 의식이 멈추었을 때 보이지 않는 정신의 노동이 조용히 완성된다"라며 무의식적 사고의 자동 작용을 강조했다.

무언가에 몰입하면 전두엽은 해결책을 떠올리기 위해 주위의 모든 방해 요소를 차단한다. 다른 자극이 몰입에 방해가 될 수 있기 때문이다. 그러다 보니 문제 해결에 도움이 되는 엉뚱하고 기발한 사고까지 차단당하곤 한다. 아무리 끙끙거려도 기묘한 생각이 떠오르지 않고 의식 밖으로 튕겨 나가버리는 것이다. 그러다 어느 정도 시간이 지나면 전두엽이 슬그머니 그 봉인을 해제한다. 그 순간 막혀 있던 혈이 뚫리는 것처럼 좋은 아이디어가 머리를 스치고 지나가는데, 이것이 바로 통찰의 순간이다.

경쟁이 지나치게 과도해진 요즘 사회는 잠시라도 편히 쉬는 것을 시간 낭비처럼 느끼게 만든다. 심지어 시간을 헛되이 흘러 보내는 것 같아 죄책감마저 든다. 하지만 사람은 기계가 아니다. 때로는 휴식을 취해야 하고, 머리를 식힐 필요도 있다. 휴식 없이 지나치게 뇌를 혹사하다 보면 제대로 능률을 발휘하기 힘들다. 가끔은 하던 일을 멈추고 멍하게 뇌에 휴식을 부여하는 것이 길게 보면 더 생산적인 방법이 될 수도 있다.

생각은 씨앗과 같아서 흙 속에서 보이지 않게 자라곤 한다. 앞서 언급한 그레이엄 월러스는 "기다림과 빈둥거림이 생각의 봄을 부른다"라고 했다. 좋은 생각, 좋은 아이디어는 망치로 두드려 얻는 것이 아니라 숲길을 천천히 거닐며 바람에게 맡겨야 성숙해진다. 그러니 누군가 멍하니 먼 산을 바라보고 있다고 야단치지 마시라. 그 순간 머릿속에서는 더욱 좋은 아이디어가 떠오를 수 있으니 말이다.

어릴 때부터 스마트폰만 사용하면 생기는 일

고른 두뇌 발달 기회의 상실

예전에 살던 동네에 무척이나 장사가 잘 되는 음식점이 있었다. 젊은 신혼부부가 하는 횟집으로, 저렴한 가격에 회가 신선하고 양도 푸짐해서 손님들이 늘 북적였다. 주인 부부에게는 한 살 정도 되어 보이는 갓난아이가 있었는데, 엄마 아빠가 바쁘게 일하는 동안 보행기를 타거나 의자에 앉아 잠을 자곤 했다. 그리고 깨어 있는 시간에는 늘 혼자 스마트폰을 만지작거리며 뽀로로와 같은 어린이 애니메이션을 보았다. 동영상을 보는 동안 아이는 보채지도 않고 얌전히 앉아 있었다.

이처럼 요즘 아주 어릴 때부터 스마트폰을 접하는 아이들이 많아지고 있다. 아이가 보채거나 울 때, 혹은 무언가를 바쁘게 해야 할 때 아이를 달래기 위해 스마트폰을 쥐여 주는 엄마들이 많아졌기 때문이다. 오죽하면 요즘 아이들은 스마트폰을 손에 쥐고 태어난다는 말이 있을 정도이다. 그런데 지나치게 어린 시절부터 스마트폰을 자주 사용하는 것은 아이들의 뇌 발달에 심각한 영향을 미칠 수 있다. 특히나 성인이 되어서 많은 문제를 유발할 수 있다.

인간의 뇌는 미성숙한 상태에서 태어나 20대 초반이나 중반까지 발달을 계속한다. 태어날 때 뇌 무게는 일반적으로 350그램에서 400그램 정도 된다. 3세가 되면 이 무게가 1,200그램까지 늘어나는데, 이는 성인 뇌 무게의 80퍼센트 수준이다. 즉, 영아기에 뇌가 크게 성장한다는 것이다. 신경세포 간의 연결인 시냅스가 폭발적으로 증가하고 축삭을 둘러싼 절연체인 수초가 형성되어 신경 전달 속도가 빨라진다. 신경세포 간의 연결이 많아지면서 신경 신호 전달도 빨라져 뇌 기능이 향상되는 원리이다. 그런데 시냅스가 많아지는 만큼 신경세포 간의 연결을 끊는 '가지치기'도 폭발적으로 늘어난다. 시냅스를 과잉 생산하고, 과잉 생산된 시냅스들을 가지치기하듯 없애 버리는 것이다.

왜 그럴까? 시냅스를 필요한 만큼만 생산하지 않고 많이 만들었다가 수고스럽게 다시 제거하는 이유는 무엇일까? 과수원 농사를 떠올리면 그 이유를 쉽게 짐작할 수 있다. 예를 들어 사과나무를 기른다고 해 보자. 가지가 많으면 그만큼 많은 열매를 맺을 수

270

있지만, 한정된 양분을 많은 열매들이 나누어 가져야 하므로 열매의 크기는 작아지고 맛도 떨어질 수밖에 없다. 상품성이 낮은 사과만 수확하게 될 것이다. 크고 단단하고 맛 좋은 사과를 얻기 위해서는 열매의 수를 적절히 조절할 필요가 있는데, 이때 필요한 것이 가지치기이다. 이처럼 가지치기는 불필요한 가지를 제거함으로써 보다 굵고 튼튼한 사과가 자랄 수 있는 환경을 조성하는 과정이다.

뇌 안에서도 마찬가지의 일이 일어난다. 처음에는 과할 정도로 많은 시냅스를 만들었다가 뇌가 어느 정도 발달하면 불필요한 시냅스는 제거하고 필요한 시냅스만 남겨 두는 가지치기가 이루어진다. 그런데 무엇을 기준으로 가지치기가 이루어지는 것일까? 바로 '필요성'이다. 뇌가 판단하기에 '이것은 필요한 시냅스다'라고 생각되면 그 가지는 남겨 둔다. 하지만 '이것은 필요 없는 시냅스다'라고 판단되면 그 가지는 제거된다. 이때 필요성을 결정짓는 기준은 그 시냅스를 얼마나 자주 사용하는가이다. 즉 자주 사용하는 시냅스는 남겨 두고, 자주 사용하지 않는 시냅스는 불필요한 것이라고 생각해 제거하는 것이다.

뇌는 모든 기능이 동시에 발달하지 않는다. 시각이나 청각, 체감각, 운동 기능, 언어 기능 등이 어느 정도 시차를 두고 발달한다. 과거에 결정적 시기critical period 가설이 받아들여졌던 것도 이 때문이다. 능력이나 기능이 발달하기 위해서는 뇌가 적절한 시기에 외부의 자극과 경험에 반드시 노출되어야 하고, 이 시기를 놓치면 해당 능력의 습득과 회복이 매우 어려워지거나 불가능해질 수 있다는 가설이다. 하버드 의대의 신경생물학자인 데이비드 허블David Hubel과 토르스텐 비셀Torsten Wiesel이 시각이 발달할 시기의 새끼 고양이의 한쪽 눈을 봉합한 후 일정 시간이 지난 후에 풀어주자 시각피질에 영구적인 손상이 발생해 앞을 거의 볼 수 없게 되었다. 반면에 성체 고양이는 동일한 실험에서 시각피질의 손상이 일어나지 않았다.

이처럼 뇌는 집중적으로 발달하는 시기가 있어, 특정 기능의 '기회의 창time window'이 열려 있는 동안에 발달이 이루어지지 않으면 가소성이 크게 감소한다. 최근 뇌과학 연구에서는 결정적 시기보다 다소 유연한 개념인 '민감기sensitive period'라는 용어를 더 자주 사용한다. 자극에 가장 민감하게 반응하여 학습 효율이 최대가 되는 시기가 있기는 하지만, 이 시기가 지나도 학습이 가능하다는 것이다. 다만 더 어렵거나 느려질 뿐이다.

결국 뇌가 일상생활을 하는 데 필요한 모든 기능을 고르게 갖추며 발달하기 위해서는 영유아기와 아동기 등을 거치면서 다양한 외부 자극을 받아들여야 한다. 책도 읽어야 하고, 엄마 아빠나 주변 사람들과 많은 대화를 나누며 언어 습득도 해야 하고, 정서 발달을 위한 음악 활동이나 미술 활동도 해야 한다. 체감각 발달을 위한 모래 놀이나 밀가루 놀이 같은 것도 필요하고 창의적 사고를 위한 활동도 필요하다. 친구들과 어울려 노는 것도 빠져서는 안 된다. 그렇게 다양한 활동들을 해야 뇌가 '아, 이 시냅스는 많이 사용하는구나. 그렇다면 남겨 두어야지' 하며 가지치기를 하지 않아 여러 뇌 부위들이 고르게 발달할 수 있다.

이런 시기에 스마트폰을 많이 사용하면 자극의 편중이 일어날 수밖에 없다. 스마트폰 사용에 필요한 시냅스는 극히 제한적이다. 스마트폰에 빠져 책을 멀리하면 스마트폰 사용을 위한 시냅스의 연결은 강화되지만, 독서에 필요한 시냅스의 연결은 줄어든다. 그러면 뇌가 '독서 시냅스는 자주 사용하지 않네. 그렇다면 불필요한 가지인가 보다'라고 판단하여 가지치기가 일어난다. 뇌의 다른 기능도 마찬가지이다. 고르게 발달해야 할 뇌가 스마트폰을 사용하는 데 최적화된 방향으로만 편향되어 발달하는 것이다.

이런 아이들이 크면 당연히 문제가 생길 수밖에 없다. 책을 읽는 데 필요한 시냅스가 제대로 형성되어 있지 않으니 글 읽기에 어려움을 겪고 긴 문장을 읽지 못한다. 글을 읽어도 그 의미를 제대로 이해하지 못해 문해력이 떨어진다. 언어 기능이나 정서, 창의성과 같은 다른 뇌 기능도 모두 마찬가지이다. 이런 상태로 성인이 되면 사고력, 창의력, 문제 해결력 등 일상생활을 영위하는 데 필요한 독자적인 사고 능력은 물론, 타인을 이해하고 관계를 유지하는 능력에도 지장을 받을 수밖에 없다.

뇌 안에서의 가지치기는 영아기뿐 아니라 사춘기에도 집중적으로 일어난다. 그래서 성인이 되기까지 스마트폰 사용은 가급적 자제할 필요가 있다. 요즘 스마트폰이 없는 아이들이 없으니 어쩔 수 없이 어느 정도는 허용할 수밖에 없겠지만, 뇌 발달에 영향을 받지 않도록 현명한 사용 습관을 길러 주는 것도 반드시 필요하다.

'팝콘 브레인'과 자극 중독

스마트폰을 많이 사용하면 '팝콘 브레인'이 될 가능성도 높아진다. 뜨거운 열을 지속적으로 받은 옥수수 알갱이가 더 이상 견디지 못하고 튀어 오르며 만들어지는 팝콘처럼 스마트폰에만 익숙해지면 뇌가 자극적인 반응에 즉각적인 대응을 하게 된다. 강한 자극에는 반응하지만, 일상생활에서 주어지는 작은 즐거움 등에는 흥미를 느끼지 못하고 타인의 감정을 읽는 데에도 어려움을 겪는다. 일상의 재미를 느끼지 못하고 시큰둥해질 수밖에 없다.

팝콘 브레인의 가장 심각한 문제는 뇌 인지 기능 저하와 불균형을 초래한다는 것이다. 우선 집중력과 주의력이 저하될 수 있다. 뇌가 강하고 빠르고 빈번하게 바뀌는 자극에 길들여지면 책 읽기나 글쓰기, 깊은 사고와 같이 오랫동안 한 가지 대상에 집중해야 하는 활동을 힘들어하고 쉽게 산만해진다. 《돈키호테》, 《모비 딕》,《카라마조프 가의 형제들》,《폭풍의 언덕》 등 인내심을 필요로 하는 문학 고전들은 물론, 50쪽 내외의 짧은 단편조차 읽어 내지 못한다. 책에서 점점 더 멀어지는 것이다.

게다가 단기 자극에 대한 의존성이 높아져 즉각적인 보상이 주어지는 일에만 흥미를 느끼게 된다. 열심히 공부한 결과로 좋은 성적을 얻는 것과 같은 장기 보상을 지루하게 생각해 금방 새로운 자극을 찾아 떠난다. 유튜브나 틱톡에서 1분 이내의 숏폼 영상들이 폭발적인 인기를 끄는 이유도 요즘 사람들이 긴 영상을 보는 시간을 견디지 못하기 때문이다. 1분쯤 보다가 재미가 없으면 다른 콘텐츠로 옮겨 가다 보니, 1분 이내에 재미를 느낄 수 있도록 만든 것이 숏폼이다.

기억력과 학습 능력 또한 저하된다. 스마트폰을 통해 얕고 단편적인 정보를 빠르게 훑는 데 익숙해지다 보니, 정보를 깊이 있게 분석하고 장기 기억으로 전환하는 능력이 약화될 수밖에 없다. 끊임없이 새로운 정보가 쏟아져 들어와 작업 기억이 과부하 상태에 놓이고, 이로 인해 정보를 제대로 처리하지 못하게 된다.

또 다른 문제는 현실 세계와의 상호작용이 어려워진다는 것이다. 디지털 화면 속에서의 일방적인 정보 습득에 익숙해지면 오프라인에서 직접 사람을 만나고 대화를 나누는 데 필요한 비언어적 단서를 해석하고 타인의 감정에 공감하는 능력이 둔화된다. 공감 능력의 부족은 사회를 이루고 살아가는 인간에게 큰 약점이다. 충동적인 행동도 증가하는데, 도파민이 분비되는 콘텐츠를 스마트폰으로 손쉽게 접하다 보면 즉각적인 보상에 익숙해져, 자신이 원하는 보상을 위해 참고 기다리는 만족 지연 능력이 떨어질 수밖에 없다. 그로 인해 즉각적으로 보상을 못 받을 경우 심한 좌절감을 느끼거나 하지 말아야 할 충동적인 행동을 보일 수 있다.

마지막으로 뇌 구조 및 기능이 변화될 위험도 있다. 장기간의 강한 자극은 보상과 관련된 신경전달물질인 도파민 시스템에 영향을 주어 중독으로 이어질 위험이 생긴다. 요약하자면, 팝콘 브레인은 느리고 중요한 현실 활동보다 빠르고 자극적인 디지털 활동을 선호하게 만들어 궁극적으로 깊은 사고, 학습, 정서적 안정을 해치는 주된 요인이 될 수 있다.

스마트폰 때문에 ADHD를 앓는 아이들

스마트폰이 어린이들에게 주의력 결핍 과잉 행동 장애, 즉 ADHD를 일으킬 가능성이 있다는 주장도 있다. 일반적인 아이들은 8세 전후가 되면 대뇌피질의 절반 정도가 완성된다. 완성이라는 것은 자주 쓰는 신경 회로를 강화하고 자주 쓰지 않는 신경 회로는 가지를 쳐서 없애 버리며 뇌 기능을 다듬어 나가는 과정을 말한다. 문제는 앞서 언급한 대로 스마트폰이 뇌를 편향적으로 발달하게 만든다는 것이다.

뇌가 고르게 발달하기 위해서는 육체적인 감각과 시각, 청각, 언어 중추 등 모든 기능이 일정하게 성숙해야 하고, 이것이 최종적으로 뇌의 CEO라고 일컬어지는 전전두엽의 성장으로 마무리되어야 한다. 하지만 스마트폰에 익숙해지면 늘 사용하던 부위만 강화되고 사용하지 않는 부위는 쓸모 없는 부분으로 인식되어 제대로 성숙하지 못한다. 이렇게 불균형한 발달은 최종적으로 전전두엽에까지 영향을 미친다.

전전두엽은 모든 뇌 기능을 진두지휘하는 곳이다. 주의의 범위나 지속력, 작업 기억, 운동 제어, 감정 제어 등에 있어 중요한 역할을 한다. 이렇게 중요한 역할을 하는 전전두엽의 발달이 늦어지면 일시적으로, 혹은 꽤 늦은 나이까지 ADHD와 같은 질환으로 고생할 수 있다. 2007년에 미국 국립 정신 건강 연구소의 필립 쇼Philip Shaw 박사가 수행한 연구에 따르면 ADHD를 앓는 아동의 경우 뇌의 성숙이 평균에 비해 3년 정도 지연된다고 한다. 보통 아이들은 7세 전후가 되면 대뇌피질의 절반이 성장을 완료하지만, ADHD를 앓는 아동들은 10세 전후가 되어야 보통 아이들 수준에 도달한다. 2012년 연구도 ADHD가 대뇌피질 가장 바깥층의 전반적인 성숙을 지연시키고, 좌우 두 반구의 연결 기능을 저하시킨다고 밝히고 있다.

이러한 뇌 발달 지연과 불균형은 ADHD 주요 증상의 원인이 되고, 그 이후의 상황은 불을 보듯 뻔하다. 청소년을 대상으로 한 일부 연구에서는 디지털 미디어를 하루에도 여러 번 사용하는 청소년이 그렇지 않은 청소년보다 주의력 및 행동 문제를 보일 가능성이 높다는 결과가 나왔다. 물론 이러한 연구는 상관관계를 보여 줄 뿐, '스마트폰이 ADHD를 유발한다'라는 인과관계를 명확하게 증명하지는 못한다. 이미 ADHD 증상이 있는 아동이 스마트폰을 더 많이 찾게 되는 것인지, 아니면 스마트폰 사용이 증상을 유발하는 것인지 구별하기 어렵다는 뜻이다. 하지만 스마트폰에 과도하게 노출되는 것은 집중력 및 인지 조절 능력을 저해하여 ADHD와 유사한 주의력 결핍 및 충동성 증상을 유발하거나 심화시키는 중요한 환경적 요인이 될 수 있음을 유념해야 한다.

지금까지의 이야기는 모두 최악의 경우를 상정한 것이지만, 한 번쯤은 새겨들을 필요가 있다. 어린아이들에게 스마트폰을 쥐여 주는 부모의 심정을 이해 못 하는 것도 아니다. 하지만 스마트폰은 어른들도 자제하기 힘들 정도로 중독적이다. 따라서 아이의 미래를 생각한다면 바쁘고 힘들다고 아이에게 손쉽게 스마트폰을 쥐여 주어서는 안 된다. 부모도 자녀도 스마트폰을 사용하는 슬기로운 방법을 터득할 필요가 있다.

어떻게 하면 스트레스에
덜 휘둘릴 수 있을까?

스트레스를 받으면 어떤 일이 일어날까?

현대인에게 스트레스는 애증의 동반자이다. 떼려야 뗄 수 없는 것은 물론이고, 그럭저럭 견딜 만하다가도 결정적인 순간 위험 요소로 돌변할 수 있기 때문이다. 기술과 문명의 발달로 인해 생활환경이 마치 캔에 든 통조림처럼 압축되고, 사방에 정보가 넘쳐 나다 보니 그 누구도 스트레스로부터 자유로울 수 없다. 개인마다 정도가 다를 뿐, 스트레스 환경은 모두에게 동일하다.

스트레스가 해롭다는 것은 누구나 알고 있다. 그래서 가급적이면 스트레스를 받지 않으려고 하지만, 마음처럼 쉽지만은 않다. 그렇다면 스트레스는 얼마나 나쁠까? 스트레스가 각종 정신 질환과 암이나 뇌졸중 등 성인 질환을 일으키는 주범이라는 것은 대략적으로 알고 있지만, 그것이 뇌에도 영향을 미칠까? 질문에 대답하기에 앞서 우선 스트레스에 대한 정의부터 하고 넘어가야 할 것 같다.

스트레스는 신체와 뇌에 가해지는 모든 자극을 통틀어 이르는 말이다. 상사에게 질책을 듣거나 연인과 헤어지거나 시험에서 떨어지는 것 같은 부정적인 사건만 스트레스라고 생각하기 쉽지만, 승진을 하거나 대학에 합격하거나 결혼을 하는 등 긍정적인 사건도 스트레스의 일종이다. 그것들 역시 뇌의 활동에 영향을 미치기 때문이다. 크기도 무시하고 넘어갈 수 있는 작은 것부터 감당하기 힘들 만큼 큰 것에 이르기까지 다양하다.

적당한 스트레스는 생존을 위해서 반드시 필요하다. 스트레스는 위협이 닥친 상황에서 '도전과 회피fight-flight' 반응을 일으킨다. 위협이라고 느낀 대상에 맞서 싸우거나 안될 것 같으면 도망치도록 만드는 것이다. 이러한 반응을 통해 우리를 안전하게 지켜 주는 역할을 한다. 만약 뇌가 스트레스를 전혀 받지 않는다면, 온갖 위험 상황에서 그 위험을 감지하지 못하고 적절한 대응을 하지 않아 심각한 문제를 초래할 수 있다. 적당한 스트레스는 신경세포 간의 연결을 더욱 강화하여 각성 상태를 높여 준다. 이로써 정신 기능이 향상되도록 돕는다.

스트레스에는 두 가지 축이 있는데, 하나는 빠른 반응이고 다른 하나는 느린 반응이다. 빠른 반응은 길을 건너는데 자동차가 멈추지 않고 달려오는 것을 보았을 때처럼 긴급한 상황에서 나타나는 것으로, 전두엽이 위험 상황을 알아차리기도 전에 편도체가 먼저 시상하부로 신호를 보낸다. 위험 신호를 받은 시상하부는 즉시 교감신경계를 활성화시켜 부신수질에 명령을 내린다. 그러면 부신수질은 에피네프린과 노르에피네프린을 분비하고 이로 인해 심박 증가, 혈관 축소, 호흡 증가, 소화 억제, 땀 분비 등의 증상이 나타난다.

스트레스가 감당할 수 있는 수준을 넘어서거나 만성적으로 이어지면 이때는 느린 반응이 나타난다. 변연계 안에 자리 잡은 편도체는 위협 신호를 받아 시상하부를 자극하고 뇌하수체를 통해 부신샘을 자극하는 호르몬을 분비하도록 한다. 이렇게 시상하부와 뇌하수체, 부신으로 이어지는 경로를 스트레스 축Hypothalamic-Pituitary-Adrenal axis, HPA이라고 한다. 스트레스 축이 자극되면 단계별로 스트레스 상황에 적합한 호르몬을 분비한다. 제일 먼저 노르에피네프린이 교감신경계를 통해서 신호를 보내면 부신은 일명 아드레날린이라고 하는 에피네프린 호르몬을 혈액 속으로 내보낸다. 그러면 혈압이 높아지고 심장박동과 호흡이 빨라지며 침이 마르는 등 신체적인 흥분을 느끼게 된다.

이와 동시에 코르티솔이라는 호르몬이 분비된다. 이렇게 분비된 코르티솔은 신진대사의 교통을 정리하고 더 많은 포도당을 혈액으로 보내라고 간에 신호를 보낸다. 스트레스 상태가 되면 뇌는 그것을 해결하기 위해 더 많은 에너지를 필요로 한다. 따라서 포도당이 뇌로 충분히 공급될 수 있도록 신체로 가는 인슐린을 조절한다. 스트레스 상황에서는 인슐린 분비가 억제되거나 저항성이 증가하는 것이다. 그렇다고 인슐린 분비가 완전히 차단되는 것은 아니며, 그 작용이 감소할 뿐이다.

인슐린은 포도당이 세포막 속으로 흡수되도록 하는 역할을 하는데, 인슐린을 억제하면 포도당이 세포로 흡수되지 못하고 혈액을 따라 뇌로 이동하게 된다. 또한 에피네프린이 활동하면서 소모한 비축 에너지를 다시 채워 넣는다. 몇 가지 단계를 거쳐 단백질을 글리코겐glycogen으로 전환하고 지방을 축적한다. 그리고 어느 정도 시간이 지나면 교감신경에 대한 길항작용으로 부교감신경이 활성화되어 혈압을 낮추고 심장박동을 느리게 하여 몸의 항상성을 유지한다.

몸과 마음을 모두 망가뜨리는 주범

그런데 만성적인 스트레스 환경에 놓이면 이러한 과정이 균형 있게 지속되지 못하고 한쪽으로 쏠리게 된다. 그러한 상태가 오래 지속되면 신체에 이상 현상이 나타난다. 예를 들어 자동차의 왼쪽 바퀴가 오른쪽 바퀴보다 작다고 가정해 보자. 바퀴가 큰 쪽이 적은 회전으로도 먼 거리를 갈 수 있으므로 자동차는 똑바로 가지 못하고 항상 왼쪽으로 쏠리게 될 것이다. 가만히 있으면 차체가 왼쪽으로 회전하게 되므로 이런 차를 타고 직선으로 가기 위해서는 핸들을 무리하게 오른쪽으로 돌려야 하고, 전반적인 주행 시스템에 이상이 생길 수밖에 없다.

교감신경과 부교감신경이 서로 길항작용을 하며 한쪽으로 쏠리지 않도록 균형을 잡아주는 것이 자율신경계의 원리인데, 스트레스가 만성적으로 지속되면 이 시스템의 균형이 무너진다. 비유적으로 말하자면 교감신경의 바퀴가 부교감신경에 비해 더 커지는 것이다. 그러면 몸에 안 좋은 활성산소를 방출하는 과립구와 독성 물질을 제거하고 면역 기능을 향상시켜 주는 림프구의 비율이 변화하고, 이로 인해 면역 기능이 떨어져 각종 질환에 걸릴 가능성이 높다. 물론 이건 지극히 단순한 설명이고 세부적인 상황에 따라 달라질 수 있지만, 스트레스가 장기화될 경우 자율신경의 균형이 무너져 수면 장애를 겪거나 가만히 있어도 심장이 두근거리고 손이 떨리며 숨이 차는 등의 공황장애 증상이 나타날 가능성이 높아진다.

또한 코르티솔의 지속적 분비로 인해 여분의 연료가 복부에 지방 형태로 축적된다. 게다가 스트레스 상황에서는 심리적 허기를 느끼고 이에 대한 보상으로 음식을 찾는 경우가 많아, 채 소모되지 못한 에너지가 지방으로 축적될 가능성이 더 높아진다. 코르티솔이 과다하게 분비되면 인슐린의 작용이 억제되어 세포가 포도당을 흡수하기 어려워진다. 그 결과 혈액 속 포도당 농도가 상승하고, 시간이 지나면 인슐린 저항성이 증가하여 당 대사에 불균형이 생긴다. 이러한 상태가 지속되면 제2형 당뇨병으로 이어질 수도 있다. 이로 인해 면역 기능이 저하되고 만성 염증이 늘어나는 등 신체가 전반적으로 질병에 취약해진다.

스트레스는 신체뿐만 아니라 뇌에도 강력한 힘을 발휘한다. 만성적인 스트레스는 뇌를 물리적으로 훼손하고, 이로 인해 사고력과 집중력이 저하된다. 스트레스 대응에 필요한 코르티솔이 체내에 이미 충분히 있음에도, 편도체는 마치 고장 난 경보기처럼 끊임없이 코르티솔의 분비를 촉진한다. 코르티솔의 양이 적정 수준을 넘어서면 신경세포 간에 전기적, 화학적 신호를 주고 받는 시냅스의 연결이 끊어지고, 다른 신경세포로부터 신경전달물질을 받아들이는 수상돌기가 수축되어 결국 신경세포가 사멸하고 만다.

만성 스트레스 상황에서 코르티솔 수준이 장기간 높게 유지되면, 해마가 글루탐산염을 과도하게 방출하고 글루코코르티코이드 수용체glucocorticoid receptor를 자극해 수상돌기가 줄어들고 신경생성이 억제되는 등 여러 구조적, 기능적 변화가 생긴다. 글루코코르티코이드 수용체는 스트레스 호르몬인 코르티솔이 결합하는 대표적인 수용체이다. 이로 인해 해마가 관장하는 학습 능력과 기억 유지 기능이 저하될 수 있다. 무언가를 배우거나 기억하는 데 어려움을 겪게 되는 것이다.

더욱 주목할 점은, 성인기에도 치상회의 신경 줄기세포가 새로운 신경세포로 자라나 해마의 회로망을 보충하는데, 만성 스트레스에 의해 코르티솔과 같은 글루코코르티코이드가 과다 분비되면 이 신경 생성 과정이 현저히 저하된다는 것이다. 신경 생성 능력은 꼭 스트레스가 아니더라도 나이가 들면서 자연히 감소하는 경향이 있어, 이 과정이 가속화되면 신체적, 정신적 건강이 위협받을 가능성이 커진다.

스트레스가 신체에 미치는 영향이 이렇게 크다 보니, 가급적이면 스트레스를 적극적으로 해소하는 편이 바람직하다. 스트레스를 해소하지 않고 방치하면 만성으로 이어져 앞서 살펴본 것과 같은 부작용을 가져올 수 있기 때문이다.

뇌가 나의 스트레스 조절 능력을 믿을 때

스트레스를 해소하는 데에는 격렬한 운동이나 명상, 이완 훈련, 두뇌 체조 등이 효과적이다. 모두 스트레스에 대한 저항력을 높여 주어 자율신경계의 건강한 균형을 유지할 수 있도록 해 주는 활동이다. 그러나 현대인의 가장 큰 문제는 시간이 부족하다는 것이다. 운동이 스트레스 해소에 좋은 것을 알고는 있지만, 여가 시간을 쪼개 가며 체육관을 찾는 사람은 그리 많지 않다. 명상이나 이완 훈련, 두뇌 체조 등도 마찬가지이다.

그렇다면 그냥 모든 것을 포기하고 스트레스에 파묻혀 살아야 할까? 다행스럽게도 스트레스 해소 방법이 있고 그것을 실천할 수 있다는 사실을 아는 것만으로도 스트레스가 상당히 해소될 수 있다는 연구 결과가 있다. 쥐를 이용한 실험에서 스트레스 요인의 제어 가능성만으로도 그 수치가 크게 줄어들 수 있음이 밝혀졌다.

두 마리의 쥐를 각각 다른 철장에 넣어 전기 자극을 주는 실험을 실시했다. 한쪽에는 발로 밟으면 전류를 끊을 수 있는 스위치가 있었고 다른 한쪽에는 아무런 제어 장치가 없었다. 전기가 흐를 때마다 전기 차단 스위치가 있는 철장의 쥐는 발로 스위치를 눌러 전기를 차단했지만, 제어 장치가 없는 철장의 쥐는 전기 자극을 고스란히 받아들일 수밖에 없었다. 일정 시간이 흐른 뒤 두 마리의 쥐를 비교하자, 동일한 자극을 받았음에도 스스로 전류를 차단할 수 없었던 쥐만이 체중 감소와 궤양, 면역 저하 증세를 보였다. 이는 스트레스의 본질이 자극의 세기가 아니라 '통제할 수 없다는 무력감'에 있다는 사실을 보여 주는 결정적 증거이다.

유사한 연구 사례가 또 있다. 미국 미시간 대학교의 제임스 아벨슨James Abelson 박사는 2005년 발표된 연구에서, 성인 피험자들에게 펜타가스트린pentagastrin이라는 약물을 주입하여 내분비 및 불안 반응을 유도하였다. 이 약은 주로 실험 환경에서 공황이나 신경 내분비 반응을 유도할 때 사용되는데, 시상하부-뇌하수체-부신샘으로 연결되는 스트레스 축을 강제로 활성화시킴으로써 체내 스트레스 호르몬을 증가시킨다.

연구진은 약물을 투입하였을 때 자신이 처한 상태에 대한 통제감perceived control이 스트레스 호르몬 반응을 얼마나 낮출 수 있는지를 탐구하였다. 연구 결과, 통제 가능성을 부여받은 조건에서 코르티솔 반응이 통제가 불가능한 경우에 비해 의미 있게 낮았으며, 이는 스트레스 상황에서 통제감이 존재하는 것만으로도 생리적 스트레스 반응이 크게 줄어들 수 있다는 것을 보여 준다. 반대로 해석하면 스트레스를 벗어날 수 없는 상황 자체가 오히려 더욱 심한 스트레스로 작용할 수 있는 것이다.

물론 스트레스를 즉시 해소하는 것이 가장 좋다. 스트레스가 쌓이고 그것이 깊어지면 업무 성과는 물론 주위 사람들과의 관계 등 사회생활에 지장이 생길 수 있다. 많은 사람들이 스트레스를 해소하기 위해 술을 마시기도 하지만, 술은 스트레스 해소에 별로 도움이 되지 않는다. 술을 마시는 순간에는 심리적인 해방감이 느껴져도 신체의 스트레스 수준은 변화가 없다. 쥐를 이용하여 스트레스 유전자를 조사한 결과, 알코올이 아무런 영향을 미치지 못한다는 사실을 발견하였다. 술은 오히려 몸만 축나게 할 뿐이다.

　스트레스를 받는 일을 지나치게 두려워하거나 예민하게 받아들이면 오히려 스트레스 반응이 증폭된다. 그러나 '이 정도쯤이야, 금세 지나갈 거야' 하는 마음으로 상황을 받아들이면, 뇌의 경보 체계도 훨씬 덜 흥분한다. 중요한 것은 '나는 언제든 조절할 수 있다'라는 믿음이다. 이런 통제감이 있을 때, 시상하부와 부신이 불필요하게 과잉 반응하지 않으며 스트레스 호르몬의 분비도 자연스럽게 낮아진다. 그러니 스트레스 때문에 또다시 스트레스를 받을 필요는 없다. 물론 운동이나 명상, 호흡, 두뇌 체조처럼 몸과 마음을 동시에 다스리는 방법을 실천하면 그 효과는 훨씬 커질 것이다.

독서는 어떻게
뇌 근육을 키울까?

모든 지식과 노하우를 내 것으로

독서의 중요성은 아무리 강조해도 지나치지 않다. 사회적으로 성공하고 존경받는 사람들 중에 책을 멀리한 사람은 찾아 볼 수가 없다. 미국의 토크쇼 사회자였던 오프라 윈프리는 〈타임〉지 선정 '20세기 가장 영향력 있는 인물' 중 한 명으로 꼽혔다. 또한 〈포춘〉의 '영향력 있는 여성' 리스트에 여러 차례 포함되었고, 미국 내 여론조사에서도 몇 번이나 가장 존경받는 여성 순위 상위권에 들었다. 가난한 가정에서 태어나 가출과 강간, 사생아 출산 등 힘겨운 10대 시절을 보냈음에도 하버드 대학교에서 명예 박사 학위를 받았고, 세계에서 가장 성공한 사람 중 한 명이 되었다. 오프라 윈

프리가 이렇게 성공에 이를 수 있었던 가장 큰 비결은 독서였다. 그녀는 어린 시절부터 일주일에 한 권 정도씩은 꼭 책을 읽었다고 한다. 은퇴한 지금은 작가와 독자 간의 대화 플랫폼을 제공하는 북클럽을 운영하며 독서 문화를 전파하는 데 앞장서고 있다.

흑인 인권 운동의 선구자였던 맬컴 엑스Malcolm X 역시 독서를 통해 역사에 길이 남을 인물이 되었다. 목사인 아버지와 평범한 어머니 사이에서 태어난 맬컴은 백인 우월주의자들에게 박해를 당하며 험난한 어린 시절을 보냈다. 흑인은 인간 취급을 받지 못하던 당시의 사회 상황에 반발하여 어린 나이에 학교를 중퇴하고 강도와 마약 밀매 등 온갖 범죄를 저지르며 살았다. 그러다가 체포되어 수감 생활을 하는 동안 동료 수감자의 영향으로 책을 탐독하며 자신을 완전히 변화시켰다. 망나니 범죄자에서 인권 운동가로 변모하여 흑인 해방운동의 지적 리더가 된 것이다. 그에게 책은 지식을 전해 주었을 뿐 아니라 '존재의 재구성'을 이끈 계기가 되었다.

넬슨 만델라는 로벤섬 감옥에 27년간 억류되었지만 매일 책을 읽고 사색했다. 그는 독서를 통해 자유를 배웠다고 했다. 일론 머스크는 외톨이였던 어린 시절에 매일 하루 10시간 이상 공상 과학과 물리학, 철학 책을 읽었다. 그는 "책을 읽고 로켓 만드는 법을 배웠다"라고 했다. 빌 게이츠 역시 독서광으로 유명한데, 책에서 세상에서 가장 많은 것을 배웠다고 했다. 고故 김대중 대통령도 지독한 독서광이었다. 그는 감옥에서 책을 읽고 앞으로 IT 시대가 도래할 것이라 예상했고, 디지털 혁명과 IT 강국의 초석을 놓은 지도자가 되었다. 우리나라가 세계적인 기술 강국으로 올라선 데에 그가 감옥에서 읽은 책들에서 얻은 영감이 밑바탕이 되었다.

이처럼 성공한 사람들은 예외 없이 독서를 많이 했다는 공통점이 있다. 철학자인 르네 데카르트_{René Descartes}는 "좋은 책을 읽는 것은 지난 몇 세기에 걸쳐 가장 훌륭한 사람들과 대화를 나누는 것과 같다"라고 했다. 실제로 한 권의 책 속에는 지은이가 평생에 걸쳐 습득한 전문 분야의 지식과 노하우, 그만의 철학과 통찰력 등 모든 지혜가 담겨 있다. 그래서 책을 읽는 것은 저자가 공들여 가꾸어 놓은 숲속을 거닐며 탐스러운 과실을 마음껏 따먹는 것과 같다. 독서는 수많은 저자들의 지식과 노하우를 가장 저렴하고 편리한 방법으로 내 것으로 만드는 방법인 것이다.

책 속의 내용을 현실로 받아들이는 뇌

책을 읽으면 무엇이 좋을까? 다수의 연구 결과에 따르면, 책을 읽을 때 시각이나 언어, 감정, 운동, 상상을 자극하는 뇌 영역이 활성화된다고 한다. 다음의 그림에서 보는 것처럼 게임을 할 때는 뇌의 한 부분만 활성화되지만 책을 읽을 때는 뇌의 전 영역이 고르게 활성화된다.

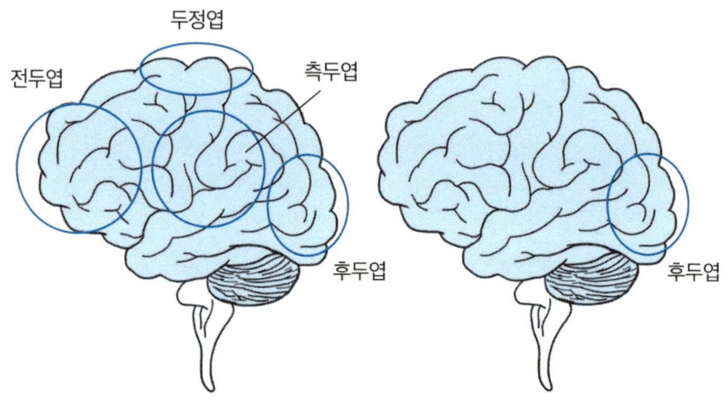

책을 읽을 때 활성화되는 부위   게임을 할 때 활성화되는 부위

우선 글을 읽는 행위는 시각 정보를 담당하는 후두엽을 활성화한다. 한 국제 공동 연구에서 글을 읽을 줄 아는 사람들과 글을 읽을 줄 모르는 사람들을 대상으로 fMRI 촬영을 한 결과, 글을 읽을 줄 아는 사람은 후두엽과 후두-측두 영역에서 글을 읽지 못하는 사람에 비해 더 강하고 정교한 시각 반응을 보였다. 독서는 인쇄된 글자를 눈을 통해 읽어 들이는 시각적인 활동이므로, 시각 피질이 위치한 후두엽의 활동이 활발해질 수밖에 없다. 후두엽이 발달하면 시각적 상상이나 정보 해석력이 향상된다.

머리 위쪽에 자리 잡고 있는 두정엽은 시각과 청각 정보의 통합, 공간 인식, 주의, 언어 이해의 일부에 관여한다. 특히 좌측 두정엽 하부는 글자를 읽고 의미를 이해하는 데 중요한 영역이다. 글자를 소리로 변환하고 단어의 의미를 회상하며 문맥 속에서 추론하는 기능을 한다. fMRI를 활용한 연구에 따르면, 독서를 많이 한 사람은 두정엽을 포함한 측두엽, 전두엽, 두정엽으로 이어진 언어 네트워크의 연결성이 향상된다고 한다. 카네기멜론 대학교의 연구에서는 아이들이 읽기 훈련을 받는 동안 두정엽과 측두엽 간의 연결 섬유가 강화되는 것을 확인했다. 많이 읽을수록 읽기와 이해, 언어 사고가 좋아지는 것이다.

독서는 또한 상상을 통해 뇌의 전 영역을 활성화하는 역할을 한다. 2006년에 스페인 학자들이 시행한 연구에 따르면 '라벤더', '시나몬', '비누' 등 냄새와 관련된 단어를 읽으면 언어 중추가 발달할 뿐만 아니라, 냄새를 감지하는 영역도 덩달아 활성화된다고 한다. 피험자들에게 냄새와 관련된 단어를 읽도록 하고 그때의 뇌 반응을 fMRI 장비를 이용하여 관찰한 결과, '의자'나 '열쇠' 등 냄새와 무관한 단어를 읽을 때와는 달리 '향수'나 '커피' 같은 단어를 읽을 때는 후각피질이 활성화되엇다.

에모리 대학교의 실험 결과도 이와 비슷한 결론을 말해 준다. '그는 목소리가 좋다'라는 글을 읽을 때는 언어 중추만 반응하지만 은유적인 표현, 예를 들어 '그의 목소리는 벨벳과 같이 부드럽다'라는 글을 읽을 때는 마치 손으로 벨벳을 만지는 것처럼 촉감을 느끼는 감각피질이 활성화되었다. 프랑스에서도 유사한 연구가 이루어졌는데, '그 남자가 공원을 뛰어갔다' 또는 '소년이 공을 찼다'와 같이 동작을 연상시키는 글을 읽으면 운동피질이 반응을 보였다.

독서를 하는 동안 뇌는 책 속의 내용이 마치 현실인 것처럼 각종 감각 반응을 보인다. 책에 나오는 수많은 단어와 은유, 비유 등의 표현들은 뇌의 다양한 부위를 끊임없이 자극하고, 이러한 자극은 신경세포의 연결을 더욱 강화해 뇌 기능을 향상시킨다.

최근에 시행된 한 연구에 따르면 소설을 읽고 난 후 형성된 신경 회로가 일정 기간 지속되는 것으로 나타났다. 신경학자인 그레고리 번스 교수팀의 연구에 의하면 소설을 읽는 동안 달라진 뇌 신경 구조가 5일 후까지도 남아 있었다고 한다. 그래서 책을 계속해서 읽게 되면 신경 간의 결합을 더욱 단단하게 할 수 있고 뇌를 바람직한 방향으로 재구성하는 데 도움이 된다.

언어 수준이 인간관계를 좌우한다

독서는 타인에 대한 공감 능력을 높여 주고 사회성을 강화하는 기능도 한다. 키스 오틀리Keith Oatley를 비롯한 몇 명의 인지심리학자들의 연구에 따르면 소설을 읽을 때 뇌는 책 속의 상황을 상상

속에서 시뮬레이션하는 것으로 밝혀졌다. 사회적 경험을 시뮬레이션의 형태로 재현해 타인의 감정과 관점을 이해하는 능력을 훈련한다는 것이다. 또한 언어와 의미 처리를 담당하는 좌측 측두엽과 사회 인지를 담당하는 전두엽 등의 네트워크를 활성화시키고, 경험하지 않은 일도 마치 직접 체험한 것처럼 반응하는 '체화된 인지embodied cognition'를 하도록 만들어 준다.

체화된 인지는 예를 들어 농구에서 직접 뛰고 슛을 하는 장면을 상상하는 것만으로도 실제 움직임과 관련된 운동피질의 신경세포들이 활성화될 수 있는 것을 말한다. 이러한 작용으로 인해 소설을 읽을 때 좌측 측두엽과 감각피질, 운동피질이 동시에 반응하고, 독자는 소설 속의 주인공이 된 것 같은 기분을 느낄 수 있다. 이는 다른 사람의 마음을 이해하는 '마음 이론' 역량을 향상시킨다.

그레고리 번스 교수는 책을 읽고 난 후에 읽기 전과 어떻게 달라졌는지 알아보기 위해 21명의 대학생을 대상으로 한 가지 실험을 하였다. 이 실험은 모두 19일에 걸쳐 진행되었는데, 처음 5일 동안은 아무것도 하지 않은 상태에서 fMRI 장비를 이용하여 뇌를 스캔했다. 그 후 학생들에게 《폼페이Pompeii》라는 스릴러 소설을 나누어 주고 9일 밤 동안 한 챕터씩 읽게 한 후 다음 날 아침에 뇌의 상태를 관찰했다. 소설을 다 읽고 난 후에도 5일에 걸쳐 뇌를 지속적으로 관찰했다.

그 결과 소설을 읽은 다음 날 아침에 뇌의 연결이 가장 활발하게 나타났다. 또한 뇌 영상 촬영 자료를 통해 언어의 이해를 담당하는 좌측 측두엽과 중심 고랑 영역이 활성화된 것을 확인할 수 있었다. 중심 고랑 앞쪽에 1차 운동 영역이, 뒤쪽에는 체감각피질이 위치해 있는데, 이 두 영역이 동시에 활성화된다는 것은 주인공이 느끼는 감각과 몸의 움직임을 독자도 함께 느낀다는 의미이다. 이는 다른 사람의 입장을 이해할 수 있는 연민과 마음 이론 능력이 향상되었음을 보여 준다고 그레고리 교수는 밝히고 있다. 실제로 취학 전에 책을 많이 읽은 아이들일수록 다른 아이들과 잘 어울리는 경향이 있다고 한다. 2009년의 독서량 연구에서는 책을 많이 읽을수록 상대방을 공감하고 배려하는 능력이 좋아졌다는 결과도 보고되었다.

지금까지 살펴본 것처럼 독서는 뇌의 다양한 부위를 활성화함으로써 신경세포의 연결을 단단하게 만들어 주고, 타인의 심정을 이해하는 공감 능력을 길러 주어 사회적으로 원만한 관계를 맺을 수 있게 도와준다. 또한 독서는 언어 발달에 큰 영향을 끼치고, 이는 다시 사회성의 문제로 연결될 수 있다.

한 사람의 인간관계는 그 사람이 구사하는 언어의 수준에 따라 달라질 수 있다. 자신의 생각을 말이나 글로 분명하게 표현하지 못하면 주위 사람들에게 오해를 받거나 배척당하는 등 어려움을 겪을 수 있다. 또한 거칠고 저속한 표현을 자주 사용하면 지적 교류를 추구하는 모임에 참여하기 어렵다. 자기 계발이나 발전 측면에서 한계가 생기는 것이다.

언어는 자신의 행동을 내적으로 통제하는 역할을 해 사회적인 관계 형성을 촉진하기도 한다. 인간에게는 언어가 있기 때문에 자신의 의사를 말이나 글로 표현할 수 있고, 따라서 행동으로 감정을 드러내지 않아도 충분히 자신의 뜻을 전달할 수 있다. 이렇듯 인간 사이의 소통은 언어 덕분에 크게 발달했다.

언어는 정서적, 지적 발달에도 영향을 미친다. 인간은 자신의 언어 수준 내에서만 사고하고 행동하며 표현할 수 있다. '명일'이나 '우천 시'와 같은 단어를 몰라 웃지 못할 상황이 벌어진다는 이야기가 심심치 않게 들리는 것처럼 '성찰', '폄훼', '읍소' 등의 단어를 모르는 아이들은 그만큼 글을 읽고 이해하는 것에도 제한이 생겨, 지적 수준의 확장에 제동이 걸릴 수밖에 없다.

언어는 또한 학습 및 기억과도 밀접한 관계가 있다. 자신의 언어로 표현된 것들이 그렇지 못한 것들에 비해 이해하기 쉽고 장기 기억에 오래 남아 있을 가능성도 높기 때문이다. 특정한 사실이나 생각을 스스로의 언어로 변환함으로써, 아이들은 그것들을 이해하고 자신만의 의미를 형성해 기억에 공고하게 저장한다. 언어가 없다면 내 머릿속에 있거나 타인이 제시하는 개념을 표현할 방법이 없어지므로 이해의 수준이 떨어질 수밖에 없고, 이해하지 못하는 것은 자연히 기억에서도 멀어진다.

어린 시절 독서가 평생의 뇌를 만든다

이렇듯 독서는 수많은 장점이 있는데, 처음 책을 접하는 시기는 빠르면 빠를수록 좋다. 나이가 들수록 책 읽기가 더욱 어려워져 멀리하게 되기 때문이다. 샐리 세이위츠Sally Shaywitz 교수 등의 연구에 따르면 읽기 능력이 뛰어난 아이들은 책을 읽을 때 좌측 후두-측두 시스템이 활성화되는 반면, 읽기 능력이 낮거나 난독증을 앓는 아이들은 우측 반구 혹은 비전형적 읽기 네트워크를 사용하는 경향을 보였다. 새로운 것을 학습할 때는 일반적으로 우측 뇌를 사용하고 익숙해지면 좌측 뇌로 옮겨 가는데, 책을 읽는 데 어려움을 겪는 아이들의 우측 뇌가 활성화되는 현상은 이 아이들이 책 읽기를 익숙한 것으로 받아들이지 못하고 늘 새로운 학습으로 여긴다는 것을 나타낸다.

최근에는 기술이 발달하면서 종이책 대신 전자 기기를 이용하여 독서를 하는 사람들도 늘어나고 있다. 하지만 전자책보다는 종이책을 읽는 것이 더 바람직하다. 전자 기기를 이용한 독서는 종이책 독서에 비해 이해력 또는 기억력 향상 측면에서 불리하기 때문이다. 특히 어린이와 청소년에게는 그 차이가 더 두드러진다. 여전히 논란이 있기는 하지만, 다수의 연구에서 전자 기기를 통한 독서가 종이책에 비해 이해도를 저해한다는 결론이 도출되고 있다.

세상이 빠르게 변하면서 책을 읽는 사람들이 갈수록 줄어들고 있다. 2023년 기준 우리나라 성인의 연간 독서량은 3.9권에 불과하다. 분기에 한 권꼴이다. 10명 중 6명은 1년에 단 한 권의 책도 읽지 않는다. 너무나 안타까운 일이 아닐 수 없다. 우리는 모두 성공을 바라면서도 그 징검다리가 되어 주는 독서에는 소홀하다. 세상이 점점 각박해지는 것도 사람들이 책을 멀리하기 때문인지도 모른다. 독서는 뇌 기능과 감성을 모두 한 차원 높여 줄 수 있는 가장 확실한 방법이다. 따라서 지금보다 나은 삶을 꿈꾼다면 반드시 책을 가까이해야 한다.

인공지능은 정말
인간의 사고를 대체할까?

새로운 사고의 파트너, 인공지능

내 석사 논문의 제목에는 '인공지능AI'이라는 단어가 들어간다. 최근 들어 그 존재 가치가 더욱 부각되고 있지만, 인공지능은 이미 오래전부터 연구되어 왔다. 하지만 그에 대한 기대는 지금 우리가 경험하는 것과는 사뭇 달랐다. 인공지능은 사람이 시키는 것만 할 수 있는 '말 잘 듣는 똑똑한 기계'이며 사람의 활동을 보조해주는 편리한 수단에 그칠 것이라 예상했다. 그래서 그 쓰임도 제한적이었다. 일부 산업 분야에서 자동화나 고효율 시스템을 구축하는 전자 장치의 일부로 활용되었으며, 인간의 삶에서 직접적으로 인공지능을 맞닥뜨리는 경우도 극히 드물었다. 인공지능이 인간의 일자리를 빼앗을 것이라는 우려도 있기는 했지만, 그다지 심각하게 받아들여지지는 않았다. 발전의 속도도 무척이나 더뎠다.

하지만 2016년 치러진 이세돌과 알파고의 바둑 대국 이후로 인공지능에 대한 세상 사람들의 인식은 완전히 바뀌었다. 그저 인간이 만든 똑똑한 기계로 알았던 인공지능이 스스로 학습하고 경험하며 데이터를 축적함으로써 기존에 없던 무언가를 새롭게 만들어 내고 그러한 능력을 바탕으로 미래에는 인간을 뛰어넘을 수 있다는 예상이 등장하기 시작했다. 이제는 그 누구도 인공지능을 시키는 것만 잘하는 똑똑한 기계로 여기지 않는다. 오히려 세상의 흐름을 바꾸고 사람의 역할을 대체할 혁명적인 수단으로 인식하게 되었다.

이세돌과 알파고의 대결 이후 오랜 시간이 지난 지금, 인공지능은 인간의 삶 속으로 더욱 깊이 파고들었다. 인공지능을 활용하는 분야가 늘어났고 인공지능은 우리 일상에서 떼려야 뗄 수 없는 필수적인 수단이 되었다. 그러던 중 2022년 말에 생성형 인공지능generative AI인 챗GPT가 등장하면서 우리 사회에 급격한 변화가 일어났다.

챗GPT는 사상 최초로 사용자의 질문에 답변을 주는 차원을 넘어, 사용자와 질문을 주고받으며 대화를 이어 나가는 방식을 차용해 살아 있는 파트너 같은 느낌을 준다. 수많은 사례에서 수집한 빅데이터를 기반으로 패턴을 학습하고 그에 맞추어 원하는 답을 제시해 주기만 하던 기존의 도구들과는 달리, 챗GPT는 대화를 통해 사고를 이끌어 가고 사고의 깊이와 범위를 확장함으로써 인간의 사고를 대신해 주는 도구처럼 자리 잡기 시작했다. 이제 많은 사람들이 챗GPT를 비롯한 생성형 인공지능을 활용해 학습을 하고 일을 처리하고 있다.

생성형 인공지능의 가장 큰 장점 중 하나는 인간의 사고를 도와준다는 것이 아닐까 싶다. 챗GPT가 등장하기 이전에는 궁금한 것이 있으면 검색엔진에 질문을 하고 인공지능이 제시해 주는 정보를 통해 단편적인 답을 얻었다. 검색 결과에 대한 판단과 기존 지식과의 연결은 전부 인간의 몫이었다. 그래서 이전의 인공지능은 정보 탐색 도구였을 뿐 사고의 도구는 되지 못했다. 하지만 챗GPT는 사람들이 질문을 하면 맥락을 파악하고 그것을 구조화하여 다음 질문을 제안해 사고를 지속적으로 이어 나가도록 만든다. 특히나 챗GPT는 사용자가 무엇을 알고 무엇을 모르는지 애매모호한 상황에서 큰 도움을 준다. 사고를 할 때 가장 어려운 순간은 질문이 명확하지 않거나 문제의 경계가 애매할 때, 생각이 또렷하지 않고 뭉개져 있을 때 등이다. 기존의 도구로는 정확한 키워드를 제시하지 않으면 답을 얻기가 어렵다. 하지만 챗GPT는 흐릿한 생각도 언어로 바꾸고 질문을 다듬어 주며, 생각의 윤곽을 다듬어 나갈 수 있도록 만들어 준다. 단순히 질문에 답을 할 뿐만 아니라 사용자가 미처 하지 못했던 사고의 초안을 만들고 확장해 주는 것이다. 우리가 '말하다 보니 생각이 정리됐네?' 같은 경험을 하는 것은 모두 이 때문이다.

게다가 챗GPT는 사용자를 비난하거나 면박 주지 않고 끝까지 생각이 정리될 수 있도록 도와준다. 사고의 속도를 사용자에 맞추어 줄 뿐 아니라 틀린 생각을 바로잡으며 다양한 생각과 연결할 수 있도록 돕는다. 그 덕분에 사용자의 생각은 중간에 끊기지 않고 계속 이어지게 된다. 이러한 장점들이 있다 보니, 챗GPT는 많은 사람들에게 사고의 파트너이자 내 사고를 완성해 주는 조력자로 인식되고 있다. 이런 이유로 많은 기업에서도 생성형 인공지능을 이용하여 업무 효율화와 자동화를 추구하고 있다. 챗GPT 이후 제미나이Gemini, 클로드Claude, 퍼플렉시티Perplexity 등 셀 수 없이 많은 생성형 인공지능이 등장하면서 더욱 많은 사람들이 이들을 사고의 파트너로 활용하는 추세이다.

'대답해 줘'만 반복하는 사람들

하지만 시간이 지날수록 주객이 전도되는 느낌이 든다. 생성형 인공지능을 효율이나 생산성을 높이기 위한 '사고의 파트너'로 여기는 게 아니라 '사고의 대체자'로 인식하기 시작한 것이다. 그러한 사례 중 하나가 부정행위이다. 2025년 말에 연세 대학교를 비롯해 고려 대학교, 서울 대학교 등 소위 '스카이'라고 불리는 국내 명문 대학 학생들이 생성형 인공지능을 이용하여 시험 답안을 제출하는 부정행위가 있었다는 뉴스가 사회를 떠들썩하게 만들었다. 시험은 학습한 내용을 바탕으로 주어진 질문에 대해 학생들 스스로 이해하고 사고한 내용을 증명하는 과정이다. 그 결과물에 따라 사고의 깊이나 질에 대한 평가가 달라질 수 있다. 그런데 스스로 사고하는 과정을 생략한 채 인공지능이 제시하는 답만 제출하면 학생의 사고 능력은 드러나지 않는다. 시험의 주요 평가 대상을 학생 스스로 삭제해 버린 것이다. 인공지능이 제시한 답은 학생의 사고가 될 수 없으며, 따라서 그런 답안을 제출한 학생에 대한 평가는 제대로 진행될 수가 없다. 안타깝게도 이런 사례는 점점 늘어나고 있다.

생성형 인공지능이 발달하고 그 수준이 높아짐에 따라 이처럼 인공지능에게 사고 과정 전체를 맡기려는 시도가 많아지고 있다. 이렇게 사고 근육을 사용하지 않으면 여러 문제가 발생한다. 우선 생성형 인공지능은 질문의 수준이 답변의 수준을 결정한다. 다양하고 수준 높은 질문을 연속적으로 이어 나가면 그만큼 질 높은 답을 이끌어 낼 수 있다. 그래서 만족스러운 답을 얻기 위해서는 사고 활동을 통해 질 높은 질문을 만들어 내야 한다. 하지만 '인공지능이 알아서 답을 주겠지' 하며 사고 없이 답만 취하면 사고의 출발점 자체가 약해진다.

또 인공지능이 제시하는 답을 검증하거나 반박하지 않고 그대로 결과를 수용하기만 하면 답을 얻기 위한 추론 과정 등이 따르지 않아 사고의 질이 높아지지 않는다. 사고는 가설을 수립하고 검증하고 반박하는 등의 과정을 거치며 발전하는데, 그 과정 자체가 원천 차단되어 사고가 깊어질 수 없게 되는 셈이다. 나아가 인공지능이 제시하는 답을 그대로 받아들이면 생각의 중간 단계가 사라진다. 간단히 해결할 수 있는 것을 제외하고는 어떤 문제든 여러 갈래의 생각들이 이리저리 꼬이며 사고의 엉킴이 만들어질 수밖에 없다. 그렇게 엉킨 생각을 풀어 나가는 과정에서 사고가 깊어지는 것이다. 인공지능에 사고 전체를 의존하는 것은 이러한 기회를 차단하는 것과 다를 바 없다.

고민 없이 얻은 정답을 좋아하는 뇌

인공지능의 발달이 인간의 사고 능력을 약화시킬 수 있을까? 그럴 가능성도 있다. 인간의 뇌는 에너지 사용에 꽤나 민감하다. 뇌의 무게는 몸무게의 2퍼센트 수준에 불과하지만, 전체 에너지의 20퍼센트를 사용한다. 그러다 보니 가급적이면 에너지를 아끼고 싶어 하는데, 문제는 사고 과정에는 꽤 많은 에너지가 소모된다는 것이다. 그래서 누군가 사고 과정을 대신해 줄 사람이 있으

면 그에게 사고를 맡기고 에너지 사용을 줄이려고 한다. 미국 에
모리 대학교의 얀 엥겔만Jan Engelmann과 모니카 카프라Monica Capra
교수 등은 피험자들을 모집한 후 돈을 어느 곳에 투자할 것인지
결정하도록 하는 실험을 진행했다. 실험 내용은 간단했다. 금액
은 적지만 확실한 수익이 보장되는 상품과 당첨금이 크지만 돈을
잃을 위험도 큰 복권 중에서 하나를 선택하는 것이다. 연구진은
피험자들에게 재정 전문가를 한 사람 소개해 줬는데, 투자 지도
사 자격증을 보여줌으로써 그 전문가를 신뢰하도록 만들었다.

연구진은 실험이 진행되는 동안 fMRI 장치를 이용하여 피험자
들의 뇌 활동을 스캔하였다. 피험자들은 기계 안에 누워 컴퓨터
화면에 떠오른 확률과 금액이 명시된 두 가지 옵션 중 하나를 선
택해 투자를 결정해야 한다. 화면에 '수락'이라는 단어가 나타나
면 전문가가 추천한 옵션이므로 믿고 투자할 수 있는 것이고, '거
절'이라는 단어가 나타나면 전문가가 추천하지 않는 옵션이므로
투자하지 말라는 것이었다. 절반 정도에는 '자문 불가'라는 글자
를 보여 주었는데, 이는 전문가의 도움을 받을 수 없으므로 피험
자 스스로 투자를 결정하라는 의미였다.

실험 결과, 피험자들의 신경 활동은 전문가의 조언에 상당히
많은 영향을 받았다. 전문가가 수락이나 거절 신호를 줄 때 피험
자들은 신경 활동의 변화 없이 그 조언을 그대로 따랐다. 하지만
전문가의 조언이 없는 경우에는 후대상피질과 편도체 등 가치 평

가와 관련된 부위의 신경 활동이 증가했다. 뇌 입장에서는 전문가의 조언을 받을 수 없을 때는 스스로 판단을 내리기 위해 필요한 부위를 활발하게 움직였지만, 전문가의 조언을 받을 수 있는 경우에는 판단의 무거운 짐을 전문가에게 떠넘기려고 했다는 것이다. 전문가의 조언을 받을 수 있는 상황에서 뇌는 굳이 열심히 일할 필요가 없었고 실제로도 열심히 일하지 않았다.

이 실험에서 보는 것과 같이 뇌는 자신의 사고 활동을 대체해 줄 수 있는 수단이 있으면 스스로 노력하지 않으려고 한다. 챗GPT나 제미나이 같은 생성형 인공지능이 발달하면 사람들은 자칫 그것들이 자신의 사고를 대신 해 줄 것이라고 여길 수 있다. 그로 인해 스스로 사고하려는 노력을 줄이면 사고 역량이 저하될 수 있다. 이런 것들이 인공지능이 발달한 시대에 많은 사람이 하는 고민 중 하나이다. 이러한 우려는 인지과학적으로도 충분히 의미 있고 그럴 가능성도 충분하다. 내가 굳이 고민하지 않아도 답을 얻을 방법이 있다면 에너지를 아끼고 싶은 뇌는 사고 과정을 줄이려 할 것이고, 이것이 습관이 되면 뇌의 신경 활동도 그에 맞추어 최적화될 수 있기 때문이다.

인공지능에 대한 의존은 위의 실험에서와 같은 전문가 의존과 구조적으로 동일하다. 뇌는 챗GPT와 같은 생성형 인공지능을 일종의 전문가라고 인식한다. 아무리 생각하고 고민해도 답을 얻기 어려운 문제에 대해 인공지능을 통해 만족스러운 답을 얻게 되면 학습에 의해 인공지능을 전문가라고 여기게 되고 스스로 사고를 시작하기도 전에 포기하고 도움을 요청할 수 있다. 인지적 위임cognitive offloading 현상이 나타나는 것이다.

이렇게 되면 복잡한 현상을 꿰뚫어 문제를 명확하게 정의하는 능력, 길고 복잡한 논증을 스스로 전개해 나갈 수 있는 능력, 불확실하고 애매모호한 문제를 감당하고 견뎌 내는 능력, 중간 단계에서 얽힌 생각을 풀어내고 정리하는 능력, 결론이 명쾌하지 않은 상태를 유지하는 인내력 등 사고와 관련된 다양한 역량이 저하될 수 있다. 복잡하고 어려운 문제 앞에서 주저앉거나 생각이 풀리지 않을 때 쉽게 포기해 버리는 일이 벌어질 것이다. 많은 사람들이 이러한 흐름을 따라가다 보면 사고 방식이 탐구자에서 감독자의 것으로 바뀔 수 있다. 탐구자는 문제를 정의하고 가설을 설정하여 분석하고 추론하여 판단하고, 그 결과에 대해 책임을 지는 사람이다. 반면에 감독자는 깊이 생각할 필요가 없다. 문제를 제시하고 다른 누군가가 찾아낸 답을 수용할 것인지 거부할 것인지만 결정하면 된다. 결국 깊이 있는 사고는 멈출 수밖에 없다.

인공지능이 거짓 정보나 맥락과 무관한 내용을 진실인 것처럼 알려 주는 소위 '현혹hallucination'도 문제다. 시간이 지나면 해결될 수도 있겠지만, 아직 인공지능은 거짓 정보로부터 자유롭지 못하다. 사용자가 원하는 답을 제시하기 위해 없는 사실을 그럴 듯하게 만들어 제시하는 경우가 많다. '설마 인공지능이 거짓말을 하겠어?'라고 생각하면 꼼짝없이 속아 넘어갈 수 있다. 따라서 비판적 사고 없이 인공지능을 사용하면 거짓 정보를 생성하고 유통하게 되는 것이다.

이렇듯 인공지능은 인간 고유의 사고와 사유에 심각한 위협이 되고 있지만, 인공지능이 사회 전반에서 발달한다고 해서 인간의 깊이 있는 사고 능력이 하루아침에 사라지지는 않을 것이다. 그러나 불행하게도 사고가 필요 없는 구조가 안정되면, 사회는 깊이 생각하지 않아도 괜찮은 상태에 익숙해지고, 위기와 전환, 윤리적 문제에 대한 판단에서 심각한 취약성을 드러낼 수도 있다.

인공지능은 정말 생각을 멈추게 할까?

물론 반론도 있을 수 있다. 무엇보다 사고 능력은 단일한 능력이 아니기에 생성형 인공지능에 대한 의존도가 늘어난다고 해서 사고 능력 전체가 나빠지는 것은 아니라는 주장이 있다. 사고 능력에는 논리적 추론, 창의적 연결, 메타 사고, 문제 정의, 판단과 선택 등 여러 가지 종류가 있다. 인공지능에 대한 의존이 특정한 사고를 덜 쓰게 만들 수는 있지만, 사고 능력 전체를 저하시킨다는 것은 개념적 오류라고 보는 입장이다.

두 번째 반론은 인간의 사고는 늘 외부적인 도구와 결합되어 있었다는 주장이다. 문자 이전에는 기억 중심의 사고를 했고, 문자가 등장한 이후로는 분석과 추상적인 사고가 증가했다. 인쇄술이 발달한 이후로는 비판이나 비교하는 사고가 늘어났다. 새로운 도구가 등장할 때마다 '사람들은 더 이상 생각하지 않는다'라는 우려가 있었지만, 생각 자체가 사라진 것이 아니라 새로운 형태의 사고가 등장했을 뿐이라는 것이다.

세 번째 반박으로, 인공지능이 인간의 사고를 대체하는 것이 아니라 한계를 더 선명하게 드러낸다는 의견이 있다. 챗GPT와 같은 생성형 인공지능은 질문의 내용에 따라서 다른 답변을 내놓고, 판단 기준이 없으면 인공지능이 제시하는 답을 선택할 수 없으며, 문제의 맥락 파악이 안 되면 오류를 걸러 내지 못한다. 사고 능력이 없는 사람은 인공지능을 활용해도 결과가 나쁘기 때문에 인공지능의 발달은 그 차이를 가시화할 뿐이라고 주장한다.

그 외 여러 가지 반론이 있지만 과연 인공지능의 발달이 인간의 사고 역량을 저하시킬 것인지 여부는 좀 더 시간을 두고 지켜볼 필요가 있을 듯싶다. 산업혁명으로 인해 인간의 일자리가 모두 사라질 것이라는 우려와 달리 더 많은 직업들이 생겨난 것처럼 인공지능으로 인해 인간의 사고 능력이 저하될 것이라는 우려와는 다른 세상이 펼쳐질 수도 있으니 말이다.

＊

뇌의 구조와 역할

뇌과학은 역사가 그리 길지 못하다. 뇌에 관한 연구는 오래전부터 이루어졌지만, 뇌과학이 본격적으로 발달하기 시작한 시점은 20세기 중반 이후, 특히 1970년대 이후이다. 이 시기부터 뇌과학은 뇌를 해부학적 구조가 아닌 생물학적, 화학적, 전기적 작용이 통합된 하나의 시스템으로 연구하는 학제 간 학문으로 자리 잡았다. 역사가 50년도 채 되지 않는 셈이다.

따라서 과거에는 지지받던 이론들이 최근 들어서 비판의 대상이 되기도 하는데, 그중 하나가 '뇌의 3층설' 혹은 '뇌 삼위일체 이론'이다. 1950~1960년대, 미국의 심리학자인 폴 매클린Paul Maclean은 사람의 뇌는 크게 세 가지 구조로 이루어져 있다고 주장했다. 우선 가장 안쪽에는 진화의 정도가 제일 낮은 뇌간brainstem이라는 영역이 있다. 뇌간은 척수와 연결되어 있어 심장박동이나 호흡,

침 분비 등과 같이 가장 기본적인 생명 유지 활동을 관장한다. 가장 원시적인 뇌라는 의미로 파충류의 뇌라고 한다.

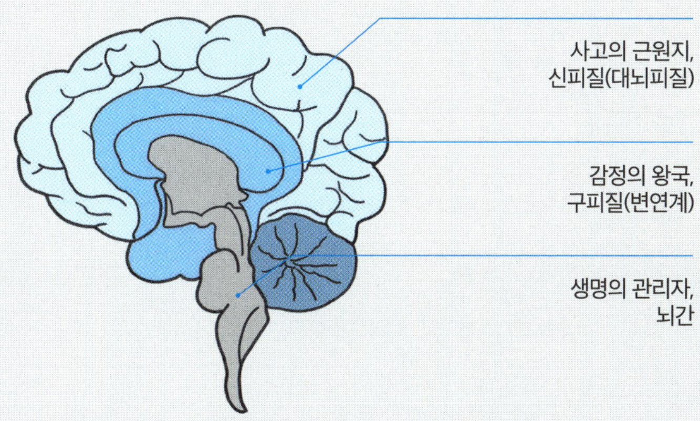

폴 매클린이 주장한 뇌의 3층설에 따르면, 뇌는 크게 세 부위,
즉 뇌간, 변연계, 대뇌피질로 이루어져 있다.

다음으로는 뇌간을 둘러싸고 변연계limbic system가 자리 잡고 있다. 기쁨이나 슬픔, 분노, 두려움, 초조, 불안, 즐거움 등 감정적인 기능을 담당하고 있어 정서 뇌emotional brain라고도 한다. 우리는 변연계 덕분에 다양한 감정을 느낄 수 있다. 이 영역에서 체온, 혈압, 혈당, 소화 기능 등 체내 환경을 조절하는 많은 화학물질이 만들어지고 체내로 분비되어 화학적인 뇌chemical brain라고 불리기도 한다. 대다수 포유류의 뇌에 이러한 구조가 있어 포유류의 뇌라는 이름도 붙었다.

변연계를 둘러싼 뇌의 가장 바깥쪽에는 신피질, 다른 용어로는 대뇌피질cerebral cortex이라고 부르는 영역이 있다. 이성적이고 논리적인 사고와 합리적인 의사 결정, 고차원적인 인지 활동 등이 이루어지는 영역이다. 영장류의 뇌라고도 불린다.

이렇게 뇌가 뇌간과 변연계, 대뇌피질의 세 영역으로 구성되어 있다고 주장한 것이 '뇌 삼위일체 이론'이다. 이 이론은 뇌간을 가장 열등한 뇌, 대뇌피질을 가장 우수한 뇌라고 여기며 뇌간, 변연계, 대뇌피질의 순으로 진화해 왔다고 주장한다. 그리고 뇌간은 생명 유지, 변연계는 감정, 대뇌피질은 이성 등 각 영역이 특정 기능이나 행동을 전담한다고 보았다. 대뇌피질은 감정에 관여하지 않고 변연계는 인지 기능에 관여하지 않는다는 것이다.

하지만 최근 신경과학계에서는 이러한 구분이 지나치게 단순하며 뇌의 복잡한 구조와 기능을 제대로 반영하지 못한다는 비판이 일고 있다. 우선 파충류의 뇌가 포유류의 뇌로, 다시 영장류의 뇌로 진화하지 않았다고 본다. 포유류의 뇌 구조는 파충류의 뇌와 동일한 조상 구조에서 분화했을 뿐, 파충류의 뇌 위에 포유류의 뇌가 얹히지는 않았다는 뜻이다. 그러니 뇌간, 변연계, 대뇌피질 순으로 진화했다는 이론은 뇌를 제대로 설명하지 못한다는 비판이 있다.

뇌간은 생명 유지를, 변연계는 감정을, 대뇌피질은 이성을 담당한다는 주장도 마찬가지이다. 뇌 활동은 특정한 단일 영역이 아니라 광범위한 뇌 영역들이 복잡하게 연결된 네트워크를 통해 이루어지며, 감정과 이성은 뇌 안에서 끊임없이 소통하며 행동을 조절한다. 해마나 편도체 등 변연계의 구조들이 감정만을 관장한다는 주장과는 달리, 이들 부위는 기억이나 학습, 동기부여 등 다양한 인지 기능의 작동에 필수적이다. 그러므로 '변연계=감정', '대뇌피질=이성'과 같은 식의 획일적인 구분은 잘못되었다는 것이다. 그래서 최근에는 파충류의 뇌나 포유류의 뇌, 영장류의 뇌라는 용어 자체를 사용하지 않는 방향으로 가고 있다.

현대 신경과학은 뇌의 3층설 대신, 뇌를 복잡하게 연결된 시스템으로 이해하며, 진화를 점진적 변화와 특화의 과정으로 여긴다. 특정 기능이 뇌의 한 부위에 집중된다고 본 과거 이론과는 달리 오늘날 학자들은 하나의 기능을 뇌의 여러 영역이 함께 담당하며, 이들이 네트워크를 이루어 작동한다는 분산된 처리distributed processing 모델에 더욱 중점을 둔다.

하지만 한편으로는 뇌의 3층설은 뇌의 해부학적 구조나 기능적 분할을 이해하는 데 유용한 이론이기도 하다. 뇌의 가장 안쪽에 자리 잡고 있는 뇌간은 중뇌와 다리뇌 혹은 교뇌, 숨뇌 혹은 연수로 이루어져 있는데, 생명 유지에 필수적인 기능을 담당한다. 호흡 조절, 심장박동 조절, 혈압 조절, 수면과 의식 조절 등 기본적인 반사 및 생존 기능을 관장하며, 대뇌와 척수 사이의 정보 전달 통로 역할도 담당한다.

변연계는 해마, 편도체, 시상, 시상하부 등 여러 피질하 구조와 신경섬유로 이루어진 기능적 시스템이다. 우리가 흔히 아는 것처럼 감정과 정서를 처리하는 것은 물론, 기억이나 학습, 동기부여, 본능적인 행동 등을 조절하는 데 핵심적인 역할을 한다. 특히 편도체는 공포와 같은 감정 처리에, 해마는 새로운 기억 형성에 중요한 기여를 한다. 변연계는 뇌간과 대뇌피질 사이에서 상호작용하며 우리의 행동을 조절하기도 한다.

대뇌피질은 대뇌의 가장 바깥쪽에 위치한 얇은 회색질 층으로, 이랑과 고랑이라고 불리는 수많은 주름이 있다. 크게 전두엽, 두정엽, 측두엽, 후두엽의 네 부분으로 나뉜다. 대뇌피질은 고등 인지 기능을 담당하는데, 사고와 추론, 언어, 의식, 시각, 청각, 촉각 등 감각 정보 처리, 정교한 운동 조절, 기억의 저장 및 검색, 계획 및 집행 등 인간을 인간답게 만드는 모든 복잡한 활동이 이루어지는 곳이다.

대뇌피질에 대해서는 조금 더 자세히 살펴볼 필요가 있다. 다음 그림은 뇌를 외부에서 바라본 모습으로 왼쪽이 이마, 오른쪽이 뒤통수 쪽이다. 중심고랑을 기준으로 앞쪽에 있는 부분을 전두엽, 머리 위쪽에서 뒤쪽 영역을 두정엽, 뒤통수 부분을 후두엽, 그리고 귀가 있는 측면에 자리 잡은 부분을 측두엽이라고 부른다. 각 영역의 기능을 살펴보면 다음과 같다.

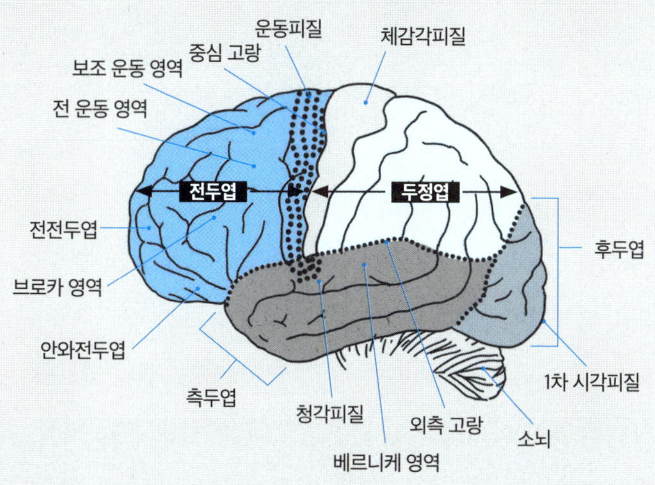

전두엽 frontal lobe

뇌에서 가장 늦게 진화한 부분이자 가장 늦은 시기까지 발달하는 영역이다. 집행 기능의 중심지로 이성적이고 창조적인 사고, 논리적 판단 등이 전두엽의 핵심 기능이다. 이는 인간만이 지닌 독특한 인지능력의 기반이 된다. 전두엽 중에서도 가장 핵심적인 영역이 전전두엽 prefrontal cortex, PFC인데 다른 영역의 기능을 조율하고 조정하는 CEO 역할을 한다. 전전두엽은 가장 고차원적인 의식과 인지능력을 관장함으로써 인간을 다른 동물과 확연하게 구별되는 존재로 만들어 준다. 전전두엽에서 일어나는 자기 인식이나 자유의지 등의 의식 활동으로 인간은 인간다워진다.

이 부위는 또한 미래의 행동을 계획하고 예측할 수 있도록 한다. 예를 들어, 인공지능 기술이 하루가 다르게 발달하므로 관련 기술을 가진 기업의 주식에 투자하면 먼 훗날 큰돈을 벌 수 있으리라 예상하는 식이다. 이렇게 전두엽은 자율적이고 목적 지향적인 행동을 가능하게 한다. 또한 작업 기억이나 충동 억제와도 관련이 있는데, 사춘기 청소년들이 감정 조절에 애를 먹는 것도 전두엽이 완전하게 발달하지 않았기 때문이다.

전두엽 뒤쪽 부분에는 운동피질이 자리 잡고 있다. 필요한 경우 전두엽에서 이 운동피질에 명령을 내려 근육을 수축시키거나 이완시킴으로써 움직임이 일어나도록 한다. 신체 각 부위별로 근육 활동을 제어하는 영역이 나뉘어 있어 운동피질의 특정 영역을 자극하면 연결된 신체 부위가 저절로 움직인다. 운동피질 바로 앞에는 전前 운동 영역과 보조 운동 영역이 있는데, 실제로 어떤 행동을 실행하기 전에 마음속에 그려 보는 역할을 담당한다.

눈두덩 바로 뒤쪽에 자리 잡은 안와전두엽orbitofrontal cortex, OFC은 감정 및 보상 처리와 관련이 깊으며, 특히 행동의 결과를 평가하고 보상 가치에 따라 행동을 조절하는 영역이다. 주로 저속한 말을 삼가는 것처럼 사회적 상황에서 적절하지 않은 행동을 제어하거나 실수를 깨닫고 고치는 등 보상 기대에 부합하지 않는 행동을 억제하는 데 중요한 역할을 한다.

전두엽 뒤쪽 아래에 있는 브로카 영역broca's area은 정확한 발음을 하도록 도와주는 운동 언어 영역이다. 이 영역에 이상이 생기면 듣거나 읽는 데는 문제가 없지만, 말하는 데 어려움이 생겨 눌변이나 단어 실어증과 같은 증상을 보인다.

두정엽parietal lobe

두정엽의 가장 앞쪽에는 체감각피질이 있어 손이나 발, 피부 등을 통해 들어오는 압력, 온도, 통증, 쾌감, 촉감 등 모든 감각을 처리한다. 그 때문에 체감각 영역이라고도 불린다. 체감각피질은 운동피질과 마찬가지로 신체의 각 부위별로 해당 부분에서 느끼는 감각을 관리하는 영역이 구분되어 있다. 그래서 체감각피질의 특정 부분을 건드리면 손을 만지는 느낌이 들고, 다른 부분을 건드리면 얼굴을 만지는 듯한 느낌이 들기도 한다. 두정엽 아래쪽 피질을 들어내고 안쪽으로 들어가면 미각을 느끼는 뇌섬엽insular lobe이라는 부위가 나타난다. 측두엽, 두정엽, 전두엽이 만나는 깊은 틈 안에 숨어 있는 뇌섬엽은 미각 처리를 담당하는 주요 영역 중 하나이며, 감정, 항상성, 통증 인식 등 다양한 기능에도 관여한다.

두정엽은 체감각 외에도 시각과 공간 감각, 방향감각 등을 담당하며 시각피질과 함께 시각 활동을 돕는다. 눈을 통해 들어온 시각 정보가 시각피질을 거친 후 두정엽으로 전달되면 활동 양상과 깊이감을 계산하여 물체의 위치나 움직임 등을 파악한다. 그래서 두정엽에 이상이 생기면 물체가 움직이고 있는 것을 알아보기 어렵게 된다.

측두엽temporal lobe

측두엽은 귀 주변에 위치해 청각을 담당한다. 측두엽에는 소리를 처리하는 데 관여하는 신경세포 집단이 있는데, 이들은 음파가 고막을 통과하며 청각 신호로 변환되면 그 신호를 해석하여 의미를 이해한다. 의미 해석이나 구문 처리와 같은 고차원적 언어 기능은 주로 왼쪽 측두엽에서 일어나는 반면, 음조, 리듬, 음악 등 비언어적 청각 정보나 새로운 소리의 인식은 오른쪽 측두엽이 담당한다. 사람에 따라서는 좌우의 역할이 반대인 경우도 있다.

또한 측두엽 안쪽에는 학습과 기억에 관여하는 해마가 자리 잡고 있다. 따라서 측두엽이 손상되면 새로운 것을 기억하지 못한다. 측두엽은 우리가 본 것을 감정이나 기억과 연결시키는 감정 기억 창고와도 같다. 또한 두정엽과 마찬가지로 시각피질과 연합하여 시각 활동을 돕는 역할을 한다. 눈을 통해 받아들인 시각 정보가 후두엽을 거쳐 2차로 전달되면 사물의 형태와 색깔을 인지함으로써 그 사물이 무엇인지 파악하도록 만든다. 그래서 이 영역에 이상이 생기면 눈으로 보면서도 무엇인지 알 수 없게 된다.

측두엽의 왼쪽 상부에는 베르니케 영역wernicke's area이 있어 언어 기능의 일부를 담당한다. 이 부위가 손상되면 말은 유창하게 할 수 있지만, 앞뒤가 맞지 않고 횡설수설하는 증상을 보인다. 정리하자면 측두엽은 언어와 청각, 의미 해석, 개념적 사고, 연합 기억 등을 담당한다.

후두엽occipital lobe

후두엽에는 인간이 가장 많이 사용하는 감각인 시각을 관장하는 시각 중추가 있다. 눈을 통해 들어온 정보의 대다수는 시상을 거쳐 이곳 후두엽의 시각피질로 전달되어 1차적으로 처리된다. 시각피질은 하나의 층이 아니라 여러 피질이 연합된 형태로 구성되어 있다. 각각의 피질은 빛, 움직임, 모양, 형상, 농도, 색조 등 각기 다른 시각적 질감을 해석하는 역할을 맡는다. 시상을 거친 시각 정보가 후두엽의 시각피질로 전달되면 맨 뒤의 V1 영역으로부터 이마 쪽으로 진행하며 위에 언급한 것과 같은 정보를 순차적으로 해석한다. V1 영역에서는 눈으로 보고 의식하는 시각 정보를 다루는데, 하나의 이미지를 퍼즐 조각처럼 잘게 쪼개어 서로 다른 신경세포에 나누어 처리한다. 그런데 만약 V1을 이루는 신경세포 중 일부가 손상되면 이미지의 특정 조각에 관련된 정보를 해석할 수 없게 되므로 이 부분은 볼 수 없게 되는데, 이를 암점scotoma이라고 한다. V1이 완전히 손상되면 앞을 볼 수 없게 된다. V5는 움직임만을 처리하는 시각피질인데, V1이 손상되었더라도 V5가 멀쩡하다면 눈이 보이지 않더라도 사물의 형상이나 움직임을 감지할 수 있다. 이러한 현상을 맹시盲視라고 한다.

예전에 인터넷에서 화제가 되었던 드레스 색깔 논쟁도 시각피질의 기능과 관련되어 있다. 시각피질의 어떤 신경세포 집단은 색깔만 전문적으로 담당한다. 우리가 일상생활에서 보는 사물의 색상은 사물 고유의 색과 광원의 색이 결합되어 만들어진다. 그런데 우리 주변을 비추는 빛의 색깔은 시간에 따라, 주위 환경에 따라 시시각각 변한다. 예를 들어 새벽녘이나 저녁에는 붉은빛이 돌고, 날씨에 따라 푸르스름한 빛이 돌기도 한다. 이렇게 주변의 빛이 바뀔 때마다 그 색을 있는 그대로 인식한다면 사물의 색상이 쉴 새 없이 바뀔 것이다. 이를테면 자동차의 색깔이 어떤 날은 붉게 보였다가 어떤 날은 푸르게 보이는 식으로 말이다. 심지어 하루 중에도 그러한 현상이 수없이 반복되면서 방금 본 물체의 색상이 다르게 보일지도 모른다.

이렇게 되면 너무 피곤하지 않을까? 뇌는 이러한 현상을 방지하기 위해서 하나의 기준점reference point을 이용해 색이 일관되게 보일 수 있도록 보정한다. 예를 들어 새벽녘에 하얀 머그잔을 들

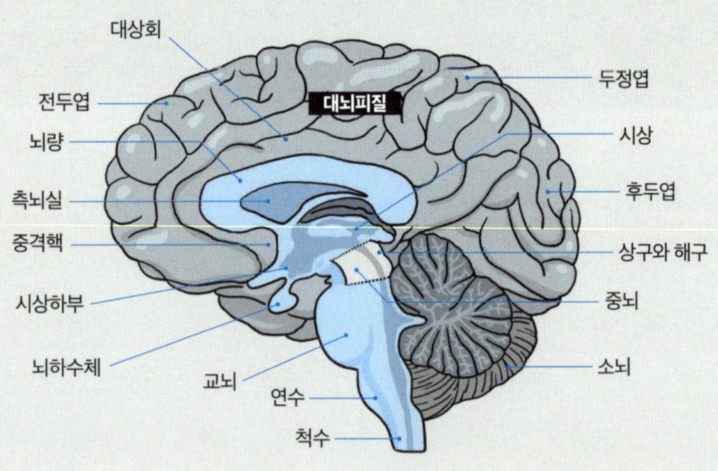

고 있으면 일출로 인해 약한 붉은빛을 띠게 되므로 미리 그만큼을 감안해서 머그잔이 붉은색이 아니고 하얀색으로 보이도록 조절하는 식이다. 마치 카메라의 컬러필터가 작동하는 것과 비슷하다. 그래서 주위 사물들이 빛의 변화에 관계없이 항상 일정한 색으로 보이도록 하는데, 드레스 사진의 경우 주변에 기준점이 많지 않아 뇌가 잠시 착각을 일으킨 것이다.

지금까지 대뇌피질의 각 부위와 그 기능에 대해 살펴보았다. 이제 좀 더 안쪽으로 들어가 보도록 하자.

소뇌|cerebellum

인간의 뇌에서 역사가 가장 오래되었으며 제일 먼저 만들어지는 영역으로, 신경세포의 절반 정도가 이곳에 몰려 있다. 대뇌피질이 신경세포의 허술한 연결로 이루어져 있다면 소뇌는 그와 반대로 신경세포가 아주 촘촘하게 연결되어 있다. 소뇌는 신체의 움직임과 깊은 연관이 있는데, 대뇌피질에서 전달된 명령을 정교하게 다듬고 조정하는 역할을 한다. 운동의 정확성, 정밀한 시간 간격(타이밍), 자세 및 균형 유지, 계획된 동작과 실제 동작 간 오류 수정에 핵심적인 부위가 소뇌이다.

그래서 소뇌에 이상이 있는 사람들은 움직이는 물체를 가리키거나 말하기, 글쓰기, 악기 연주, 스포츠 활동, 심지어 손뼉치기와 같은 연속 동작을 힘들어한다. 소뇌가 손상되었을 때 발생하는 대표적인 증상은 실조증ataxia으로, 운동의 협응력이 떨어져 비틀거림이나 떨림이 나타나고 거리 조절에 어려움을 겪기도 한다.

소뇌는 운동에만 관여한다고 알려져 왔으나, 최근 연구에서 인지 및 정서 기능과도 관련이 있다는 것이 밝혀졌다. 소뇌는 주의력, 특히 빠르고 효율적인 주의 이동에 중요한 역할을 한다. 옆에서 무슨 일이 생겼을 경우 즉시 그쪽으로 주의를 돌려 대응할 수 있게 만들어 주는 것이다. 소뇌는 의도적 계획을 담당하는 전두엽과 연계되어 복잡한 정서 활동에 영향을 미치기도 한다. 또한 자전거 타기나 수영하기와 같은 신체 활동을 익혔을 때 그 절차를 기억함으로써 의식하지 않고도 그 활동을 지속적으로 수행하도록 돕는 역할을 한다. 이를 절차 기억 혹은 암묵적 기억이라고 한다.

대상회cingulate cortex

대상회는 대뇌 안쪽 표면에 위치하며 변연계와 대뇌피질을 연결하는 주요 고리이다. 우선순위를 결정하여 행동을 계획하고 개시하며, 주의를 집중할 방향을 제시하는 등 인지적 통제cognitive control와 관련된 역할을 한다. 따라서 대상회는 전두엽의 비서라고도 할 수 있다. 특히 전대상피질anterior cingulate cortex, ACC는 오류 탐지, 갈등 감시, 동기부여, 의사 결정 등의 집행 기능에 관여하여 전두엽의 최종 결정에 필요한 정보를 제공하고 행동을 조절한다. 타인의 감정을 헤아리거나 그가 처한 상황에 공감하는 데 관여한다.

시상thalamus

'시상'이라는 이름은 안방을 뜻하는 그리스어 '탈라무스thálamos'에서 유래했으며, 시각, 청각, 미각, 촉각, 통각 등 후각을 제외한 모든 감각 정보가 이곳을 거친다. 감각 기관을 통해 들어온 각종 정보를 식별해서 조절하고 적합한 대뇌피질 영역으로 전달하기 때문에 뇌의 관제탑 혹은 컨트롤 타워라고 할 수 있다.

시상하부hypothalamus

시상하부는 시상의 아래쪽에 위치한 영역으로 우리 몸에 작용하는 모든 화학물질, 즉 호르몬이 만들어지는 인체의 화학 공장이다. 자율신경계와 내분비선을 조절하며, 이곳에서 만들어진 화학물질은 뇌하수체를 거쳐 몸에 분비됨으로써 갈증, 배고픔, 포만감, 체온, 수면 주기, 성행위, 스트레스 반응 등 생존에 필수적인 모든 생리적 균형을 조절한다.

뇌하수체pituitary gland

시상하부에서 만들어진 화학물질을 분비하여 체내 화학적 상태를 안정적으로 유지해 주는 역할을 한다.

뇌량corpus callosum

뇌의 두 반구를 연결하는 축삭 다발로 양 반구 사이의 정보 교환이 원활하게 이루어질 수 있도록 한다.

중뇌midbrain

중뇌는 감각 및 운동 조절에 중요한 역할을 한다. 눈과 머리를 움직여 자극에 반응하는 시각 반사, 소리 자극에 반응하는 청각 반사 등을 담당한다. 또한 흑질substantia nigra이나 적핵red nucleus 등은 운동 조절에 관여하며, 특히 도파민을 분비하는 흑질은 기저핵이 운동을 시작하도록 만드는 데 결정적인 역할을 한다.

중뇌는 뇌간의 가장 윗부분에 위치하는데, 대뇌와 척수, 그리고 소뇌를 연결하는 주요 신경 다발의 통로이다. 이 통로를 통해 중요한 운동 및 감각 정보가 오가며, 이를 통해 신속한 환경 적응과 반응이 가능해진다.

교뇌pons

교뇌라는 이름 자체가 라틴어로 다리bridge를 의미한다. 대뇌에서 시작된 운동 명령은 교뇌의 교핵에서 정보를 전달받은 후, 이 신경섬유들이 반대쪽으로 교차하여 대부분 소뇌로 전달된다. 대뇌의 한쪽 반구가 반대쪽 몸의 움직임을 관장하고, 이 정보를 같은 쪽 소뇌가 받아서 정교하게 조절할 수 있게 만든다. 이를테면 오른쪽 몸의 움직임은 좌뇌가 담당하고, 왼쪽 소뇌가 정교한 조절을 맡는 식이다.

연수medulla oblongata

연수는 척수 바로 위에 위치해 있으며 호흡이나 심장박동, 구토, 침 분비, 기침, 재채기 등과 같이 생명 유지에 필요한 활동을 조절하는 역할을 한다.

편도체amygdala

불안이나 두려움, 고통 등을 관장하는 부위로 감정 상태의 조절과 관련이 있다. 위험 상황에서 스트레스 반응을 유발함으로써 우리 몸을 경계 상태로 만들고 적절한 대응이 이루어지도록 한다. 편도체가 지나치게 민감하면 과도한 두려움을 느끼거나 화를 억제하기 힘들어진다. 또한 편도체는 해마와 함께 기억의 저장에 관여하기도 한다.

해마hippocampus

바닷속에 사는 해마와 비슷하게 생겼다고 해서 붙여진 이름으로 장기 기억이 형성되는 곳이다. 해마는 새로운 서술 기억, 즉 일화 기억과 의미 기억을 형성하는 데 필수적인 역할을 한다. 우리가 어떤 경험을 하면 해마는 오감과 짝을 지어 새로운 기억을 만들어 내는데 오감으로 들어오는 정보를 서로 연결하여 사람과 사물, 장소와 시간, 사람과 사건 등을 엮어 낸다. 예를 들어 벌에 쏘인 경험이 있는 경우, 그 장소에 다시 가거나 벌을 보면 예전에 쏘였던 기억과 그때 느꼈던 고통이 함께 떠오른다. 이를 연합 기억이라고 하는데, 새로운 것을 배우거나 이해할 때 이미 알고 있는 정보를 사용할 수 있는 것은 모두 이 연합 기억 덕분이다. 해마가 손상되면 과거의 기억은 유지되더라도 새로운 정보를 장기 기억으로 저장하지 못하는 전진성 기억상실 증상이 나타난다.

신경세포의 구조와 활동

뇌의 구조와 역할에 이어 신경세포의 구조와 활동에 대해서도 간단하게 살펴보도록 하자. 신경세포는 크게 핵이 있는 세포체, 다른 신경세포로부터 신호를 받아들이는 수상돌기dendrite, 신경세포에서 만들어진 신호를 다른 신경세포로 전달하는 축삭axon 등 세 부분으로 나뉜다. 하나의 신경세포에서는 한 개에서 수만 개의 수상돌기가 생겨나는데, 이 수상돌기를 통해 다른 신경세포로부터 전달되는 신호를 받아들인다. 그렇게 받아들인 신호가 역치를 넘어서면 신경세포에서 신호가 발생하고, 그 신호는 축삭을 따라 옮겨 가 인접한 다른 신경세포로 전달된다. 신경세포에서 뻗어 나오는 축삭은 하나뿐이지만 끝에서 여러 마디로 나뉘어 주변의 수많은 신경세포의 수상돌기들과 시냅스를 이룬다. 축삭이 다른 신경세포의 수상돌기와 만나면 신경전달물질이라는 이름의 화학물질이 이동하는데, 이렇게 화학물질을 주고받는 틈을 시냅스라고 한다. 그 간극은 100만 분의 1센티미터 정도밖에 되지 않는다.

대부분의 축삭은 신경 신호를 빠르게 전달하기 위해 마치 줄줄이 소시지처럼 하얀 지방에 둘러싸여 있는데, 이를 수초myelin라고 한다. 수초가 형성되면 전기 반응이 수초를 건너뛰면서 이루어지므로 정보 전달 속도가 매우 빨라진다. 인간의 뇌에서는 이러한 수초화가 일생 동안 지속된다. 신호를 발생시켜 신호를 전달하는 신경세포를 시냅스 전前 세포라 하고 신호를 전달받는 신경세포를 시냅스 후後 세포라 한다.

시냅스를 확대해서 살펴보면 축삭은 단추처럼 끝이 부풀어 올라 있는데 이를 종말 단추 혹은 시냅스 전 종말이라고 부른다. 여기에는 신경전달물질이 담긴 소낭 또는 소포체라고 하는 작은 주머니가 들어 있는데, 축삭을 따라 전달된 신경 신호가 소낭을 자극하여 이곳에 담겨 있던 신경전달물질들이 시냅스 틈으로 분비된다.

분비된 신경전달물질은 시냅스 틈을 지나 시냅스 후 종말에 해당하는 다른 신경세포의 수상돌기로 이동한다. 이곳에서 해당 신

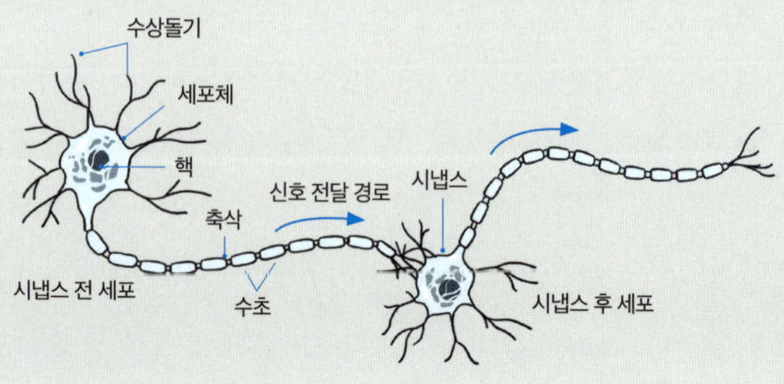

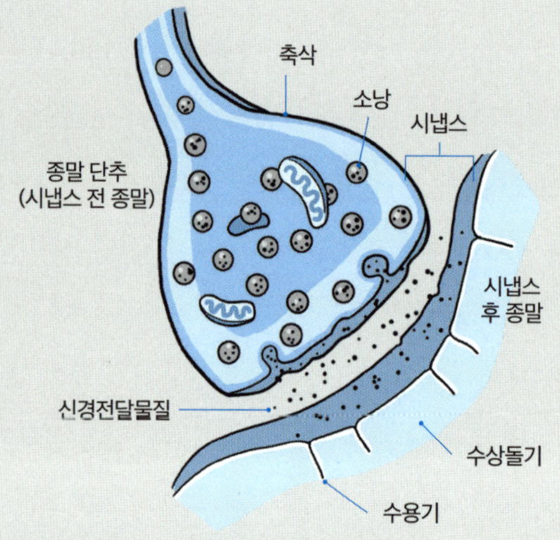

경전달물질에 맞는 수용체가 시냅스 전 종말에서 분비된 신경전달물질을 받아들인다. 이렇게 하여 신경세포에서의 신호 전달 과정이 연속적으로 일어나게 된다.

시냅스 틈에서 분비되는 신경전달물질은 우리 몸이나 감정에 영향을 미침으로써 신체를 균형 잡힌 상태로 일정하게 유지할 수 있도록 도와주는 역할을 한다. 콜린 계열의 아세틸콜린이 가장 먼저 발견된 신경전달물질이다. 우리가 잘 알고 있는 도파민, 에피네프린, 노르에피네프린, 세로토닌 등은 모노아민 계열의 신경전달물질이다. 중추신경계의 주요 흥분성 신경전달물질인 글루탐산염, 억제성 신경전달물질인 GABA(감마아미노부티르산)와 글리신glycine 등은 아미노산 계열이다. 그 외에 두 개 이상의 아미노산 분자로 이루어진 다양한 펩티드, 일산화질소와 일산화탄소 등 기체 성분도 있다. 이들은 각각 고유한 기능이 있어 신체 상태를 특정한 목적에 알맞게 조절한다.

신경전달물질과 유사한 기능을 하는 화학물질로 호르몬이 있다. 호르몬은 신경세포의 시냅스가 아니라 내분비샘에서 분비되어 혈액을 타고 이동해, 보다 광범위하게 영향을 미친다. 테스토스테론이나 에스트로겐, 그렐린, 인슐린 등이 모두 여기에 해당한다. 호르몬 역시 신체의 항상성을 유지하는 데 관여하며, 각자의 독특한 기능이 있어 호르몬에 따라 신체 상태가 달라지기도 한다. 신경전달물질이나 호르몬은 외부의 자극은 물론이고, 혈당 수치나 스트레스와 같은 내부 환경의 변화에 따라 특정 기관에서 분비되어 우리 몸 상태를 일정하게 관리하는 역할을 한다.

1장. 나는 왜 이렇게 생각하고 행동할까?

[기억] 분명 같은 것을 봤는데 왜 다르게 기억할까?

- Poniewozik, James(2015). "Crock and Awe: What Was Brian Williams Thinking?" TIME, 5 Feb

- Falconer, Rebecca(2024). "DeSantis Ends Campaign with Fake Churchill Quote." Axios, 21 Jan.

- Schacter, D. L. (1999). The seven sins of memory: Insights from psychology and cognitive neuroscience. American Psychologist, 54(3), 182–203. https://doi.org/10.1037/0003-066X.54.3.182

- Garry, M., Manning, C. G., Loftus, E. F., & Sherman, S. J. (1996). Imagination inflation: Imagining a childhood event inflates confidence that it occurred. Psychonomic Bulletin & Review, 3(2), 208–214. https://doi.org/10.3758/BF03212420

- Mazzoni, G. A., Kirsch, I., & Loftus, E. F. (2001). Changing beliefs about implausible autobiographical events: A little plausibility goes a long way. Journal of Experimental Psychology: Applied, 7(1), 51–59. https://doi.org/10.1037/1076-898X.7.1.51

- Pataranutaporn, P., Archiwaranguprok, C., Chan, S. W. T., Loftus, E., & Maes, P. (2024). Synthetic human memories: AI-edited images and videos can implant false memories and distort recollection [Preprint]. arXiv. https://doi.org/10.48550/arXiv.2409.08895

[자유의지] 내가 뇌의 주인일까, 뇌가 나의 주인일까?

- Libet, B., Gleason, C. A., Wright, E. W., & Pearl, D. K. (1983). Time of conscious intention to act in relation to onset of cerebral activity (readiness-potential): The unconscious initiation of a freely voluntary act. Brain, 106(3), 623–642. https://doi.org/10.1093/brain/106.3.623

- Haggard, P. (2008). Human volition: Towards a neuroscience of will. Nature Reviews Neuroscience, 9(12), 934–946. https://doi.org/10.1038/nrn2497

- Soon, C. S., Brass, M., Heinze, H. J., & Haynes, J. D. (2008). Unconscious determinants of free decisions in the human brain. Nature Neuroscience, 11(5), 543~545. https://doi.org/10.1038/nn.2112
- Abbott, A. (2014, September 4). Belief in free will not threatened by neuroscience. Wired. https://www.wired.com/2014/09/belief-free-will-threatened-neuroscience/
- Smith, K. (2011, August 31). Neuroscience vs philosophy: Taking aim at free will. Nature. http://www.nature.com/news/2011/110831/full/477023a.html
- Harris, S. (2012). Free will. Free Press.
- Damasio, A. R. (1994). Descartes' error: Emotion, reason, and the human brain. G. P. Putnam.
- 이케가야 유지(2011). 뇌는 왜 내 편이 아닌가(최려진 역). 위즈덤하우스

[부정적 사고] 나는 왜 자꾸 최악을 상상할까?

- 젤린스키, E. J. (2001). 느리게 사는 즐거움 (이명희 역). 물푸레. (원서출판 1991).
- Papez, J. W. (1937). A proposed mechanism of emotion. Archives of Neurology & Psychiatry, 38(4), 725–743. https://doi.org/10.1001/archneurpsyc.1937.02260220069003
- Wilson, D., & Conyers, M. (2014, October 7). Metacognition: The gift that keeps giving. Edutopia. http://www.edutopia.org/blog/metacognition-gift-that-keeps-giving-donna-wilson-marcus-conyers

[가소성] 뇌는 경험한 만큼 똑똑해진다

- 빌라야누르 라마찬드란(2009). 라마찬드란 박사의 두뇌실험실(신상규 역). 바다출판사
- Pascual-Leone, A., Dang, N., Cohen, L. G., Brasil-Neto, J. P., Cammarota, A., & Hallett, M. (1995). Modulation of muscle responses evoked by transcranial magnetic stimulation during the acquisition of new fine motor skills. Journal of Neurophysiology, 74(3), 1037–1045. https://doi.org/10.1152/jn.1995.74.3.1037
- Diamond, M. C. (2001). Response of the brain to enrichment. Anais da Academia Brasileira de Ciências, 73(2), 211~220. https://doi.org/10.1590/S0001-37652001000200006

- Ramey, C. T., & Ramey, S. L. (1998). Early intervention and early experience. American Psychologist, 53(2), 109–120. https://doi.org/10.1037/0003-066X.53.2.109
- 조 디스펜자(2009). 꿈을 이룬 사람들의 뇌(김재일.윤혜영 역). 한언

[성장과 발달] 사춘기에는 왜 갑자기 감정이 폭발할까?

- Forster, K. (2015, January 25). Secrets of teenager's brain. The Guardian. https://www.theguardian.com/lifeandstyle/2015/jan/25/secrets-of-the-teenage-brain
- Knox, R. (2010, March 10). The teen brain: It's just not grown up yet. NPR. http://www.npr.org/templates/story/story.php?storyId=124119468
- Sousa, D. A. (2022). How the brain learns (6th ed.). Corwin Press.
- Kelley, P., Lockley, S. W., Foster, R. G., & Kelley, J. (2015). Synchronizing education to adolescent biology: 'let teens sleep, start school later'. Learning, Media and Technology, 40(2), 210–226. https://doi.org/10.1080/17439884.2014.942666
- Steinberg, L. (2008). A social neuroscience perspective on adolescent risk-taking. Developmental Review, 28(1), 78–106. https://doi.org/10.1016/j.dr.2007.08.002
- Dahl, R. E., & Spear, L. P. (2004). Adolescent brain development: A period of vulnerabilities and opportunities. Annals of the New York Academy of Sciences, 1021(1), 1–22. https://doi.org/10.1111/j.1749-6632.2004.tb03946.x
- Braams, B. R., van Duijvenvoorde, A. C., Peper, J. S., & Crone, E. A. (2015). Longitudinal changes in adolescent risk-taking: A comprehensive study of neural responses to rewards, pubertal development, and risk-taking behavior. Journal of Neuroscience, 35(18), 7226–7238. https://doi.org/10.1523/JNEUROSCI.4764-14.2015
- Chein, J., Albert, D., O'Brien, L., Uckert, K., & Steinberg, L. (2011). Peers increase adolescent risk taking by enhancing activity in the brain's reward system. Developmental Science, 14(2), F1–F10. https://doi.org/10.1111/j.1467-7687.2010.01035.x

[노화] 나이가 들수록 이기적으로 변하는 이유

- Peters, R. (2006). Ageing and the brain. Postgraduate Medical Journal, 82(964), 84~88. https://doi.org/10.1136/pgmj.2005.036665
- Lee, J., & Kim, H. J. (2022). Normal aging induces changes in the brain and

neurodegeneration progress: Review of the structural, biochemical, metabolic, cellular, and molecular changes. Frontiers in Aging Neuroscience, 14, 931536. https://doi.org/10.3389/fnagi.2022.931536

- Ponds, R. W., Brouwer, W. H., & Van Wolffelaar, P. C. (1988). Age differences in lane tracking-attaining divided attention in driving. Psychology and Aging, 3(4), 341~345. https://doi.org/10.1037/0882-7974.3.4.341

- 이순철, 류준범, 강수철. (2006). 고령 운전자의 시각적 및 인지적 특성과 운전 수행의 관계. 대한인간공학회지, 25(4), 103-116.

- Bejan, A. (2019). Why the days seem shorter as we get older. European Review, 27(2), 187–194. https://doi.org/10.1017/S106279871800070X

- West, R. L. (1996). An application of prefrontal cortex function theory to cognitive aging. Psychological Bulletin, 120(2), 272~292. https://doi.org/10.1037/0033-2909.120.2.272

- Hasher, L., & Zacks, R. T. (1988). Working memory, comprehension, and aging: A review and a new view. In G. H. Bower (Ed.), The Psychology of Learning and Motivation (Vol. 22). Academic Press.

- Goldsmiths, University of London. (2020, July 23). You're never too old to be a 'mind reader', study shows. https://www.gold.ac.uk/news/mind-reader-study/

- Willis, S. L., & Schaie, K. W. (1999). Intellectual development in midlife. In S. L. Willis & J. D. Reid (Eds.), Life in the middle: Psychological and social development in middle age (pp. 233–247). Academic Press.

- Tulving, E., Kapur, S., Craik, F. I. M., Moscovitch, M., & Houle, S. (1994). Hemispheric encoding/retrieval asymmetry in episodic memory: Positron emission tomography findings. Proceedings of the National Academy of Sciences, 91(6), 2016~2020. https://doi.org/10.1073/pnas.91.6.2016

- Blanchflower, D. G. (2021). Is happiness U-shaped everywhere? Age and subjective well-being in 145 countries. Journal of Population Economics, 34(2), 575–624. https://doi.org/10.1007/s00148-020-00797-z

- Charles, S. T., Mather, M., & Carstensen, L. L. (2003). Aging and emotional memory: The forgettable nature of negative images for older adults. Journal of Experimental Psychology: General, 132(2), 310–324. https://doi.org/10.1037/0096-3445.132.2.310

- Bhattacharjee, A., & Mogilner, C. (2014). Happiness from ordinary and

extraordinary experiences. Journal of Consumer Research, 41(1), 1–17. https://doi.org/10.1086/674724
- 바버라 스트로치(2011). 가장 뛰어난 중년의 뇌(김미선 역). 해나무

[성격] 저 사람은 도대체 왜 저렇게 행동할까?

- 리처드 데이비슨, 샤론 베글리(2012). 인간의 차이를 만드는 정서 유형의 6가지 차원. (곽윤정, 역). 알키
- 다니엘 G. 에이먼(2008). 그것은 뇌다: 문제는 마음이 아니다(안한숙, 역). 브레인월드.
- 최인철 공저(2013). 뇌로 통하다. 21세기 북스

2장. 우울한 것도 불안한 것도 뇌 때문이다

[질투] 사람들은 왜 남의 불행을 즐기는 걸까?

- Takahashi, H., Kato, M., Matsuura, M., Mobbs, D., Suhara, T., & Okubo, Y. (2009). When your gain is my pain and my gain is your pain: Neural correlates of envy and schadenfreude. Science, 323(5916), 937–939. https://doi.org/10.1126/science.1165604
- Feather, N. T. (1994). The values of self and society: The Tall Poppy Syndrome. University of Queensland Press.
- 조셉 슈렌드·리 디바인(2014). 디퓨징(서영조, 역). 더퀘스트

[소속감] 사람들이 '핫플'을 찾아다니는 이유

- Plassmann, H., O'Doherty, J., Shiv, B., & Rangel, A. (2008). Marketing actions can modulate neural representations of experienced pleasantness. Proceedings of the National Academy of Sciences (PNAS), 105(3), 1050–1054. https://doi.org/10.1073/pnas.070692910
- Belk, R. W. (1988). Possessions and the extended self. Journal of Consumer Research, 15(2), 139–168. https://doi.org/10.1086/209154
- Esch, F. R., Möll, T., Schmitt, B., Elger, C. E., Neuhaus, C., & Weber, B. (2012). Brands

on the brain: Do consumers use declarative information or emotional associations to evaluate brand extensions? Journal of Consumer Psychology, 22(1), 75–85. https://doi.org/10.1016/j.jcps.2011.11.003

- Nelissen, R. M. J., & Meijers, M. H. C. (2011). Social benefits of luxury brands as costly signals of wealth and status. Evolution and Human Behavior, 32(5), 345~355. https://doi.org/10.1016/j.evolhumbehav.2010.12.002

- 해리 백위드(2011). 언씽킹(이민주 역). 토네이도

- 데이비드 루이스(2014). 뇌를 훔치는 사람들(홍지수 역). 위즈덤하우스

- 얀 칩체이스, 사이먼 슈타인하트(2013). 관찰의 힘(야나 마키에이라 역). 위너스북

- 한스 게오르크 호이젤(2008). 뇌, 욕망의 비밀을 풀다(배진아 역). 흐름출판

[보상] 매번 안 되면서도 왜 복권을 살까?

- Knutson, B., Adams, C. M., Fong, G. W., & Hommer, D. (2001). Anticipation of increasing monetary reward selectively recruits nucleus accumbens. Journal of Neuroscience, 21(16), RC159. https://doi.org/10.1523/JNEUROSCI.21-16-j0002.2001

- Piore, A. (2014, November 6). The probability brothels: Why we keep playing the lottery. Nautilus.

- Loewenstein, G. F., Weber, E. U., Hsee, C. K., & Welch, N. (2001). Risk as feelings. Psychological Bulletin, 127(2), 267–286. https://doi.org/10.1037/0033-2909.127.2.267

- Fiorillo, C. D., Tobler, P. N., & Schultz, W. (2003). Discrete coding of reward probability and uncertainty by dopamine neurons. Science, 299(5614), 1898–1902. https://doi.org/10.1126/science.1077349

- McCoy, A. N., & Platt, M. L. (2005). Risk-sensitive neurons in macaque posterior cingulate cortex. Nature Neuroscience, 8(9), 1220–1227. https://doi.org/10.1038/nn1523

- Brickman, P., Coates, D., & Janoff-Bulman, R. (1978). Lottery winners and accident victims: Is happiness relative? Journal of Personality and Social Psychology, 36(8), 917–927. https://doi.org/10.1037/0022-3514.36.8.917

- Zink, C. F., Pagnoni, G., Martin-Skurski, M. E., Chappelow, J. C., & Berns, G. S. (2004). Human striatal responses to monetary reward depend on saliency. Neuron, 42(3),

509–517. https://doi.org/10.1016/S0896-6273(04)00183-7
- 그레고리 번스(2006). 만족(권준수 역). 북섬

[거울 뉴런] 우리는 왜 타인의 눈물에 울컥할까?

- Singer, T., Seymour, B., O'Doherty, J., Kaube, H., Dolan, R. J., & Frith, C. D. (2004). Empathy for pain involves the affective but not sensory components of pain. Science, 303(5661), 1157–1162. https://doi.org/10.1126/science.1093535
- Wicker, B., Keysers, C., Plailly, J., Royet, J. P., Gallese, V., & Rizzolatti, G. (2003). Both of us disgusted in My Insula: The common neural basis of seeing and feeling disgust. Neuron, 40(3), 655–664. https://doi.org/10.1016/S0896-6273(03)00679-2
- Baron-Cohen, S., Leslie, A. M., & Frith, U. (1985). Does the autistic child have a "theory of mind"? Cognition, 21(1), 37–46. https://doi.org/10.1016/0010-0277(85)90022-8
- Dziobek, I., Rogers, K., Fleck, S., Bahnemann, M., Heekeren, H. R., Wolf, O. T., & Convit, A. (2008). Dissociation of cognitive and emotional empathy in adults with Asperger syndrome using the Multifaceted Empathy Test (MET). Journal of Autism and Developmental Disorders, 38(3), 464–473. https://doi.org/10.1007/s10803-007-0486-x
- Heyes, C., & Catmur, C. (2022). What Happened to Mirror Neurons? Perspectives on Psychological Science, 17(1), 153–168. https://doi.org/10.1177/1745691621990638
- Bonini, L., Rotunno, C., Arcuri, E., & Gallese, V. (2022). Mirror neurons 30 years later: Implications and applications. Trends in Cognitive Sciences, September 2022, Vol. 26, No. 9 https://doi.org/10.1016/j.tics.2022.06.003
- 마이클 코벌리스(2013). 뇌, 인간을 읽다(김미선 역). 반니

[공포] 이불 속에 숨어서라도 무서운 영화를 보게 되는 이유

- Solomon, R. L., & Corbit, J. D. (1974). An opponent-process theory of motivation: I. Temporal dynamics of affect. Psychological Review, 81(2), 119-145. https://doi.org/10.1037/h0036128
- Zald, D. H., Cowan, R. L., Riccardi, P., Baldwin, R. M., Ansari, M. S., Li, R., Shelkey, E., Smith, C. E., McHugo, M., & Kessler, R. M. (2008). Midbrain Dopamine Receptor Availability Is Inversely Associated with Novelty-Seeking Traits in Humans. Journal of Neuroscience, 28(53), 14372–14378. https://doi.org/10.1523/

JNEUROSCI.2423-08.2008

- 그레고리 번스(2006). 만족 : 뇌과학이 밝혀낸 욕망의 심리학(권준수 역). 북섬

- Skinner, B. F. (1938). The behavior of organisms: An experimental analysis. Appleton-Century-Crofts.

- Lerner, T. N., Holloway, A. L., & Seiler, J. L. (2021). Dopamine, updated: Reward prediction error and beyond. Current Opinion in Neurobiology, 67, 123–130 https://doi.org/10.1016/j.conb.2020.10.012

- Dillard, A. M. (2018, April). So disgusting, but you can't take your eyes off the screen: Can personality traits and disgust sensitivity influence people's love for horror movies? (Master's thesis). Western Carolina University.

- Lingo, A. (2013, October 31). Why do some brains enjoy fear? The Atlantic. http://www.theatlantic.com/health/archive/2013/10/why-do-some-brains-enjoy-fear/280938/

- Begley, S. (2011, October 25). Why our brains love horror movies: Fear, catharsis, a sense of doom. The Daily Beast. http://www.thedailybeast.com/articles/2011/10/25/why-our-brains-love-horror-movies-fear-catharsis-a-sense-of-doom.html

- 마이클 쿠하(2014). 중독에 빠진 뇌(김정훈 역). 해나무

[언어] 거친 말과 욕설은 뇌를 어떻게 바꿀까?

- Yun, J.-Y., Shim, G., Jeong, B. (2019). Verbal abuse related to self-esteem damage and unjust blame harms mental health and social interaction in college population. Scientific Reports, 9, 5655. https://doi.org/10.1038/s41598-019-42199-6

- Teicher, M. H., Dumont, N. L., Ito, Y., Vaituzis, C., Giedd, J. N., & Andersen, S. L. (2004). Childhood neglect is associated with reduced corpus callosum area. Biological Psychiatry, 56(2), 80–85. https://doi.org/10.1016/j.biopsych.2004.03.016

- Teicher, M. H., & Samson, J. A. (2016). The effects of childhood maltreatment on brain structure, function and connectivity. Nature Reviews Neuroscience, 17(10), 652–666. https://doi.org/10.1038/nrn.2016.111

- Wang, M. T., & Kenny, S. (2014). Longitudinal links between fathers' and mothers' harsh verbal discipline and adolescents' conduct problems and depressive symptoms: The moderating role of family emotional climate. Child Development, 85(3), 908–923. https://doi.org/10.1111/cdev.12143

- Bellis, M. A., et al. (2025). Comparative relationships between physical and verbal abuse: Exposure and adult mental well-being. BMJ Open, 15(8), e098412. https://bmjopen.bmj.com/content/15/8/e098412

- Choi, J., Jeong, B., Rohan, M. L., Berman, A. M., & Teicher, M. H. (2009). Preliminary evidence for white matter tract abnormalities in young adults exposed to parental verbal abuse. Biological Psychiatry, 65(3), 227–234. https://doi.org/10.1016/j.biopsych.2008.06.022

- Kim, S. Y., An, S. J., Han, J. H., Kang, Y., Bae, E. B., Tae, W. S., Ham, B. J., & Han, K. M. (2023). Childhood abuse and cortical gray matter volume in patients with major depressive disorder. Psychiatry Research, 319, 114990. https://doi.org/10.1016/j.psychres.2022.114990

- Williams, K. D., & Jarvis, B. (2006). Cyberball: An online paradigm for studying ostracism and its effects on mood and basic needs. Behavior Research Methods, 38(1), 174–180. https://doi.org/10.3758/BF03192765

- Eisenberger, N. I., Lieberman, M. D., & Williams, K. D. (2003). Does rejection hurt? An fMRI study of social exclusion. Science, 302(5643), 290–292. https://doi.org/10.1126/science.1089134

- Early verbal abuse may reduce language ability. (2006, October 19). New Scientist. http://www.newscientist.com/article/dn10332-early-verbal-abuse-may-reduce-language-ability.html#.VR3eWJUcTIU

- 고함만 쳐도 아이의 뇌는 멍든다. (2014, February). 과학동아, (389).

[착각] 눈앞에서 사람이 바뀌어도 못 알아채는 이유

- Chabris, C. F., Weinberger, A., Fontaine, M., & Simons, D. J. (2011). You do not talk about Fight Club if you do not notice Fight Club: Inattentional blindness for a simulated real-world assault. i-Perception, 2(2), 150–153. https://doi.org/10.1068/i0436

- Johansson, P., Hall, L., Sikström, S., & Olsson, A. (2005). Failure to detect mismatches between intention and outcome in a simple decision task. Science, 310(5745), 116–119. https://doi.org/10.1126/science.1111709

- Wong S. F., Aardema F., Giraldo-O'Meara M., Hall L., Johansson P.(2020). Choice Blindness, Confabulatory Introspection, and Obsessive–Compulsive Symptoms:

Investigation in a Clinical Sample. Cognitive Therapy and Research. Volume 44, pages 376–385. https://link.springer.com/article/10.1007/s10608-019-10066-3

- 크리스토퍼 차브리스·대니얼 사이먼스(2011). 보이지 않는 고릴라(김명철 역). 김영사

3장. 몸과 뇌는 연결되어 있다

[잠] 당신이 잠든 사이에 뇌에서 벌어지는 일들

- Fuligni, A. J., & Hardway, C. (2006). Daily variation in adolescents' sleep, activities, and psychological well-being. Journal of Research on Adolescence, 16(3), 353–378. https://doi.org/10.1111/j.1532-7795.2006.00498.x

- Stickgold, R., James, L., & Hobson, J. A. (2000). Visual discrimination learning requires sleep after training. Nature Neuroscience, 3(12), 1237–1238. https://www.nature.com/articles/nn1200_1237

- 매슈 워커(2019). 우리는 왜 잠을 자야 할까(이한음 역). 열린책들

- Czeisler, C. A. (2006, October). Sleep deficit: The performance killer. Harvard Business Review. https://hbr.org/2006/10/sleep-deficit-the-performance-killer

- Studte, S., Bridger, E., & Mecklinger, A. (2015). Nap sleep preserves associative but not item memory performance. Neurobiology of Learning and Memory, 121, 129-138. https://doi.org/10.1016/j.nlm.2015.02.012

[수면 장애] 사람은 왜 가위에 눌리는 걸까?

- Barrett, D. (2001). The committee of sleep: How artists, scientists, and athletes use dreams for creative problem-solving—and how you can too. Crown.

- Brooks, P. L., & Peever, J. H. (2012). Identification of the transmitter and receptor mechanisms responsible for REM sleep paralysis. Journal of Neuroscience, 32(29), 9785–9795. https://doi.org/10.1523/JNEUROSCI.0482-12.2012

- Lanese, N. (2019, May 11). Sleep paralysis: Causes, symptoms & treatment. Live Science. https://www.livescience.com/50876-sleep-paralysis.html

- Barrett, D. (1993). The "committee of sleep": A study of dream problem-solving. Dreaming, 3(2), 115–122. https://doi.org/10.1037/h0094375

- Friston, K. (2010). The free-energy principle: A unified brain theory? Nature Reviews Neuroscience, 11(2), 127–138. https://www.nature.com/articles/nrn2787
- Shermer, M. (2008, December 1). Patternicity: Finding meaningful patterns in meaningless noise. Scientific American. https://www.scientificamerican.com/article/patternicity-finding-meaningful-patterns/
- Turner, R. (n.d.). How to stop sleep paralysis and turn it into lucid dreams. World of Lucid Dreaming. http://www.world of lucid-dreaming.com/sleep-paralysis.html

[장] 시험 보는 날에는 왜 꼭 배가 아플까?

- [Health & Life] '제2의 뇌' 장을 웃게 하세요. (2011, August 23). MK뉴스. http://news.mk.co.kr/newsRead.php?year=2011&no=547185
- Tillisch, K., Labus, J., Kilpatrick, L., Jiang, Z., Stains, J., Ebrat, B., Guyonnet, D., Legrain-Raspaud, S., Trotin, B., Naliboff, B., & Mayer, E. A. (2013). Consumption of fermented milk product with probiotic modulates brain activity. Gastroenterology, 144(7), 1394–1401. https://doi.org/10.1053/j.gastro.2013.02.043
- Braak, H., & Del Tredici, K. (2008). Nervous system pathology in sporadic Parkinson disease. Nature Reviews Neuroscience, 9(11), 779–790. https://doi.org/10.1212/01.wnl.0000312279.49272.9f
- 기울리아 엔더스(2014). 매력적인 장 여행(배명자 역). 와이즈베리
- 오쿠무라 코우(2011). 장을 클린하라(김숙이 역). 스토리유
- 마이클 거숀(2011). 제2의 뇌(김홍표 역). 지만지

[식습관] 매운 음식을 먹으면 스트레스가 확 풀리는 이유

- Gorman, J. (2010, September 20). A perk of our evolution: Pleasure in pain of chilies. The New York Times.
- Hitze, B., Hubold, C., van Dyken, R., Schlichting, K., Lehnert, H., Entringer, S., & Peters, A. (2010). How the selfish brain organizes its supply and demand. Frontiers in Neuroenergetics, 2, 7. https://doi.org/10.3389/fnene.2010.00007
- 헬스조선(2014.8.13.). 고추 매운맛 '캡사이신'이 암 부른다. https://m.health.chosun.com/svc/news_view.html?contid=2014081303231
- Shi, Z., El-Obeid, T., Riley, M., Li, M., Page, A., & Liu, J. (2019). High chili intake and cognitive function among 4582 adults: An open cohort study over 15 years. Nutrients,

11(5), 1183. https://doi.org/10.3390/nu11051183

[신체 활동] 운동을 하면 '공부머리'가 살아난다?

- Praag, H., Christie, B. R., Sejnowski, T. J., & Gage, F. H. (1999). Running enhances neurogenesis, learning, and long-term potentiation in the adult mouse hippocampus. Proceedings of the National Academy of Sciences, 96(23), 13427~13431. https://doi.org/10.1073/pnas.96.23.13427

- Olver T. D., Ferguson B. S., Laughlin M. H.(2015). Chapter Ten - Molecular Mechanisms for Exercise Training-Induced Changes in Vascular Structure and Function: Skeletal Muscle, Cardiac Muscle, and the Brain. Progress in Molecular Biology and Translational Science. Volume 135, 2015, Pages 227~257. https://doi.org/10.1016/bs.pmbts.2015.07.017

- Cotman, C. W., & Engesser-Cesar, C. (2002). Exercise enhances and protects brain function. Exercise and Sport Sciences Reviews, 30(2), 63–67. https://doi.org/10.1097/00003677-200204000-00006

- 존 레이티, 에릭 헤이거먼(2009). 운동화 신은 뇌. 녹색지팡이

- Have, M., Nielsen J. H., Ernst T.,Gejl A.K., Fredens K., Grøntved A., Kristensen(L.P.(2018), Classroom-based physical activity improves children's math achievement: A randomized controlled trial, PLOS ONE, 13(12), e0208787. https://doi.org/10.1371/journal.pone.0208787

- Mullender-Wijnsma, M. J., Hartman, E., de Greeff, J. W., Bosker, R. J., Doolaard, S., & Visscher, C. (2016). Physically active lessons and academic achievement: A cluster randomized controlled trial. Pediatrics, 137(3), e20152743. https://doi.org/10.1542/peds.2015-2743

- Ardoy D. N., Fernández-Rodríguez J. M., Jiménez-Pavón D., Castillo R., Ruiz J. R., Ortega F.B.(2014), A physical education trial improves adolescents' cognitive performance and academic achievement: The EDUFIT study, Scandinavian Journal of Medicine & Science in Sports, 24(1), e52–e61. https://doi.org/10.1111/sms.12093

- 정기홍(2025), 0교시 체육수업 참여 중학생의 신체활동 수준이 학업성취도, 학습태도 및 정서적 안정에 미치는 영향, 한국여가레크레이션학회지, 49권 2호, 1~11p

- Basso, J. C., & Suzuki, W. A. (2017). The effects of acute exercise on mood, cognition, neurophysiology, and neurochemical pathways: A review. Brain Plasticity, 2(2), 127–

152. https://doi.org/10.3233/BPL-160040

- Meeusen R., Meirleir K.D.(1995). Exercise and brain neurotransmission. Sports Medicine, 20(3), 160–188. https://doi.org/10.2165/00007256-199520030-00004

- Foley, T. E., & Fleshner, M. (2008). Neuroplasticity of dopamine circuits after exercise: Implications for central fatigue. Advances in Experimental Medicine and Biology, 636, 167–180. https://doi.org/10.1007/s12017-008-8032-3

- Delp, M. D., Manning, R. O., Bruckner, J. V., & Armstrong, R. B. (1991). Exercise increases blood flow to locomotor, vestibular, cardiorespiratory and visual regions of the brain in miniature swine. Journal of Applied Physiology, 70(4), 1776–1784. https://doi.org/10.1111/j.1469-7793.2001.t01-1-00849.x

- Broman-Fulks, J. J., Berman, M. E., Rabian, B. A., & Webster, M. J. (2004). Effects of aerobic exercise on anxiety sensitivity. Behaviour Research and Therapy, 42(2), 125-136. https://doi.org/10.1016/S0005-7967(03)00103-7

[치매] 고스톱은 정말 치매 예방에 도움이 될까?

- Snowdon, D. A., Greiner, L. H., Kemper, S. J., Nanayakkara, N., & Mortimer, J. A. (1996). Linguistic ability in early life and cognitive function and Alzheimer's disease in late life: Findings from the Nun Study. JAMA, 275(7), 528~532. https://doi.org/10.1001/jama.1996.03530310034029

- Kemper, S. J., & Sumner, A. (2001). The structure of verbal abilities in young and older adults. Psychology and Aging, 16(2), 312–322. https://doi.org/10.1037//0882-7974.16.2.312

- Snowdon, D. A. (2003). Healthy aging and dementia: Findings from the Nun Study. Annals of Internal Medicine, 139(5 Pt 2), 450–454. https://doi.org/10.7326/0003-4819-139-5_part_2-200309021-00014

- Livingston, G., et al.(2024). Dementia prevention, intervention, and care: 2024 report of the Lancet Commission. The Lancet, 403(10434), 1235–1287. https://www.thelancet.com/commissions-do/dementia-prevention-intervention-and-care

- Zhang, M., Katzman, R., Salmon, D., Jin, H., Cai, G., Wang, Z., ... & Yu, E. (1990). The prevalence of dementia and Alzheimer's disease in Shanghai, China. Neuroepidemiology, 9, 155–164. https://doi.org/10.1002/ana.410270412

[저작 운동] 뇌를 깨우고 싶다면 껌을 씹어야 한다

- Onyper S. V., Carr T. L., Farrar J.S., Floyd B.R.(2011). Cognitive advantages of chewing gum. Now you see them, now you don't. Volume 57, Issue 2, Pages 321-328. https://doi.org/10.1016/j.appet.2011.05.313
- Onozuka M., Watanabe K., Mirbod S.M., Ozono S., Nishiyama K., Karasawa N., Nagatsu I.(1999). Reduced mastication stimulates impairment of spatial memory and degeneration of hippocampal neurons in aged SAMP8 mice. Brain Research. 826(1):148-53. https://doi.org/10.1016/s0006-8993(99)01255-x.
- Kubo, K. Y., Chen, H., Iinuma, M., & Onozuka, M. (2015). Chewing maintains hippocampus-dependent cognitive function. International Journal of Medical Sciences, 12(6), 502–509. https://doi.org/10.7150/ijms.11911
- Hori, N., Nakagawa, Y., Tamura K..(2004). Biting suppresses stress-induced expression of corticotropin-releasing factor (CRF) in the rat hypothalamus. Journal of Dental Research, 83(2):124-8. https://doi.org/10.1177/154405910408300208
- Scholey, A., Haskell, C., Robertson, B., Kennedy, D., Milne, A., & Wetherell, M. (2009). Chewing gum alleviates negative mood and reduces cortisol during acute laboratory psychological stress. Physiology & Behavior, 97(3-4), 304–312. https://doi.org/10.1016/j.physbeh.2009.02.028
- Smith, A. (2010). Effects of chewing gum on cognitive function, mood and physiology in stressed and non-stressed volunteers. Nutritional Neuroscience, 13(1), 7–16. https://doi.org/10.1179/147683010X12611460763526
- Allen, A. P., & Smith, A. P. (2015). Chewing gum: Cognitive performance, mood, well-being and associated physiology. BioMed Research International. 2015:654806. https://doi.org/10.1155/2015/654806
- Paganini-Hill, A., White, S. C., & Atchison, K. A. (2012). Dentition, dental health habits, and dementia: The Leisure World Cohort Study. Journal of the American Geriatrics Society, 60(8), 1556–1563. https://doi.org/10.1111/j.1532-5415.2012.04064.x
- Kaye, E. K., Valencia, A., Baba, N., Spiro, A., 3rd, Garcia, R. I., & Rich, S. E. (2010). Tooth loss and periodontal disease predict poor cognitive function in older men. Journal of the American Geriatrics Society, 58(4), 713–718. https://doi.org/10.1111/j.1532-5415.2010.02788.x

- Stein, P. S., Desrosiers, M., Donegan, S. J., Yepes, J. F., & Kryscio, R. J. (2007). Tooth loss, dementia and neuropathology in the Nun Study. The Journal of the American Dental Association, 138(10), 1314–1322. https://doi.org/10.14219/jada.archive.2007.0046

- Hamada, Y., Kashima, H., & Hayashi, N. (2014). The number of chews and meal duration affect diet-induced thermogenesis and splanchnic circulation. Obesity, 22(5), E62–E69. https://doi.org/10.1002/oby.20715

- Andrade, A. M., Greene, G. W., & Melanson, K. J. (2012). Eating slowly led to decreases in energy intake within meals in healthy women. Journal of the American Dietetic Association, 112(3), 410–415. https://doi.org/10.1016/j.jada.2008.04.026

- Hirano, Y., Obata, T., Takahashi, H., Ikehira, H., & Onozuka, M. (2013). Effects of chewing on cognitive processing speed. Brain and Cognition, 81(3), 376–381. https://doi.org/10.1016/j.bandc.2012.12.002

- Miyazaki, S., Maruyama, K., Tomooka, K., Nishioka, S., Miyoshi, N., Kawamura, R., Takata, Y., Osawa, H., Tanigawa, T., & Saito, I. (2023). Association between masticatory ability and physical function in Japanese community-dwelling older adults: The Toon Health Study. Archives of Gerontology and Geriatrics, 107, 104900. https://doi.org/10.1016/j.afos.2023.08.001

4장. 달라진 시대 요즘 뇌 사용법

[집중력] 영상 콘텐츠만 계속 보면 뇌는 어떻게 될까?

- 2024 방송매체 이용행태조사 (2023년 매체 이용 현황). 방송통신위원회.

- Iyengar, S., Peters, M. D., & Kinder, D. R. (1982). Experimental demonstrations of the "not-so-minimal" consequences of television news programs. American Political Science Review, 76(4), 848–858. https://doi.org/10.2307/1962976

- Hancox, R. J., & Poulton, R. (2006). Watching television is associated with childhood obesity and increased adult body mass index. Archives of Pediatrics & Adolescent Medicine, 160(10), 1017-1022. https://doi.org/10.1038/sj.ijo.0803071

- Birch, L. L. (1999). Development of food preferences. Annual Review of Nutrition,

19(1), 41–62. https://doi.org/10.1146/annurev.nutr.19.1.41

- Harris, J. L., Bargh, J. A., & Brownell, K. D. (2009). Priming effects of television food advertising on eating behavior. Health Psychology, 28(4), 404–413. https://doi.org/10.1037/a0014399

- Gerbner, G., Gross, L., Morgan, M., & Signorielli, N. (1994). Growing up with television: The cultivation perspective. In Bryant, J., & Zillmann, D. (Eds.), Media effects: Advances in theory and research (pp. 17-41). Lawrence Erlbaum Associates.

- Takeuchi, H., Taki, Y., Hashizume, H., Asano, K., Asano, M., Sassa, Y., Yokota, S., Kotozaki, Y., Nouchi, R., & Kawashima, R. (2015). The impact of television viewing on brain structures: Cross-sectional and longitudinal analyses. Cerebral Cortex, 25(5), 1188–1197. https://doi.org/10.1093/cercor/bht315

- Bongiorno, P. (2011, October 6). Your unhappy brain on television. Psychology Today. https://www.psychologytoday.com/blog/inner-source/201110/your-unhappy-brain-television

- 아힘 페터스(2013). 이기적인 뇌(전대호 역). 에코 리브르

- 더글라스 무크(2010). 당신의 고정관념을 깨뜨릴 심리실험 45가지(진성록 역). 부글 북스

[창의성] 뇌는 아무것도 안 할 때 가장 창의적이다

- Foster, D. J., & Wilson, M. A. (2006). Reverse replay of behavioural sequences in hippocampal place cells during the awake state. Nature, 440(7084), 680-683. https://doi.org/10.1038/nature04587

- Raichle, M. E., MacLeod A.M., Snyder A.Z., Shulman G.L.(2001), A default mode of brain function. Proceedings of the National Academy of Sciences, 98(2), 676–682. https://doi.org/10.1073/pnas.98.2.676

- Fox, M. D., Snyder A.Z., Vincent J.L., Raichle M.E.(2005), The human brain is intrinsically organized into dynamic, anticorrelated functional networks. Proceedings of the National Academy of Sciences, 102(27), 9673–9678. https://doi.org/10.1073/pnas.0504136102

- Beaty, R. E., Benedek, M., Silvia, P. J., & Schacter, D. L. (2015). Creative cognition and brain network dynamics. Trends in Cognitive Sciences, 19(8), 435–443. https://doi.org/10.1016/j.tics.2015.10.004

- Beaty, R. E., Kenett Y.N., Christensen A.P., Silvia P.J.(2018), Robust prediction of individual creative ability from brain functional connectivity. Proceedings of the National Academy of Sciences, 115(5), 1087–1092. https://doi.org/10.1073/pnas.1713532115
- Beaty, R. E., Seli, P., & Schacter, D. L. (2019). Network neuroscience of creative cognition: Mapping cognitive mechanisms and individual differences in the creative brain. Current Opinion in Behavioral Sciences, 27, 22–30. https://doi.org/10.1016/j.cobeha.2018.08.013
- Boden, M. A. (2004). The creative mind: Myths and mechanisms (2nd ed.). Routledge.
- Hadamard, J. (1945). The psychology of invention in the mathematical field. Princeton University Press.
- 앤드류 스마트(2014). 뇌의 배신(윤태경 역). 미디어월

[팝콘 브레인] 어릴 때부터 스마트폰만 사용하면 생기는 일

- Wiesel, T. N., & Hubel, D. H. (1963). Single-cell responses in striate cortex of kittens deprived of vision in one eye. Journal of Neurophysiology, 26(6), 1003–1017. https://doi.org/10.1152/jn.1963.26.6.1003
- Shaw, P., Eckstrand K., Sharp W.,Rapoport J.L.(2007). Attention-deficit/hyperactivity disorder is characterized by a delay in cortical maturation. Proceedings of the National Academy of Sciences, 104(49), 19649–19654. https://doi.org/10.1073/pnas.0707741104
- Shaw, P., Malek, M., Watson, B., Sharp, W., Evans, A., & Lereya, S. T. (2013). Trajectories of cerebral cortical development in childhood and adolescence and adult attention-deficit/hyperactivity disorder. Archives of General Psychiatry, 70(1), 48–58. https://doi.org/10.1016/j.biopsych.2013.04.007

[스트레스] 어떻게 하면 스트레스에 덜 휘둘릴 수 있을까?

- Weiss, J.M. (1971). Effects of coping behavior with and without a feedback signal on stress pathology in rats. Journal of Comparative and Physiological Psychology, 77(1), 22–30. https://doi.org/10.1037/h0031581
- Abelson, J. L., Khan, S., Liberzon, I., & Young, E. A. (2005). Cognitive modulation

of the endocrine stress response to a pharmacological challenge in normal and panic disorder subjects. Archives of General Psychiatry, 62(6), 668–675. https://doi.org/10.1001/archpsyc.62.6.668

[읽기 능력] 독서는 어떻게 뇌 근육을 키울까?

- Stevens, A. P. (2015, January 8). Harry Potter reveals secrets of the brain. Science News Explores.

- Dehaene, S., Pegado, F., Braga, L. W., Ventura, P., Nunes Filho, G., Jobert, A., Dehaene-Lambertz, G., Kolinsky, R., Morais, J., & Cohen, L. (2010). How learning to read changes the cortical networks for vision and language. Science, 330(6009), 1359-1364. https://doi.org/10.1126/science.1194140

- Braid, J., Richlan, F.(2022). The Functional Neuroanatomy of Reading Intervention. Frontiers in Neuroscience, 16, Article 921931. https://doi.org/10.3389/fnins.2022.921931

- Grotheer, M., Zhen, Z., Lerma-Usabiaga, G., &Grill-Spector, K. (2019). Separate lanes for adding and reading in the white matter highways of the human brain. Nature Communications, 10, 3675. https://doi.org/10.1038/s41467-019-11424-1

- Keller, T. A., & Just, M. A. (2009). Altering cortical connectivity: Remediation-induced changes in the white matter of poor readers. Neuron, 64(5), 624-631. https://doi.org/10.1016/j.neuron.2009.10.018

- González, J., Barros-Loscertales, A., Pulvermüller, F., Meseguer, V., Sanjuán, A., Belloch, V., &Ávila, C. (2006). Reading cinnamon activates olfactory brain regions. NeuroImage, 32(3), 906–912. https://doi.org/10.1016/j.neuroimage.2006.03.037

- Lacey, S., Stilla, R., Sathian, K. (2012). Metaphorically feeling: Comprehending textural metaphors activates somatosensory cortex. Brain Language, 120(3), 416-421. https://doi.org/10.1016/j.bandl.2011.12.016

- Kana, R. K., Ammons, C. J., Doss, C. F., Waite, M. E., Kana, B., Herringshaw, A. J., & Ver Hoef, L. (2015). Language and motor cortex response to comprehending accidental and intentional action sentences. Neuropsychologia, 77, 158–167. https://doi.org/10.1016/j.neuropsychologia.2015.08.020

- Berns, G. S., Blaine, K., Prietula, M. J., &Pye, B. E. (2013). Short- and long-term effects of a novel on connectivity in the brain. Brain Connectivity, 3(6), 590-600.

https://doi.org/10.1089/brain.2013.0166

- Oatley, K. (2012). The cognitive science of fiction. Wiley Interdiciplinary Reviews. Cognitive Science. 3(4):425-430. https://doi.org/10.1002/wcs.1185
- Mar, R. A., Oatley, K., &Peterson, J. B. (2009). Exploring the link between reading fiction and empathy: Ruling out individual differences and examining outcomes. Communications, 34(4), 407–428. https://doi.org/10.1515/comm.2009.025
- Shaywitz, B. A., Shaywitz, S. E., Pugh, K. R., Mencl, W. E., Fulbright, R. K., Skudlarski, P., Constable, R. T., Marchione, K. E., Fletcher, J. M., Lyon, G. R., &Gore, J. C. (2002). Disruption of posterior brain systems for reading in children with developmental dyslexia. Biological Psychiatry, 52(2), 101–110. https://doi.org/10.1016/s0006-3223(02)01365-3
- Clinton, V. (2019). Reading from paper compared to screens: A systematic review and meta-analysis. Journal of Research in Reading, 42(4), 547-568. https://doi.org/10.1111/1467-9817.12269
- Delgado, P., Vargas, C., Ackerman, J. M., &Salmerón, L. (2018). Learning from screens vs paper: What the research says. Educational Psychology Review, 30(4), 641-662
- Ocal T., Durgunoglu A.(2022). Reading from Screen Vs Reading from Paper: Does It Really Matter? Journal of College Reading and Learning 52(7):1-19 https://doi.org/10.1080/10790195.2022.2028593

[사고 능력] 인공지능은 정말 인간의 사고를 대체할까?

- Engelmann, J. B., Capra, C. M., Noser, C., & Berns, G. S. (2009). Expert financial advice neurobiologically offloads financial decision-making under risk. PLoS ONE, 4(3), e4957. https://doi.org/10.1371/journal.pone.0004957

1장. 나는 왜 이렇게 생각하고 행동할까?

- 《신경과학: 뇌의 탐구》(제3판)
- http://io9.com
- http://www.brainmedia.co.kr
- Nature Neuroscience 2003
- http://medicineatmichigan.org

2장. 우울한 것도 불안한 것도 뇌 때문이다

- http://www.dailymail.co.uk
- http://chloewilson1.blogspot.kr

3장. 몸과 뇌는 연결되어 있다

- http://www.luciddreamesplorers.com
- Integral Options Cafe

부록. 뇌의 구조와 역할

- 국학원(https://www.kookhakwon.org/)
- http://www.brocku.ca (브록대학교)에서 일부 수정
- 브레인 월드(https://kr.brainworld.com/spot/introduce_1.aspx)

최소한의 뇌과학

초판 1쇄 발행 2026년 3월 6일

지은이 양은우
펴낸이 민혜영
펴낸곳 오아시스
주소 서울특별시 마포구 월드컵로14길 56, 3~5층
전화 02-303-5580 | **팩스** 02-2179-8768
홈페이지 www.cassiopeiabook.com | **전자우편** editor@cassiopeiabook.com
출판등록 2012년 12월 27일 제2014-000277호

ⓒ양은우, 2026
ISBN 979-11-6827-420-4 03400

• 오아시스는 (주)카시오페아 출판사의 인문교양 브랜드입니다.
• 이 책은 《처음 만나는 뇌과학 이야기》(카시오페아, 2016)의 개정판으로
  구성을 새롭게 정리하고, 내용을 보강하여 펴냈습니다.
• 잘못된 책은 구입하신 곳에서 바꿔 드립니다.
• 책값은 뒤표지에 있습니다.